Arbeiten in der Grauzone

Dietrich Henckel
Guido Spars
Florian Wukovitsch
(Hrsg.)

ARBEITEN IN DER GRAUZONE

INFORMELLE ÖKONOMIE IN DER STADT

PETER LANG
Frankfurt am Main · Berlin · Bern · Bruxelles · New York · Oxford · Wien

Bibliografische Information der Deutschen Nationalbibliothek
Die Deutsche Nationalbibliothek verzeichnet diese Publikation in der Deutschen Nationalbibliografie; detaillierte bibliografische Daten sind im Internet über <http://www.d-nb.de> abrufbar.

Gedruckt mit Unterstützung
der Hans-Böckler-Stiftung.

Hans **Böckler**
Stiftung

Fakten für eine faire Arbeitswelt.

Umschlagfoto und Umschlagkonzept:
Silke Nauditt (Wuppertal)

Satz und Gestaltung:
Robert Hänsch, signtific@jpberlin.de

ISBN 978-3-631-57347-1

www.peterlang.de

Inhaltsverzeichnis

Einleitung 9
von Dietrich Henckel, Guido Spars und Florian Wukovitsch

TEIL I
INFORMELLE ÖKONOMIE –
ABGRENZUNG UND REGULIERUNGSASPEKTE

Informelle Ökonomie: Umfang, Struktur und Ursachen 23
von Dominik H. Enste

Variations in the nature of the hidden economy and its public policy implications 47
by Colin C. Williams and Richard J. White

Institutionelle Aspekte der informellen Ökonomie 69
von Guido Spars

Regulierte Informalität im geeinten Europa? Wirkungen der
Übergangsbestimmungen auf dem Arbeitsmarkt in der EU 89
von Florian Wukovitsch

TEIL II
RÄUMLICHE VERORTUNG INFORMELLER ÖKONOMIE

Migrantenökonomien und die informelle Ökonomie:Strukturen, Zusammenhänge,
Potenziale und Handlungsmöglichkeiten für Städte und Gemeinden 127
von Holger Floeting

Berlins vietnamesischer Blumenhandel und New York's Iron Triangle:
Praktiken informeller Ökonomie aus strukturationstheoretischer Sicht 151
von Stephan Manning und Philippe Schmidt

Migration und informelle Ökonomie:
Wechselwirkungen und Diskrepanzen in Italien und Mailand 171
von Carsten Keller

Informelle Ökonomie in Deutschland und Polen:Berlin und Warschau 201
von Dietrich Henckel und Andrea Wagner

TEIL III
INFORMELLE ÖKONOMIE AUS DER SICHT AUSGEWÄHLTER GRUPPEN

Erfahrungsorientierte Bewertung von externen Zuschreibungen zur ethnischen
Ökonomie: Zwischen Stabilitätsfaktor, informeller Ökonomie und
Schattenwirtschaft, am Beispiel der türkischstämmigen Selbständigen 221
von Faruk Şen

Informelle Ökonomie und gescheiterte Arbeitsmarktpolitik 237
von Uwe Wötzel

ANHANG

Autorenverzeichnis 253

Vorwort

Die Entstehung, Bedeutung und die Folgen der informellen Ökonomie sind immer wieder Gegenstand von Forschung und politischer Debatte. Das gilt sowohl für die entwickelten Länder wie auch für die Länder der Ditten Welt, auch wenn die Rahmenbedingungen völlig unterschiedlich sind.

Gerade in Europa haben sich die Rahmenbedingungen in den letzen 15 Jahren aus verschiedenen Gründen sehr weit reichend geändert. Der Fall des Eisernen Vorhangs hat die Grenzen geöffnet zu einem Raum mit deutlich niedrigeren Löhnen und damit Anreize geschaffen, auch – jenseits regulierter Aus- bzw. Einwanderung – Arbeit in den Hochlohnländern zu suchen. Gleichzeitig haben sich in diesen Ländern Mittel- und Osteuropas die Rahmenbedingungen im Verhältnis formeller und informeller Ökonomie verschoben, so dass dort die informelle Wirtschaft stark gewachsen ist. Die EU hat sich deutlich erweitert, im Zuge der Erweiterung die Arbeitsmärkte aber nicht gleich vollständig geöffnet, so dass auch dadurch Einfluss auf das Verhältnis formeller und informeller Ökonomie genommen wurde. Nicht zuletzt ist die EU als Ziel internationaler Migration attraktiv geblieben oder sogar noch attraktiver geworden, so dass auch die Frage nach dem Verhältnis von Migration und informeller Ökonomie an Bedeutung gewonnen hat.

Der vorliegende Sammelband geht diesen Fragen nach dem Verhältnis von formeller und informeller Ökonomie, der Entwicklung der informellen Ökonomie und den Möglichkeiten der Steuerung auf unterschiedlichen Ebenen und aus verschiedenen Blickwinkeln nach. Wir haben uns dabei bewusst auf die Verhältnisse in Europa beschränkt. Der Sammelband geht zurück auf ein Tagungsprojekt der Herausgeber mit der Hans-Boeckler-Stiftung. Zu der Tagung ist es aus organisatorischen Gründen nicht gekommen. Die Beteiligten waren sich aber einig, dass es lohnt, die vorgesehenen Beiträge in einem Sammelband zu veröffentlichen.

Wir möchten uns an dieser Stelle für die gute Kooperation mit der Hans-Boeckler-Stiftung, mit Herrn Dr. Brandl, sowie bei Herrn Dr. Kloss vom Verlag Peter Lang für das unkomplizierte Eingehen auf unsere Wünsche und die Akzeptanz verschiedener Verzögerungen bedanken. Unser Dank geht auch an Jana Bareiß, die die Zitierweisen und die Literaturverzeichnisse vereinheitlicht hat, sowie an Robert Hänsch für die redaktionelle Bearbeitung der Beiträge und die Erstellung des Layouts.

Aus Gründen der besseren Lesbarkeit haben wir uns in diesem Sammelband für die Verwendung der männlichen Sprachform entschieden. Damit sind – sofern nicht explizit anders dargestellt – prinzipiell und ohne Wertung Frauen und Männer gleichermaßen gemeint.

Berlin, Oktober 2007
Dietrich Henckel, Guido Spars, Florian Wukovitsch

Einleitung

von Dietrich Henckel, Guido Spars und Florian Wukovitsch

Das Forschungsfeld der informellen Ökonomie

Abgrenzungsschwierigkeiten und Forschungsbedarf

Die informelle Ökonomie leistet, wie verschiedene empirische Untersuchungen zeigen, in allen Ländern – wenn auch mit gravierenden Unterschieden – einen relevanten Beitrag zur Wirtschaftsleistung des Landes. Deutschland liegt im OECD Vergleich im Mittelfeld (Schneider 2002b, Enste in diesem Band). Insbesondere in den Ländern der Dritten Welt und in den Transformationsländern übertrifft die Leistung der informellen Wirtschaft teilweise die der formellen Wirtschaft. In vielen Ländern stellt sie zudem einen Wachstumsbereich der Wirtschaft insgesamt dar. Gleichzeitig unterläuft sie bestehende Strukturen der Arbeitsmarktorganisation, der sozialen Sicherung und der Arbeitnehmervertretung (Arbeitsvermittlung, Sozialabgaben, Gewerkschaften usw.).

Die Abgrenzung der informellen Ökonomie in der Literatur ist sehr uneinheitlich (Anheier/Schneider 2000:41). Im weitesten Sinne umfasst sie ein breites Spektrum von wirtschaftlich relevanten Aktivitäten, die sich von kriminellen Aktivitäten (wie Waffen- und Rauschgifthandel, Schutzgelderpressung, Prostitution und Menschenhandel) über Schwarzarbeit und Schattenwirtschaft bis hin zu Selbsthilfeaktivitäten, Tauschringen und Ehrenamt bewegen. Die Beurteilung der Bedeutung informellen Wirtschaftens hängt somit stark von der Abgrenzung dessen ab, was man als „informelle Ökonomie" fasst. Im Kontext der Auseinandersetzung bedarf es daher einer klaren definitorischen Abgrenzung, was jeweils einbezogen wird und was nicht. Die Abgrenzung muss dabei gegenüber fünf Aspekten erfolgen:

- der formellen Ökonomie,
- der Hausarbeit,
- den Hobby- und Freizeitaktivitäten,
- dem bürgerschaftlichen Engagement sowie der
- Kriminalität.

Eine umfassende Untersuchung würde dabei eine Unterscheidung in folgende Betrachtungsebenen/-dimensionen erfordern:

- Anbieter und Nachfrager: Sowohl Anbieter als auch Nachfrager können gewerblich oder als Einzelpersonen auftreten. Je nach dem sind diese beiden Gruppen völlig unterschiedlich charakterisiert. Unter anderem geht es um die Frage, ob Angebote auf einem – wie auch immer gearteten – Markt bereitgestellt werden, ob also für fremde Nachfrage produziert wird, oder ob es sich eher um (substitutive) Eigenarbeit handelt. Dabei wäre auch zu klären, auf welchen Kommunikationskanälen Angebot und Nachfrage zueinander finden, wie also die Märkte strukturiert sind, wie sie funktionieren.
- Motive: Einerseits kann es um die Substitution von Marktgütern und -dienstleistungen gehen, um Geld zu sparen. Eigenarbeit, Nachbarschaftshilfe, Tauschringe u. ä. wären hier zu nennen. Andererseits geht es um Formen der „Erwerbsarbeit" außerhalb der formellen Ökonomie. Neben dem Ziel, Einkommen zu generieren, ist die Informalität in diesem Fall oft auch damit begründet, Abgaben zu sparen und/oder Regeln des formellen Arbeitsmarktes zu umgehen. Alle Formen der vollständigen und teilweisen Schwarzarbeit gehören in diesen Kontext. Etwas überspitzt formuliert bewegen sich die Motive zwischen den Polen „Not" und „Profit".
- Rechtlicher Status: Teile der informellen Ökonomie sind legal wie etwa die Selbsthilfe oder Nachbarschaftshilfe. Schwarzarbeit, die darauf zielt, die Sozialabgaben und Steuern zu vermeiden oder Personen ohne Recht auf Aufenthalt (z. B. illegale Einwanderer) zu beschäftigen, sind illegal. Allerdings markiert dies nur die Pole, dazwischen gibt es eine Vielzahl von Graubereichen.
- Verrechnung: Auch das Spektrum der Verrechnungseinheiten in der informellen Ökonomie ist relativ breit. Im Rahmen von Selbst- und Nachbarschaftshilfe erfolgt unter Umständen überhaupt keine formelle Verrechnung der eingesetzten Arbeitsleistung, sondern allenfalls eine in „weichen Währungen". Zu solchen weichen Währungen gehören nicht nur Anerkennung oder soziale Einbindung bzw. Teilhabe, sondern auch „Erwartungen" von (adäquaten) Gegenleistungen zu gegebener Zeit (moralische Verpflichtungen?). Im Rahmen von Tauschringen erfolgt die Verrechnung teilweise in Zeit, also Stunde gegen Stunde (Zeitbanken), in eigenen Währungen (Kreuzer, Peanuts o. ä.) oder in „Naturalien". Auf dem Schwarzmarkt schließlich erfolgen die Transaktionen üblicherweise in Bargeld oder geldwerten Leistungen.

- Verknüpfung zwischen formeller und informeller Ökonomie: Die Verbindungen zwischen informeller und formeller Ökonomie hängen nicht nur am rechtlichen Status der Aktivitäten, sondern auch an Akzeptanz und impliziter Duldung schattenwirtschaftlicher Aktivitäten einerseits und der Uneindeutigkeit der Übergänge. Teilweise geht es um „Arbeit nach der Arbeit" (Jessen u. a. 1987), also um Aktivitäten von Personen in der Schattenwirtschaft, die auch in die formelle Ökonomie eingebunden sind, teilweise um Aktivitäten, die von Personen ausgeführt werden, die nur in der informellen Ökonomie aktiv sind. Die Verknüpfungen reichen aber weit darüber hinaus: Einerseits kann die schattenwirtschaftliche Aktivität (illegaler) Einwanderer eine Vorstufe zur Legalität sein und der Akkulturation dienen. Bei Dauerarbeitslosen kann sie einen Beitrag zur Erhaltung der Qualifikation, also des Humankapitals darstellen. Andererseits ergeben sich Konkurrenzbeziehungen zur formellen Wirtschaft, die die Marktchancen von Betrieben in der formellen Wirtschaft erheblich beeinträchtigen können. Darüber hinaus führen die schattenwirtschaftlichen Aktivitäten zu – häufig erheblichen – Entzugseffekten für die öffentlichen Finanzen und zu Folgeproblemen für den Sozialversicherungsstatus der Beschäftigten. Gleichzeitig fließen die Mittel der Schattenwirtschaft aber auch wieder in den offiziellen Wirtschaftskreislauf zurück.

Eine solche umfassende, allen genannten Dimensionen Rechnung tragende Auseinandersetzung kann im Rahmen des Sammelbandes Stelle nicht erfolgen. Daher wird eine pragmatische Abgrenzung gewählt, die vor allem den rein kriminellen Teil der informellen Ökonomie völlig sowie den Teil der Selbsthilfe und des bürgerschaftlichen Engagements weitgehend außen vor lässt.

Forschungsansätze in der jüngeren Vergangenheit

Die Beschäftigung mit dem Thema „Informelle Ökonomie" ist durch eine ausgeprägte Zyklizität gekennzeichnet. In den letzten 20 Jahren scheint es in Deutschland zwei Perioden größerer Intensität der Auseinandersetzung mit diesem Thema gegeben zu haben. Eine Phase intensiver Aufmerksamkeit gab es in den 1980er Jahren, einen neuerlichen Aufschwung erlebte das Thema seit den späten 1990er Jahren. Dabei scheinen inhaltliche Akzentverschiebungen in der Betrachtung des Gegenstandes vorzuliegen.

Schon in den 1980er Jahren ging es neben den Fragen der Abgrenzung und der ökonomischen Bedeutung der informellen Ökonomie (Cornetz 1986) oder Schattenwirtschaft (Rohmann 1984; Graß 1984a und 1984b; Schäfer/Wittmann 1985), auch um Fragen der alternativen Ökonomie und Selbsthilfe sowie nach den Zusammenhängen mit der Zukunft der Arbeit und der Zukunft des Wohlfahrtsstaates. Zu den Stichworten in diesem Zusammenhang gehören „Ausweichökonomie" (Cassel/Cichy 1986), „Feierabendökonomie" (Ollmann 1995; Jessen u. a. 1987), „Selbstbedienungsökonomie" und die Veränderung des Angebotes an Dienstleistungen (Gershuny 1979 und 1982), „Dualwirtschaft" und „alternative Ökonomie" sowie ihr Beitrag zur Lösung der Krise von Arbeitsgesellschaft und Wohlfahrtsstaat (Heinze/Olk 1982). Auch in dieser Phase der Beschäftigung gab es Warnungen vor der Überbewertung des Phänomens (Siebel 1986) und 1987 wurde eine Untersuchung veröffentlicht, die in Ansätzen versuchte, die soziale und räumliche Verteilung der Schattenwirtschaft zu erhellen (Niessen/Ollmann 1987).

In den späten 1990er Jahren kommt das Thema im Zusammenhang mit internationalen Vergleichen und den hohen Wachstumsraten der Schattenwirtschaft wieder auf die „Tagesordnung" (Schneider u.a. 1998, 2001a, 2002b und 2004b). In diesem Zusammenhang wird teilweise auch über die sektorale Struktur der Schattenwirtschaft sowie über die mit ihr verbundenen wirtschaftspolitischen Herausforderungen debattiert. Dabei zeigen sich wiederum sehr unterschiedliche Bewertungen. Während die einen eine strikte Bekämpfung fordern (Institut der Deutschen Wirtschaft), weisen andere auf Ambivalenzen (Schneider 2002c) oder gar positive Arbeitsmarkteffekte (Merz 1996) hin. Im Zusammenhang mit der Reform des Arbeitsmarktes im Zuge der Umsetzung von Ergebnissen der Hartz-Kommission spielten auch Reduktionsmöglichkeiten der Schattenwirtschaft eine Rolle (Emmerich 2002). Insbesondere die Förderung der Selbständigkeit („Ich-AG") und die Reduzierung der Lohnnebenkosten sollen dazu beitragen. Tatsächlich ist die Bedeutung der Schattenwirtschaft im Verhältnis zum BIP zurückgegangen und wird für die OECD-Länder auch für 2007 wieder prognostiziert, ebenso für Deutschland trotz einiger Faktoren, die auch zu einer Erhöhung der Schattenwirtschaft beitragen (wie z. B. die Mehrwertsteuererhöhung) (Schneider/IAW 2007).

Im Zusammenhang mit dem Thema Zukunft der Arbeit wird auch die Rolle der informellen Austauschbeziehungen, vor allem auch neuer Art (Tauschringe, Zeitbanken) wieder stärker diskutiert. Die Verknüpfungen mit anderen Feldern erwerbswirtschaftlicher – wie ethnische Ökonomie (Huning 1999; vgl. auch Floeting und Sen in diesem Band) – und nicht-erwerbswirtschaftlicher Aktivitäten und Selbsthilfe, Ehrenamt und Zivilgesellschaft rücken nun stärker ins Blickfeld (Hilpert u. a. 2000; Hilpert 2001). Das Verhältnis von informeller und formeller Ökonomie wird in diesem Zusammenhang auch unter der Genderperspektive neu thematisiert. Bemängelt wird dabei ein verengter Arbeitsbegriff der traditionellen Arbeitsforschung, der die privat geleistete Haus-, Familien- und Betreuungsarbeit und persönliche Dienstleistungen erst berücksichtigt, wenn sie in der formellen Erwerbswirtschaft realisiert werden (Kurz-Scherf/Lepperhoff/Rudolph 2003). Gerade die Schnittstellen zwischen formeller und informeller Ökonomie spielen in diesem Zusammenhang eine besondere Rolle (Huning 1999).

Auffällig ist jedoch in beiden Perioden der Analyse von informeller Ökonomie, dass eine regionalisierte Betrachtung unterhalb der Ebene der Nationalstaaten fast nicht stattfindet (eine Ausnahme Schneider 2001b und 2002a für Berlin und Brandenburg), dass es sich also im wesentlichen um Makrobetrachtungen auf der Ebene ganzer Volkswirtschaften handelt. Nahezu völlig fehlen Untersuchungen zur regionalen und kleinräumigen Verteilung von Aktivitäten in der informellen Ökonomie und zu den lokalen Implikationen von informeller Ökonomie. Zwar ist es nahe liegend, von gravierenden Unterschieden zwischen Städten – und zwischen Stadtgebieten – bezüglich ihrer Einbindung in die Schattenwirtschaft auszugehen, aber fundiertes Material dazu liegt nicht vor. Auch bleibt völlig unklar, welche Verknüpfungen zwischen formeller und informeller Ökonomie es auf städtischer Ebene gibt und welche Rolle die Interdependenzen für das Funktionieren von Stadt spielen. Schließlich bestehen keine Kenntnisse darüber, wie die Städte sich als Akteure – abseits restriktiver Vorgehensweisen – gegenüber der Schattenwirtschaft verhalten, welche Bedeutung sie ihr zumessen und wie sie sie im Kontext kommunaler Entwicklungen beurteilen.

Struktur des Bandes und Einordnung der Beiträge

Gliederung des Sammelbandes

Im vorliegenden Band soll nun versucht werden, sich dem Thema der informellen Ökonomie in drei Schritten zu nähern. Der erste Schritt dient einer ersten Analyse von Begriffen, Größenordnungen und Regulierungsmustern. Zu diesem Zweck wird im ersten Kapitel in einer allgemeinen Betrachtung der informellen Ökonomie einerseits der Frage nach deren theoretischer Abgrenzung, ihrer empirischen Entwicklung in den letzten Jahrzehnten sowie ihrer Fassbarkeit aus institutionenökonomischer Perspektive nachgegangen. Andererseits wird anhand von Politikbeispielen aus unterschiedlichen europäischen Staaten sowie anhand der Übergangsbestimmungen auf dem europäischen Arbeitsmarkt nach der EU-Osterweiterung gezeigt, wie die Bedingungen informellen Wirtschaftens durch Politik gestaltet werden können und auch gestaltet werden.

In einem zweiten Schritt erfolgt die Annäherung an die räumliche Dimension der informellen Ökonomie. Dabei wird im zweiten Kapitel eine Darstellung der Ausprägungen informeller Wirtschaft in der Stadt vorgenommen. Einerseits wird gezeigt, wie sich mit dem für informelle Aktivitäten bedeutenden Sektor der ethnischen Ökonomie eine an Bedeutung gewinnende Herausforderung für die Kommunalpolitik ergibt, in der es gilt, das große Potenzial dieses Sektors anzuerkennen und auf partnerschaftlicher Grundlage für die Stadt nutzbar zu machen. Andererseits soll in diesem Teil den Praktiken informellen Wirtschaftens in konkreten Räumen nachgegangen werden: Dies geschieht anhand zwei vergleichender Beobachtungen zu den Städtepaaren New York und Berlin bzw. Warschau und Berlin, im zweiten Fall unter Einbeziehung der Praxis informellen Wirtschaften im gemeinsamen Grenzraum der beiden Nationalstaaten, sowie in einem weiteren Aufsatz zur Stadt Mailand. In sämtlichen Beiträgen zeigt sich trotz der schwierigen Datenlage ganz klar die große Bedeutung, die informelles Wirtschaften in der jeweiligen Stadtökonomie einnimmt.

In einem letzten Schritt sollen schließlich auch ausgewählte Akteure im breiten politischen Diskursfeld informellen Wirtschaftens zu Wort kommen. Das dritte Kapitel vereint daher die Beiträge von Vertretern zweier Gruppen, die sowohl von der Diskussion als auch von Praktiken informellen Wirtschaftens unmittelbar betroffen sind: Diese sind einerseits Arbeitnehmer, die durch die Deregulierung des Arbeitsmarktes selbst Gefahr laufen, in prekären Beschäftigungsverhältnissen näher an die Unsicherheit der Arbeitsbedingungen in der informellen Ökonomie heranzurücken und sich gleichzeitig als regulär Beschäftigte mit der Konkurrenz der informell Tätigen konfrontiert sehen. Andererseits werden abschließend die vermeintlichen Verbindungs- und Trennungslinien zwischen der ethnischen und der informellen Ökonomie aus Sicht der türkischen Ökonomie in Deutschland kritisch kommentiert.

Überblick über die Beiträge

Dominik Enste eröffnet den ersten Teil des Bandes mit einer grundsätzlichen Betrachtung von „Umfang, Struktur und Ursachen" informeller Ökonomie. Nach einer einführenden Begriffsabgrenzung von informeller Ökonomie, Schattenwirtschaft und Schwarzarbeit vermittelt er auf der Grundlage beeindruckenden Datenmaterials zur Wertschöpfung informellen Wirtschaftens in Deutschland und sonstigen OECD-Staaten die steigende Bedeutung jener Wirtschaftsbereiche, die vom offiziellen BIP nicht erfasst werden. Darüber hinaus wird aber auch nach den Ursachen dieser Beobachtung geforscht. Enste argumentiert, dass die Größe der Schattenwirtschaft wesentlich von Steuer- und Abgabenbelastungen und dem Ausmaß an staatlichen Regulierungen, aber auch von der Qualität staatlicher Institutionen bestimmt wird. Dies gilt es auch im staatlichen und kommunalen Umgang mit dem Thema zu berücksichtigen.

Collin Williams und Richard White greifen die Schlussfolgerungen von Enste teilweise auf und argumentieren, dass in Europa die vorherrschende Lesart der informellen Ökonomie als mehrheitlich markt- und profitgesteuertem Segment der Wirtschaft einer Rezeption weichen muss, die sich näher an der Realität orientiert und die Bedeutung von sozialen Beziehungen und damit auch die spezielle Rationalität dieses Sektors erfasst. Wenn dies gelingt, würde auch die derzeit dominante politische Strategie der Bekämpfung der informellen Ökonomie sukzessive einem neuen Politikmuster des Umgangs mit der informellen Ökonomie weichen, in dem es stärker um die Förderung und Legitimierung der in diesem Sektor Beschäftigten geht. Williams und White zeigen in diesem Sinne auch mehrere positive, sowohl angebots- als auch nachfrageseitig orientierte Politikansätze zur aktiven Gestaltung der informellen Ökonomie in mehreren OECD-Ländern wie dem Vereinigten Königreich, Deutschland, Italien, Frankreich, Belgien, Dänemark oder den Niederlanden auf.

Im anschließenden Beitrag stellt Guido Spars die Sichtweise der Neuen Institutionenökonomik auf die informelle Ökonomie vor, die im Unterschied zur orthodoxen neoklassichen ökonomischen Theorie Ansätze zur Erklärung der Frage bietet, wie staatliche Institutionen die Produktion in unterschiedliche Sektoren der Ökonomie lenken können. Er entwickelt seine Argumentation entlang der analytischen Konzepte der Informationsasymmetrien und Transaktionskosten und zeigt, wie durch deren staatliche Regulation Anreize zur Produktion in der Informalität geschaffen werden und damit auch die Größe der informellen Ökonomie maßgeblich beeinflusst wird. Nachdem er zunächst die relevanten Dimensionen von Transaktionskosten und Informationsasymmetrie konkretisiert und anhand einschlägiger Beispiele illustriert, wendet sich Spars der Wirkungsweise von Regulierungen des deutschen Arbeitsmarktes, insbesondere den Aspekten Kündigungsschutz, Beschäftigungsformen und Arbeitnehmerüberlassung zu.

Das erste Kapitel wird beschlossen mit einem Beitrag zur Frage, wie durch die Übergangsbestimmungen zur temporären Abschottung der Arbeitsmärkte nach der EU-Osterweiterung 2004 die Bedingungen informeller Arbeitsmigration verlängert bzw. neu produziert wurden. Florian Wukovitsch zeigt dabei, dass trotz signifikanter Migrationsströme in einige Staaten der EU15 Störungen auf den Arbeitsmärkten mehrheitlich ausgeblieben sind. Demgegenüber lässt sich am Beispiel des privaten Pflegesektors in Österreich darstellen, dass die Übergangsbestimmungen auch dazu genutzt werden können, Systeme informeller Leistungserbringung vorübergehend zu legitimieren und damit auch die Wohlfahrtsstaaten der Aufnahmegesellschaften zu entlasten. Anhand der Produktionsbedingungen in der informellen Ökonomie illustriert Wukovitsch jedoch, dass dies auf Kosten fairer Arbeitsbedingungen für alle europäischen Arbeitnehmer geht.

Der erste Beitrag im zweiten Kapitel führt einerseits in die räumliche Dimension informellen Wirtschaftens ein und stellt gleichzeitig eine Verbindung zum ersten Kapitel her: Holger Floeting beschäftigt sich mit Migrantenökonomien im Allgemeinen und mit deren Bezug zur informellen und zur ethnischen Ökonomie im Besonderen. Nachdem die Entstehungsbedingungen von Migrantenökonomien anhand unterschiedlicher Erklärungsmodelle dargestellt und damit auch deren Funktionen erläutert werden, setzt sich Floeting mit der Struktur von Migrantenökonomien in Deutschland auseinander. Da sich im Zuge der Analyse zeigt, dass insbesondere Unternehmen der ethnischen Ökonomie mit einer Vielzahl von Entwicklungshinderhissen konfrontiert sind, schließt Floeting mit Vorschlägen, wie in der kommunalen Praxis durch integrierte Politikansätze das ökonomische Potenzial von Migranten besser genutzt werden könnte.

Im folgenden Artikel von Carsten Keller werden die Verbindungslinien von Migration und informeller Ökonomie an der Stadt Mailand konkretisiert. Das Beispiel Italien illustriert, wie in einem südeuropäischen Land mit hohem schattenwirtschaftlichen Anteil, das gleichzeitig paradigmatisch die seit den 1970er Jahren vorherrschende Form der Migration widerspiegelt, die informelle Ökonomie durch die Absorption irregulärer Migrationsströme in die italienische Gesellschaft beeinflusst wird. Das sich ergebende Bild ist ambivalent. Es lässt sich zwar zeigen, dass die Stadt Mailand trotz der höchsten Zuwanderungsraten in Italien den niedrigsten Anteil der informellen Ökonomie aufweist, was die für ganz Italien gültige Diskrepanz zwischen informeller Beschäftigung und Zuwanderung zum Ausdruck bringt. Dennoch argumentiert Keller am Beispiel der italienischen Migrationsgesetzgebung, dass auch hier die irreguläre Migration von Staat und Wirtschaft dafür genutzt wird, die informelle Beschäftigung in arbeitsintensiven Wirtschaftssektoren zu stabilisieren.

Die Betrachtung der informellen Ökonomie in der Stadt wird vertieft durch einen Vergleich von zwei vielbesprochenen Schauplätzen informeller Ökonomie: New York und Berlin, zwei Städte, die, so argumentieren Stephan Manning und Philippe Schmidt, aufgrund des hohen Bedarfs an „einfachen“ Dienstleistungen und des großen Reservoirs an gering qualifizierten und/oder unabgesicherten Arbeitskräften, ein fruchtbarer Nährboden für das informelle Wirtschaften sind. Im Unterschied zum Großteil bisheriger Forschungsarbeiten, die in individualistischer oder systemfunktionalistischer Tradition stehen, beschreiten sie mit der Strukturationstheorie einen neuen Weg. Mit ihrer Hilfe können sowohl das strategische Handeln der Akteure, als auch die systemischen Strukturen und institutionellen Kontexte der informellen Ökonomie analysiert werden. Ihre theoretischen Überlegungen werden dann an zwei Beispielen konkretisiert: dem Blumenhandel vietnamesischer Migranten in Berlin und dem Autoersatzteilmarkt im „Iron Triangle“ in New York.

Die Strukturen informeller Ökonomie in Berlin bleiben auch im anschließenden Beitrag von Dietrich Henckel und Andrea Wagner Gegenstand der Betrachtung, werden nunmehr aber den Erscheinungsformen informellen Wirtschaftens in Warschau gegenüber gestellt. Der kontrastierende Vergleich von Deutschland und Polen ist dabei besonders aufschlussreich: Die beiden Länder sind nicht nur durch die geographische Nähe in zahlreichen Aspekten informellen Wirtschaftens eng verflochten, was durch zahlreiche empirische Beispiele belegt wird. Auch spielte in beiden Ländern die ökonomische Transformation in den letzten zwei Dekaden in der Neuorganisation der Ökonomie eine bedeutende Rolle, was – in unterschiedlichen Formen – zu einer Vielzahl neuer Verknüpfungen zwischen formeller und informeller Wirtschaft führte. Henckel und Wagner veranschaulichen nicht nur, dass sich diese Veränderungsprozesse in den beiden Hauptstädten, sowie in den Grenzräumen der beiden Staaten bündeln, sondern wagen sich auch an eine Einschätzung zukünftiger Entwicklungen heran.

Im dritten Kapitel des Bandes wird der räumliche Bezug wieder verlassen, um sich abschließend der spezifischen Wahrnehmung der informellen Ökonomie aus der Sicht betroffener Gruppen anzunehmen. Im ersten Beitrag diskutiert Uwe Wötzel von der Dienstleistungsgewerkschaft ver.di die Informalisierung der Arbeitswelt vor dem Hintergrund allgemeiner Veränderung auf dem Arbeitsmarkt. In seinem Plädoyer für eine neue Regulierung der Arbeit übt er auch scharfe Kritik an den deutschen Arbeitsmarktreformen der letzten Jahre. Wötzel macht klar, dass die informelle Ökonomie nicht als isoliertes Problemfeld gesehen werden kann, sondern gemeinsam mit anderen Aspekten von Prekarisierung analysiert werden muss: Dazu zählen die Ausbeutung von Praktikanten genauso wie die von sogenannten Mini-Jobbern. Er schlussfolgert, dass die Politik nicht nur zur entschiedenen Bekämpfung der Schattenwirtschaft, sondern insbesondere auch zur Schaffung und Durchsetzung verbindlicher Sozialstandards für alle Arbeitnehmer innerhalb der europäischen Union aufgerufen ist.

Faruk Şen von der Stiftung Zentrum für Türkeistudien setzt sich im letzten Beitrag des Sammelbandes kritisch mit der herrschenden Interpretation der Verbindungslinien zwischen ethnischer und informeller Ökonomie auseinander. Nachdem er einleitend auf die faktische Realität der Migration in Deutschland und deren begriffliche Rezeption in der deutschen Sprache eingeht, diskutiert Şen die Wahrnehmung der ethnischen Ökonomie in den Institutionen der Mehrheitsgesellschaft, die nach wie vor mehrheitlich von Problematisierung und Ignoranz gekennzeichnet sind. Diesen Fremdzuschreibungen wird ein Selbstbild gegenübergestellt, das immer stärker von Professionalisierung, dem Streben nach Unabhängigkeit und dem bewussten Schritt heraus aus der ökonomischen Nische geprägt ist. Die Stabilisierungsfunktion, die türkischstämmigen Unternehmern schon heute auf dem Arbeitsmarkt zukommt, lässt auch deren zukünftiges ökonomisches Potenzial erahnen. Ein besonderes Naheverhältnis zur Schattenwirtschaft, so argumentiert Şen, könne dabei nicht erkannt werden.

Literatur

Anheier, H., M. Hilpert, U. Hotopp, E. Kistler (2000): Forschungsprioritäten in den Bereichen Dritter Sektor, Schwarzarbeit und Informelle Ökonomie, in: Bundesministerium für Bildung und Forschung (BMBF) (Hrsg.): Informelle Ökonomie, Schattenwirtschaft und Zivilgesellschaft als Herausforderung für die Europäische Sozialforschung. Neue Herausforderungen für Forschung und Politik im Spannungsfeld zwischen Schwarzarbeit, Eigenarbeit, Ehrenamt und Drittem Sektor. Grundlagen für eine Europäische Forschungsagenda. Bonn. S. 123-127

Anheier, H. K., F. Schneider (2000): Sozialwirtschaft, Dritter Sektor, Schattenwirtschaft und die Informelle Ökonomie, in: Bundesministerium für Bildung und Forschung (BMBF) (Hrsg.): Informelle Ökonomie, Schattenwirtschaft und Zivilgesellschaft als Herausforderung für die Europäische Sozialforschung. Neue Herausforderungen für Forschung und Politik im Spannungsfeld zwischen Schwarzarbeit, Eigenarbeit, Ehrenamt und Drittem Sektor. Grundlagen für eine Europäische Forschungsagenda. Bonn. S. 9-67

Butscher, S. (1996): Informelle Überlebensökonomie in Berlin. Annäherung der deutschen Hauptstadt an Wirtschaftsformen der Dritten Welt. Klaus Schwarz-Verlag: Berlin

Cassel, D., E. U. Cichy (1986): Die Bedeutung der Ausweichökonomie, in: Wirtschaftsdienst. Jg. 66, Nr. 8. S. 424-428

Cornetz, W. (1986): Schattenwirtschaft und Erwerbsbeteiligung, in: Wirtschaftsdienst. Jg. 66, Nr. 5. S. 250-258

Cyrus, N. (2004): Aufenthaltsrechtliche Illegalität in Deutschland. Sozialstrukturbildung – Wechselwirkungen – Politische Optionen. Bericht für den Sachverständigenrat Zuwanderung und Integration. Nürnberg

Dathe, D., T. Fuchs, E. Kistler (2002): Themenfeld Informelle Arbeit (www.gwdg.de/ sofi /frames/veranstaltung/soel/tf_informelle_arbeit.pdf, 25.01.2002)

Enste, D. H. (2002): Schattenwirtschaft und institutioneller Wandel. Eine soziologische, sozialpsychologische und ökonomische Analyse. Mohr Siebeck: Tübingen

Frey, B. S., W. W. Pommerehne, H. Weck (1982): Has the shadow economy grown in Germany? An exploratory study, in: Weltwirtschaftliches Archiv. Jg. 118, Nr. 3. S. 499-524

Gershuny, J. I. (1982): Social Innovations. Change in the mode of provision of services, in: Futures. Jg. 14. S. 496-516

Gershuny, J. I. (1979): The Informal Economy. Its role in the post-industrial economy, in: Futures. Jg. 11. S. 3-15

Graß, R.-D. (1984a): Schattenwirtschaft, I. Teil: Kriterien einer begrifflichen Abgrenzung, in: Institut für Arbeitsmarkt- und Berufsforschung (IAB): Mitteilungen aus der Arbeitsmarkt- und Berufsforschung (MittAB). Jg. 17, Nr. 2. S. 274-281

Graß, R.-D. (1984b): Schattenwirtschaft, II. Teil: Über die Verfahren, Schattenwirtschaft in der Bundesrepublik Deutschland zu schätzen, in: Institut für Arbeitsmarkt- und Berufsforschung (IAB): Mitteilungen aus der Arbeitsmarkt- und Berufsforschung (MittAB). Jg. 17, Nr. 3. S. 382-387

Gretschmann, K., R. G. Heinze, B. Mettelsiefen (Hrsg.) (1984): Schattenwirtschaft. Wirtschafts- und sozialwissenschaftliche Aspekte, internationale Erfahrungen. Vandenhoeck & Ruprecht: Göttingen

Heinze, R. G., T. Olk (1982): Development of the informal economy. A strategy for resolving the crisis of the welfare state, in: Futures. Jg. 14. S. 189-204

Hilpert, M., U. Hotopp, E. Kistler (2000): Schattenwirtschaft, Informelle Ökonomie und Dritter Sektor als Teile eines größeren Ganzen. Zusammenfassung des Workshops und Ansatzpunkte einer Europäischen Forschungsstrategie, in: Bundesministerium für Bildung und Forschung (Hrsg.): Informelle Ökonomie, Schattenwirtschaft und Zivilgesellschaft als Herausforderung für die Europäische Sozialforschung. Neue Herausforderungen für Forschung und Politik im Spannungsfeld zwischen Schwarzarbeit, Eigenarbeit, Ehrenamt und Drittem Sektor. Grundlagen für eine Europäische Forschungsagenda. Bonn. S. 69-111

Hilpert, M. (2001): Zwischen Zivilgesellschaft, Selbsthilfe und Schwarzarbeit, in: Wirtschafts- und Sozialwissenschaftliches Institut (WSI): WSI-Mitteilungen. Nr. 3/2001. S. 196-203

Huning, S. (1999): Schattenwirtschaft in Berlin. Das Beispiel polnischer Hausarbeiterinnen, in: RaumPlanung. Heft 84

Jessen, J., W. Siebel, C. Siebel-Rebell, U.-J. Walther, I. Weyrather (1987): Arbeit nach der Arbeit. Schattenwirtschaft, Wertewandel und Industriearbeit. Opladen: Wiesbaden

Kurz-Scherf, I., J. Lepperhoff, C. Rudolph (2003): Geschlechterperspektiven auf den Wandel von Arbeit, in: Wirtschafts- und Sozialwissenschaftliches Institut (WSI): WSI-Mitteilungen. Nr. 10/2003. S. 585-590

Merz, J. (1996): Schattenwirtschaft und ihre Bedeutung für den Arbeitsmarkt. FFB-Diskussionspapier Nr. 17. Forschungsinstitut Freie Berufe (FFB). Lüneburg

Mummert, A., F. Schneider (2002): The German Shadow Economy: Parted a United Germany?, in: Finanzarchiv. Jg. 58, Nr. 3. S. 286-316

Niessen, H.-J., R. Ollmann (1987): Schattenwirtschaft in der Bundesrepublik. Eine empirische Bestandsaufnahme der sozialen und räumlichen Verteilung schattenwirtschaftlicher Aktivitäten. Opladen: Wiesbaden

Nissen, S. (1998): Neustrukturierung des Arbeitsmarktes, in: Deutscher Gewerkschaftsbund (DGB): Gewerkschaftliche Monatshefte. Heft 6/7. S. 428-433

Ollmann, R. (1985): Feierabend: Ran an die Arbeit. Anmerkungen und empirische Befunde zum Thema Freizeitarbeit, in: Adolf-Grimme-Institut (Hrsg.): Was tun mit der Zeit? Informationen zu Medien, Freizeit, Erwachsenenbildung. Heft 4. Arbeit außerhalb der Arbeit. Marl. S. 3-17

Ridinger, R. (2000): Schattenwirtschaft in Deutschland: Problematik und wirtschaftspolitische Lösungsansätze, in: Wirtschaftspolitische Blätter. Nr. 3/2000. S. 305-311

Rohmann, Hajo (1984): Schattenwirtschaft und Beschäftigung, in: Wirtschafts- und Sozialwissenschaftliches Institut (WSI): WSI-Mitteilungen. Nr. 11/1984. S. 665-672

Schäfer, D., P. Wittmann (1985): Zur Abgrenzung und Erfassung der Schattenwirtschaft, in: Wirtschaft und Statistik. Nr. 8/1985. S. 618-623

Schneider, F. (1998): Der Umfang der Schattenwirtschaft in der Bundesrepublik, in: Wirtschaftswissenschaftliches Studium (WiSt). Nr. 2/1998. S. 53ff.

Schneider, F. (2001a): Arbeit im Schatten: Einige theoretische und empirische Überlegungen über die Schattenwirtschaft, in: Perspektiven der Wirtschaftspolitik. Jg. 2, Nr. 4. S. 425-239

Schneider, F. (2001b): Erste Schätzungen der Größe der Schattenwirtschaft im Allgemeinen und im Baubereich für die Bundesländer Berlin und Brandenburg für die Periode 1996-1999. Studie im Auftrag der Sozialkasse des Berliner Baugewerbes. Berlin

Schneider, F. (2002a): Erste Schätzungen der Größe der Schattenwirtschaft im Allgemeinen für 2003 und im Baubereich für die Bundesländer Berlin und Brandenburg über die Periode 1996-2002. Studie im Auftrag der Fachgemeinschaft Bau, Berlin und Brandenburg e.V. Berlin

Schneider, F. (2002b): The Size and Development of the Shadow Economies of 22 Transition and 21 OECD Countries. IZA Discussion Paper Nr. 514. Institut zur Zukunft der Arbeit (IZA). Bonn

Schneider, F. (2002c): Zunehmende Schattenwirtschaft in Deutschland: Eine wirtschafts- und staatspolitische Herausforderung, in: Deutsches Institut für Wirtschaftsforschung (DIW): Vierteljahreshefte zur Wirtschaftsforschung. Jg. 72, Nr. 1. S. 148-159

Schneider, F. (2004a): Die Entwicklung der Schattenwirtschaft in Deutschland, Berlin und Brandenburg für 2004 und 2005: Erster Rückgang, aber auf hohem Niveau. Johannes-Kepler-Universität (JKU) Linz

Schneider, F. (2004b): Arbeit im Schatten. Gabler: Wiesbaden

Schneider, F., Institut für Angewandte Wirtschaftsforschung (IAW) (Hrsg.) (2007): Prognose zur Entwicklung der Schattenwirtschaft in Deutschland im Jahr 2007. Pressemitteilung. Tübingen

Schneider, F., D. H. Enste (2000): Shadow Economies. Size, Causes, and Consequences, in: Journal of Economic Literature. Jg. 38, Nr. 1. S. 77-114

Schneider, F., H. Badekow (2006): Ein Herz für Schwarzarbeiter. Warum die Schattenwirtschaft unseren Wohlstand steigert. Econ: Berlin

Siebel, W. (1986): Der Mythos Schattenwirtschaft, in: Die Zeit, Nr. 18 vom 25.04.1986. S. 33-36

Teichert, V. (2000): Die informelle Ökonomie als notwendiger Bestandteil der formellen Erwerbswirtschaft. Zu den ökonomischen, sozialen und ökologischen Konsequenzen informellen Arbeitens. WZB Papers Nr. P00-524. Wissenschaftszentrum Berlin für Sozialforschung (WZB)

Wick, I. (2003): Wie normal ist das Normalarbeitsverhältnis? (http://www.suewind- institut.de/ 3050-03.htm, 24.09.03)

TEIL I

INFORMELLE ÖKONOMIE

—

ABGRENZUNG UND REGULIERUNGSASPEKTE

Informelle Ökonomie: Umfang, Struktur und Ursachen

von Dominik H. Enste

Einleitung

Über die genaue Definition und die „richtige" Schätzmethode zur Erfassung der Größenordnung von Schattenwirtschaft und informeller Ökonomie sowie deren Struktur wird seit 25 Jahren in der Wissenschaft debattiert. Im Mittelpunkt des Interesses stehen zum einen Aussagen über Größe und Entwicklung der Schattenwirtschaft. Zum anderen werden Ursachen, Auswirkungen und wirtschaftspolitische Implikationen der Schattenwirtschaft untersucht (Enste/Schneider 2000a und 2000b; Enste 2002, Enste/ Schneider 2006). Ziel dieses Beitrags ist es, neben neuen Schätzungen zum Umfang der Schattenwirtschaft und der Struktur der informellen Ökonomik, den empirischen Zusammenhang zwischen Schattenwirtschaft einerseits und Staatseingriffen sowie staatlichen Institutionen andererseits aufzuzeigen. Nach einer Definition der Begriffe Informelle Ökonomie, Schattenwirtschaft und Schwarzarbeit und einer Darstellung der Unterschiede und Größenordnungen anhand von Daten am Beispiel Deutschland werden neue Schätzungen zur Größe der Schattenwirtschaft in OECD-Ländern vorgestellt. Nachfolgend wird aufgezeigt, dass die Schwarzarbeit in Deutschland durch härtere Strafen und vermehrten Personaleinsatz zu ihrer Bekämpfung nicht eingedämmt werden konnte. Anschließend werden die wichtigsten Ursachen für die Entwicklung der Schattenwirtschaft anhand von Daten für 21 OEDC-Staaten analysiert. Den Abschluss bilden wirtschaftspolitische Empfehlungen.

„Schattenwirtschaft" oder informelle Ökonomie? – Eine Frage der Definition

Ausgangspunkt für das wissenschaftliche Interesse an der Schattenwirtschaft ist, dass sich in vielen Ländern eine zweigeteilte Volkswirtschaft (Dual Economy) entwickelt oder diese bereits existiert. Neben den in den Volkswirtschaftlichen Gesamtrechnungen (VGR) statistisch erfassten Aktivitäten der Privatwirtschaft und des staatlichen Sektors gibt es vielfältige, zumeist nicht erfasste Tätigkeiten, die zum inoffiziellen Sektor gerechnet werden. Von der Definition dieses Sektors hängen die Größenordnung und die Bewertung der Aktivitäten jenseits der offiziellen Regeln einer Gesellschaft entscheidend ab. Die Abgrenzungen hierzu sind nicht einheitlich. Oftmals werden in den Medien beispielsweise Schwarzarbeit und Schattenwirtschaft gleichgesetzt. Tabelle 1 erleichtert den Überblick über die heterogenen Bereiche der Schattenwirtschaft und die angrenzenden Sektoren.

Zum *offiziellen Sektor* einer Volkswirtschaft zählen die öffentliche Wirtschaft, also die Aktivitäten der öffentlichen Haushalte und der staatlichen Unternehmen, und die Privatwirtschaft, zu der die erwerbswirtschaftlichen Aktivitäten der privaten Haushalte und der privaten Unternehmen gehören. Es handelt sich insgesamt um alle Tätigkeiten, die staatlich administriert und besteuert werden.

Zum *inoffiziellen Sektor* gehören alle privatwirtschaftlichen Aktivitäten, die zunächst nicht in die Berechnung des offiziellen Bruttoinlandsprodukts (BIP) eingehen, obwohl sie zur gesamtwirtschaftlichen Wertschöpfung beitragen. Reine Finanztransaktionen mit dem Ziel der Steuerhinterziehung werden definitionsgemäß nicht zur Schattenwirtschaft hinzugezählt, weil sie keine Wertschöpfung erbringen. Allerdings werden sie bei einigen Schätzverfahren (z.B. Bargeldnachfrageansatz) mit erfasst, wodurch die Größe der Schattenwirtschaft überschätzt wird.

Als die wichtigsten Gründe für die statistische Vernachlässigung des inoffiziellen Sektors werden angeführt:

1. Gemäß den internationalen Gepflogenheiten wird auf eine Erfassung bestimmter Wertschöpfung im offiziellen BIP verzichtet (z. B. Leistungen im Haushaltssektor und der Selbstversorgungswirtschaft).
2. Bestimmte Transaktionen lassen sich aufgrund unzureichender Erfassungsmethoden in der VGR nicht oder nur teilweise erfassen.
3. Wertschöpfung, die im irregulären und kriminellen Sektor illegal entsteht, wird verheimlicht, so dass sie nicht erfasst werden kann.

Im offiziellen Sektor werden legale Waren und Dienstleistungen erstellt, und zwar über legale Markttransaktionen innerhalb der offiziellen Institutionen und Rahmenbedingungen. Deren Wertschöpfung wird so gut wie möglich im Bruttoinlandsprodukt erfasst. Zum Haushaltssektor zählen ebenfalls legale Waren und Dienstleistungen, die

Tab. 1: Sektoren einer Volkswirtschaft

	Offizieller Sektor	Haushalts-sektor	Informeller Sektor	Irregulärer Sektor	Krimineller Sektor
Güter/ Dienstleistungen	legal	legal	legal	legal	illegal
Ausführung	legal	legal	legal	illegal	illegal
Markttrans-aktionen	ja	nein	ja	ja	ja
VGR-Konventionen	Bruttoinlands-produkt	Selbstversorgungs-wirtschaft* (legal)		Schattenwirt-schaft* (illegal)	Untergrund-wirtschaft
Beispiele	• Industrie, • Dienst-leistungen	• Do-it-your-self, • Eigenarbeit beim Haus-bau; • Reparaturen; • Kinder-betreuung	• Nachbar-schaftshilfe; • Beratungs-zentren; • Selbsthilfe-organisati-onen; • ehrenamt-liche Tätig-keiten; • Realtausch	• u. a. Schwarz-arbeit: • Verstoß gegen Gewer-be/ Hand-werksord-nung • Steuer- und Abgabenhin-terziehung • irreguläre Be-schäftigung • Leistungs-missbrauch	• Hehlerei; • Drogen; • verbotene Glücksspiele; • Betrug; • Schmuggel; • Menschen-handel

* Teilweise im offiziellen Bruttoinlandsprodukt auf Basis von Schätzungen enthalten.

Quelle: Enste (2002)

legal erstellt, allerdings nicht auf einem Markt gehandelt werden. Obwohl sie nicht umfassend im BIP erfasst werden können, erhöhen diese Güter den Wohlstand einer Gesellschaft und werden dementsprechend positiv bewertet. Im kriminellen Sektor werden illegale Waren und Dienstleistungen gehandelt, deren Ausführung oder Erstellung ebenfalls illegal ist, da zum Teil gegen elementare Menschenrechte verstoßen (z. B. Menschenhandel) oder die Gesundheit massiv gefährdet wird (z. B. Drogenhandel). Die Bekämpfung dieser Kriminalität ist aus volkswirtschaftlicher Sicht notwendig.

Schwieriger sind die Bewertung und die Abgrenzung der Aktivitäten zwischen dem informellen und dem irregulären Sektor. Im informellen Sektor werden legale Güter auf legale Art und Weise erstellt (ehrenamtliche Tätigkeiten, Realtauschaktionen), wohingegen im irregulären Sektor legale Güter illegal erstellt werden (Schwarzarbeit). Letztere Aktivitäten werden oftmals als legitim angesehen, obwohl sie illegal sind. Im

Gesetz zur Bekämpfung der Schwarzarbeit und illegalen Beschäftigung (§ 1) werden in Deutschland folgende Tätigkeiten gemäß der juristischen Abgrenzung als Schwarzarbeit bezeichnet: Schwarzarbeit leistet, wer Dienst- oder Werkleistungen erbringt oder ausführen lässt und dabei

1. als Arbeitgeber, Unternehmer oder versicherungspflichtiger Selbstständiger seine sich auf Grund der Dienst- oder Werkleistungen ergebenden sozialversicherungsrechtlichen Melde-, Beitrags- oder Aufzeichnungspflichten nicht erfüllt,
2. als Steuerpflichtiger seine sich auf Grund der Dienst- oder Werkleistungen ergebenden steuerlichen Pflichten nicht erfüllt,
3. als Empfänger von Sozialleistungen seine sich auf Grund der Dienst- oder Werkleistungen ergebenden Mitteilungspflichten gegenüber Sozialleistungsträgern nicht erfüllt,
4. als Erbringer von Dienst- oder Werkleistungen seiner sich daraus ergebenden Verpflichtung zur Anzeige vom Beginn des selbstständigen Betriebes eines stehenden Gewerbes (§ 14 der Gewerbeordnung) nicht nachgekommen ist oder die erforderliche Reisegewerbekarte (§ 55) nicht erworben hat,
5. ein zulassungspflichtiges Handwerk als stehendes Gewerbe selbstständig betreibt, ohne in der Handwerksrolle eingetragen zu sein (§ 1 der Handwerksordnung).

Ausdrücklich ausgeschlossen davon sind nicht nachhaltig auf Gewinn gerichtete Dienst- und Werkleistungen von Angehörigen, Lebenspartnern, aus Gefälligkeit, im Wege der Nachbarschaftshilfe oder im Wege der Selbsthilfe am Bau im Sinne des Zweiten Wohnungsbaugesetzes oder des Wohnraumförderungsgesetzes. Diese Tätigkeiten sind deshalb dem informellen Sektor zuzuordnen. In vielen Ländern ist dies allerdings anders geregelt, wodurch die Vergleichbarkeit besonders bei Umfragen eingeschränkt ist.

Umfang und Struktur: Eine Frage der Schätzmethode – oder?

In Deutschland befassen sich leider nur einige wenige Wirtschaftswissenschaftler schwerpunktmäßig mit dem Phänomen „Schattenwirtschaft“. Empirische Daten liefern in unregelmäßigen Abständen Umfragen (vgl. Feld/Larsen 2005) und die jährlichen Schätzungen von Friedrich Schneider, die u.a. vom Institut für Angewandte Wirtschaftsforschung veröffentlicht werden. Beide Datenquellen werden gerne von den Medien genutzt, um auf die Gefahren einer zweigeteilten Volkswirtschaft hinzuweisen und die Aufmerksamkeit der Öffentlichkeit für die Entwicklung abseits der offiziellen Statistiken zu wecken. Bei internationalen Vergleichen werden – sofern verfügbar – auch die Ergebnisse anderer Schätzverfahren einbezogen (Enste/

Schneider 2000a). Die Schätzungen zur Größe der Schattenwirtschaft divergieren dabei bei verschiedenen Messverfahren auf Grund unterschiedlicher Abgrenzungen, Annahmen und Vorgehensweisen zum Teil erheblich. Dadurch ist die Vergleichbarkeit zwischen den Ländern, aber auch zwischen einzelnen Schätzungen eingeschränkt.[1] Allerdings haben internationale Vergleiche gezeigt, dass sich ähnliche Tendenzen in den Ländern bei der Anwendung unterschiedlicher Schätzverfahren zeigen. Die empirisch ermittelten Größenunterschiede lassen sich dabei oftmals theoretisch erklären, wie am Beispiel „Schwarzarbeit" – geschätzt auf Grundlage von Umfragedaten – und „Schattenwirtschaft" – geschätzt mit Bargeldnachfrageansatz und kausaler Methode – gezeigt wird.

Umfrageergebnisse zur Schwarzarbeit

Auf Basis von Umfragen kommen konservative Schätzungen auf eine Größenordnung der Schwarzarbeit von 4,1 Prozent des BIP (2001) bzw. 3,1 Prozent (2004) (vgl. Tabelle 2). Dabei werden natürlich nur die Arbeitsstunden (bewertet mit dem Lohnsatz in der offiziellen Wirtschaft) erfasst, die von den Befragten auch zugegeben werden. Aus langjährigen Erfahrungen in der empirischen Sozialforschung ist bekannt, dass Menschen bei Befragungen jedoch nicht immer ehrlich antworten, sondern „sozial erwünschte" Antworten geben (vgl. z. B. Friedrichs 1998). Bereits bei Fragen nach dem Einkommen gibt es eine hohe Antwortverweigerungsquote, die sich bei der Frage nach illegalen Tätigkeiten und dem damit verbundenen Einkommen noch deutlich erhöht. Teilweise hilft sich die Sozialforschung mit indirekten Fragen: „Was glauben Sie, wie viele ihrer Nachbarn und Freunde arbeiten schwarz?" Neben dem Problem der „Ehrlichkeit" kommt die mangelnde Vergleichbarkeit der Ergebnisse verschiedener Befragungen hinzu. So haben in anderen Umfragen bis zu einem Viertel der Befragten gestanden, schwarz zu arbeiten (vgl. Lamnek/Olbrich/Schäfer 2000). Insofern sind die 70 Mrd. Euro Wertschöpfung (3,1 Prozent des BIP) durch die rund 5 Millionen (Teilzeit-) Schwarzarbeiter die untere Grenze der Schwarzarbeit.

Unter Berücksichtigung der Erkenntnisse der empirischen Sozialforschung und weiterer Umfrageergebnisse liegt die Wertschöpfung durch Schwarzarbeit in Deutschland dann bei bis zu 175 Mrd. Euro (ca. 8 Prozent des BIP). Dies impliziert, dass bis zu ein Viertel der 18- bis 66-jährigen schwarzgearbeitet haben. Das entsprechende Zeitpotenzial ist

1 Auf die eingeschränkte Vergleichbarkeit von Daten (z. B. Steuerlast, Arbeitslosenquote etc.) zwischen Ländern weisen übrigens auch internationale Organisationen wie die OECD oder die Weltbank in fast jeder ihrer Veröffentlichungen hin – um anschließend mangels Alternativen dennoch internationale Vergleiche vorzunehmen.

Tab. 2: Schwarzarbeit in Deutschland – Umfrageergebnisse

	Frage / Variable	West-Deutschland 2001	Ost-Deutschland 2001	West-Deutschland 2004	Ost-Deutschland 2004	Gesamt-Deutschland 2001	Gesamt-Deutschland 2004
1	Schwarzarbeit haben in den letzten 12 Monaten ... Prozent der 18-66-jährigen* geleistet	11,4	12,7	8,5	13,9	11,7	9,6
2	Durchschnittliche Wochenarbeitszeit in der Schattenwirtschaft	8h35m	7h20m	7h39m	7h22m	8h20m	7h33m
3	Durchschnittlicher Schwarzarbeiterstundenlohn	10,7	8,7	11,1	8,7	10,3	10,4
4	Jahresschwarzarbeitszeit je Schwarzarbeiter (in Stunden)	446	381	398	383	428h	392
5	Schwarzarbeit in Prozent des BIP (Umfragedaten)	4,12	4,25	2,77	4,4	4,11	3,13

* Repräsentativumfragen mit 6.426 Befragten

Quellen: Feld/Larsen 2005; Pedersen 2003

bei vielen Beschäftigten dafür vorhanden: Während sich die Jahresarbeitszeit eines Selbstständigen 2004 im Durchschnitt auf schätzungsweise 2.132 Stunden summiert, kommt ein abhängig beschäftigter Vollzeitarbeitnehmer lediglich auf 1.659 Stunden – ggf. plus durchschnittlich 400 Stunden Schwarzarbeit. Auch im Vergleich mit anderen Ländern zeigt sich, dass gut 2.000 Stunden Arbeitszeit pro Jahr die Regel sind.

Der Unterschied zwischen Schwarzarbeit und Schattenwirtschaft am Beispiel Deutschland

Bei den Berechnungen zur Schattenwirtschaft werden im Unterschied zur reinen Schwarzarbeit, bei der es „nur" um die „schwarz" geleisteten Arbeitsstunden für die Erstellung von an und für sich legalen Gütern und Dienstleistungen geht, die gesamte Wertschöpfung in diesem Sektor erfasst. Neben der Arbeitsleistung werden auch die verwendeten Materialien in die Berechnung einbezogen, sofern sie bar und schwarz mit eingekauft werden. Zur Ermittlung der Größenordnung für den auf das Material entfallenden Teil kann u.a. auf die Schätzungen zur Mehrwertsteuerhinterziehung zurückgegriffen werden. Im Jahr 2005 betrug sie neueren Schätzungen zufolge rund

17 Mrd. Euro (vgl. Gebauer/Parsche 2005). Rund 15 Mrd. Euro sind dabei auf schattenwirtschaftliche Aktivitäten zurückzuführen. Dies entspricht einem Anteil von knapp 10 Prozent der gesamten Mehrwertsteuereinnahmen. Der gesamte Materialeinsatz in der Schattenwirtschaft entspricht dann hochgerechnet je nach Schätzung 65 bis 90 Mrd. Euro (3-4 Prozent des BIP).

Ein Teil des zusätzlichen Bargeldumlaufs entfällt in Deutschland darüber hinaus auf die illegalen Güter und Dienstleistungen (4 Prozent des BIP; ca. 90 Mrd. Euro). Dazu zählen u.a. die Aktivitäten der organisierten Kriminalität. Dabei sind hier jedoch einerseits die schwarz erbrachten Firmenleistungen nur zum Teil erfasst und andererseits sind auch die Arbeitsstunden, die von sich illegal in Deutschland aufhaltenden Ausländern erbracht werden, nicht eingeschlossen. Unter Berücksichtigung dieser weiteren Tätigkeiten erhöht sich dieser Teil auf zirka 105 Mrd. Euro.

Das Ausmaß der Schattenwirtschaft wird in der Regel als relative Bezugsgröße zum offiziellen Bruttoinlandsprodukt dargestellt, um die Größenordnung besser verdeutlichen zu können. Da in das offizielle BIP je nach Land jedoch bereits eine geschätzte Wertschöpfung von informellen Aktivitäten eingeht, darf diese Größe nicht einfach zum BIP hinzugerechnet werden, um die gesamte Wertschöpfung einer Volkswirtschaft zu ermitteln. Viele statistische Ämter machen über den Korrekturfaktor keine konkreten Angaben. Für Deutschland wird hier von ca. einem Prozent ausgegangen. Zusammenfassend lässt sich das „Schwarzarbeits-Änigma" (Koch 2005) wie folgt auflösen:

Tab. 3: Schwarzarbeit und Schattenwirtschaft in Deutschland (2005) im Vergleich

Art/ Quelle der schattenwirtschaftlichen Wertschöpfung	Umfang in Prozent des BIP	Umfang in Mrd. Euro	Fiktive Vollzeitarbeitsplätze (in Millionen)	Anteil an Schattenwirtschaft in %
Schwarzarbeit (Umfrageergebnisse) (konservative Schätzung)	3,1	70	1,26	20
+ Korrektur wg. Verheimlichung und aufgrund anderer Umfrageergebnisse	3,1-4,6	70-100	1,26-1,86	20-30
+ Materialeinsatz	3,0-4,0	65-90	1,17-1,56	19-25
+ illegale Aktivitäten	4,3-4,8	90-105	1,62-1,88	27-30
+ im BIP enthaltene Aktivitäten	1,0-2,0	20-40	0,36-0,72	6-12
Schattenwirtschaft (Bargeldumlauf/ Kausale Methode)	**15,5-16,0**	**340-350**	**6,12-6,27**	**100**

Quelle: Enste/Schneider 2006

Abb. 1: Zusammensetzung der Schattenwirtschaft

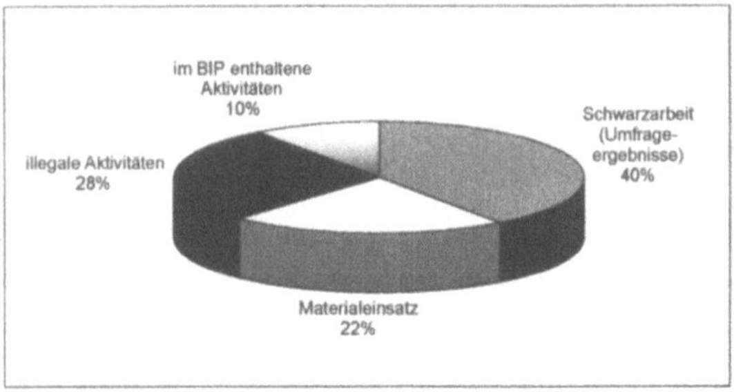

Geschätzte durchschnittliche Anteile der Schattenwirtschaft (Bargeldnachfrageansatz) (vgl. Tabelle 2)

Quelle: Enste/ Schneider 2006

Eine vereinfachende grafische Darstellung macht den Unterschied noch anschaulicher (Abbildung 1).

Je nach Umfrage gibt es somit in Deutschland zwischen fünf und 10 Millionen nebenberufliche (Teilzeit-) Schwarzarbeiter mit durchschnittlich ca. 400 Stunden pro Jahr. Dies entspricht umgerechnet 1,26 bis 3,2 Millionen Vollzeitstellen. Sofern die gesamte Wertschöpfung (350 Mrd. Euro) von Arbeitskräften erwirtschaftet würde, ergäbe sich rein rechnerisch (fiktiv) die Zahl von über 6 Millionen Vollzeitstellen (vgl. Tabelle 3). Diese Zahlen entsprechen natürlich nicht eins zu eins neuen Arbeitsplätzen in der offiziellen Wirtschaft. Auf Basis von Umfrageergebnissen aus Skandinavien kommen Lars P. Feld und Claus Larsen (2005:16) zu dem Ergebnis, dass rund ein Drittel der Stellen legalisiert werden könnten. Eine erfolgreiche Bekämpfung der Ursachen der Schwarzarbeit würde somit zwischen 420.000 und 1,1 Millionen zusätzliche Vollzeitstellen in der offiziellen Wirtschaft schaffen können.

Der Unterschied zwischen Schattenwirtschaft und informeller Wirtschaft in Deutschland

Tab. 4: Doppelt soviel Hausarbeit wie Erwerbsarbeit: Volumen bezahlter und unbezahlter Arbeit in Mrd. h/a

	Frauen	Männer	Gesamt
Erwerbsarbeit	19,6	36,4	56
Hausarbeit	57,6	38,4	96
Wegezeiten	3,5	6,5	10
Gesamt	**80,7**	**81,3**	**162**

Bevölkerung ab 12 Jahren; nachrichtlich: zusätzlich mind. 2,1 Mrd. Stunden Schwarzarbeit

Quelle: Ursprungsdaten: Statistisches Bundesamt

Neben der offiziellen Wertschöpfung und der Schattenwirtschaft kommt zur gesamten Wertschöpfung in Deutschland noch der Beitrag des informellen und des Haushaltssektors hinzu. Denn vernachlässigt werden die unbezahlten Tätigkeiten. Diese unbezahlte Arbeit zusammengenommen erreicht dabei nach Angaben des Statistischen Bundesamtes ein

Tab. 5: Eine Billion Euro Wertschöpfung in Privathaushalten

Sektor	**Offizieller Sektor**[2)]		**Haushalt-sektor**[3)]		**Irregulärer Sektor**[4)]		**Krimineller Sektor**[4)]	
Beschreibung	Privatwirtschaft (Unternehmen, Haushalte) und Staat = offizielles Bruttoinlandsprodukt		v. a. unbezahlte Haus-/Gartenarbeit; Kinderbetreuung; Pflege der Älteren; Nachbarschaftshilfe, Ehrenamtliche Tätigkeiten		v. a. Schwarzarbeit		Illegale Beschäftigung, Schmuggel, Drogenhandel etc.	
Jahr[1)]	1992	2001	1992	2001	1992	2001	1992	2001
Wertschöpfung in Mrd. Euro	1.613	2.074	839	987	100	240	50	120
Im Verhältnis zum offiziellen BIP in %	100	100	52	48	6	12	3	6
Anteil an ges. Wertsch. in %	**63**	**63**	**33**	**30**	**4**	**7**	-	-

1) Angaben für das Jahr 1992 und 2001 basierend auf der Zeitbudgeterhebung 2001/2002
2) Einschließlich 130 Mrd. Euro (1992) bzw. 214 Mrd. Euro (2001) aus Haushaltsproduktion, die ins BIP eingerechnet werden
3) Unbezahlte Hausarbeit bewertet mit dem Nettolohn eines Generalisten (einschl. Bezahlung für Krankheit und Urlaub) in Höhe von 8,85 Euro sowie Abschreibungen und unterstellte Einkommen aus Wohnungsvermietung und Sonstiges
4) Schätzungen auf Basis des Bargeldansatzes

Quellen: Ursprungsdaten: Statistisches Bundesamt

Jahresvolumen von rund 100 Mrd. Stunden, die zu 60 Prozent von Frauen geleistet werden. Die Erwerbsarbeit macht gut 56 Mrd. Stunden aus, die zu etwa zwei Dritteln von Männern geleistet wird. Wegezeiten für die Erwerbsarbeit (10 Mrd. Stunden) sowie die Schwarzarbeitszeit (mindestens 2,1 Mrd. Stunden, siehe oben) kommen noch hinzu. Derzeit wird nach deren eigenen Angaben die Hausarbeit in rund 3,6 Millionen Privathaushalten regelmäßig oder zumindest gelegentlich durch eine nicht angemeldete Haushaltshilfe erbracht. Die Wertschöpfung im Hauswirtschaftsbereich alleine durch diese Art der Schwarzarbeit wird vom Bundesministerium der Finanzen auf 55 Mrd. Euro im Jahr geschätzt.

Die Haushaltsproduktion erreicht auf Basis der Angaben des Statistischen Bundesamtes selbst bei vorsichtigen Schätzungen eine Wertschöpfung von 987 Mrd. Euro (2001). Darin enthalten sind u.a. die mit einem Nettostundenlohn (einschließlich Bezahlung von Urlaub und Krankheit) von 8,85 Euro pro Stunde bewertete Arbeitszeit (850 Mrd.

Euro), die kalkulatorischen Einnahmen aus Wohnungsvermietung (56 Mrd. Euro) sowie die Abschreibungen auf dauerhafte Gebrauchsgüter und eigengenutztes Wohneigentum (72 Mrd. Euro) (vgl. Tabelle 5). Legt man die Bruttolöhne (einschließlich Steuer- und Abgaben) in Höhe von 15,60 Euro zugrunde, erreicht die Haushaltsproduktion sogar eine Wertschöpfung von 1.637 Mrd. Euro. Die gesamte Wertschöpfung in Deutschland ist somit zwischen 50 und 80 Prozent größer als im Bruttoinlandsprodukt ausgewiesen. Nimmt man die legalen Güter und Dienstleistungen hinzu, die in der Schattenwirtschaft produziert werden (240 Mrd. Euro), erreicht die gesamte Wertschöpfung in Deutschland rund 3,3 bis 4 Billionen Euro.

Größe und Entwicklung der Schattenwirtschaft im Ländervergleich

Über die nationale Perspektive hinaus sind internationale Vergleiche hilfreich zur Bewertung und Einschätzung der Bedeutung von inoffizieller Wirtschaftsleistung. Die folgenden Schätzungen liefern internationale Daten über die Schattenwirtschaft für längere Zeiträume, die überwiegend mit dem makroökonomischen Bargeldnachfrageansatz sowie dem Modellansatz (DYMIMIC-Verfahren) ermittelt wurden. Die Größenordnungen der Schattenwirtschaft divergieren bei verschiedenen Schätzungen auf Grund unterschiedlicher Abgrenzungen, Annahmen und Vorgehensweisen zum Teil erheblich (vgl. Anhang). Dadurch ist die Vergleichbarkeit zwischen den Ländern, aber auch zwischen einzelnen Schätzungen eingeschränkt (vgl. oben).

Abbildung 2 zeigt einen Größenvergleich der Schattenwirtschaft in ausgewählten OECD-Ländern für die Jahre 1990, 2000 und 2005 auf Basis des Bargeldnachfrageansatzes und des DYMIMIC-Verfahren. Die Schattenwirtschaft ist in allen Ländern bis zum Jahr 2000 gewachsen, verringert sich jedoch in vielen Ländern erstmals wieder im Jahr 2005. Im Durchschnitt hat sich die Schattenwirtschaft im Betrachtungszeitraum von 12,9 Prozent (1990) auf 16,6 Prozent (2000) des BIP erhöht. Im Jahr 2005 liegt der Durchschnitt bei 15,6 Prozent. Die südeuropäischen Länder führen die Rangliste der Schattenwirtschaft an. Griechenland liegt mit gut 27,6 Prozent des BIP vor Italien (24,4 Prozent) sowie vor Spanien und Portugal mit je gut 21 Prozent. Die nordischen Länder (Schweden, Finnland, Norwegen, Dänemark) folgen mit 16,5 bis 17,6 Prozent. Deutschland liegt mit 15,6 Prozent im Mittelfeld, während die Schweiz (9 Prozent) und die USA (8,2 Prozent) am wenigsten mit irregulären Aktivitäten zu kämpfen haben. Diese Daten werden zwar immer wieder von den offiziellen Statistischen Ämtern in Frage gestellt. Allerdings existieren keine ähnlich umfassenden Daten aus anderen Quellen, so dass diese Werte mittlerweile von der Weltbank bei ihren Länderinformationen mit veröffentlicht werden.

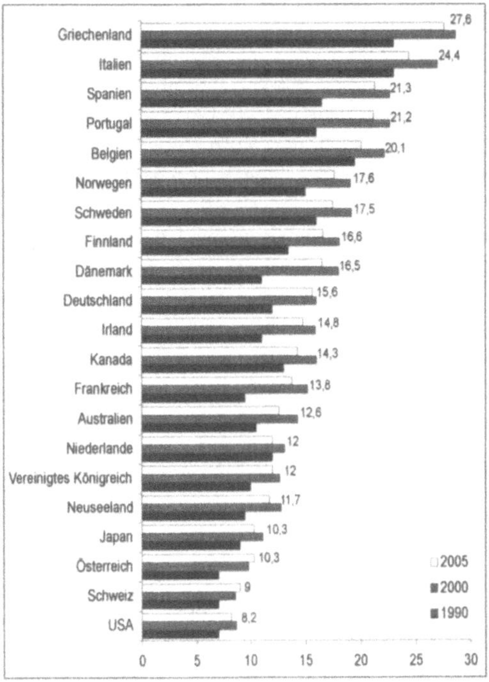

Abb. 2: Größe der Schattenwirtschaft in OECD-Ländern[1] (Schattenwirtschaft bezogen auf das Bruttoinlandsprodukt in Prozent)

Die vorläufigen Wertangaben in der Abbildung beziehen sich auf das Jahr 2005.
1) Schattenwirtschaft auf Basis des Bargeldnachfrageansatzes und des DYMIMIC-Verfahrens.

Quelle: Schneider (2005).

Abb. 3: Entwicklung der Schattenwirtschaft in Deutschland, Österreich und der Schweiz

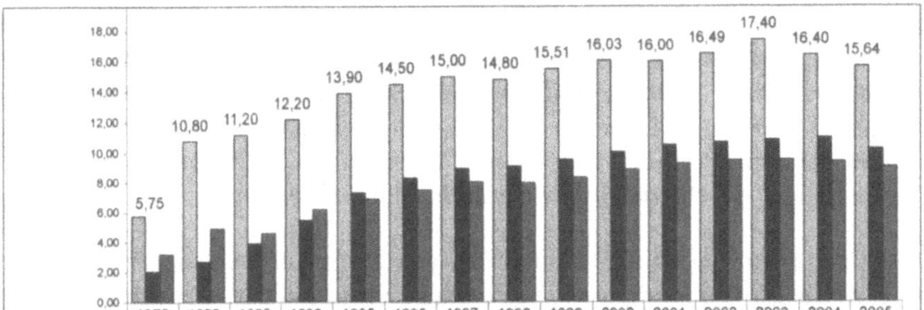

	1975	1980	1985	1990	1995	1996	1997	1998	1999	2000	2001	2002	2003	2004	2005
Deutschland	5,75	10,80	11,20	12,20	13,90	14,50	15,00	14,80	15,51	16,03	16,00	16,49	17,40	16,40	15,64
Österreich	2,04	2,69	3,92	5,47	7,32	8,32	8,93	9,09	9,56	10,07	10,52	10,69	10,86	11,00	10,27
Schweiz	3,20	4,90	4,60	6,20	6,89	7,51	8,04	7,98	8,34	8,87	9,28	9,48	9,52	9,43	9,05

Die zum Teil vorläufigen Wertangaben in der Abbildung beziehen sich auf das Deutschland. Schattenwirtschaft auf Basis des Bargeldnachfrageansatzes und des DYMIMIC-Verfahrens.

Quelle: Schneider (2005)

Abbildung 3 zeigt ausführlicher die Entwicklung der Schattenwirtschaft in Deutschland, Österreich und der Schweiz von 1975 bis 2005. Nach einer ständigen Zunahme der Schattenwirtschaft bis zum Jahr 2003 (in Österreich bis 2004) ist die Schattenwirtschaft erstmals seit vielen Jahrzehnten leicht rückläufig. Die ausführliche Berichterstattung über das Phänomen und seine Folgen hat in der Politik zu einigen Korrekturen in der Steuer- und Wirtschaftspolitik geführt, die sich nun auch in den Zahlen bemerkbar machen.

Genauere Aussagen über die Struktur der Schwarzarbeit sind aus Umfragedaten für Deutschland und Österreich bekannt. Dabei zeigt sich, dass vor allem die Handwerksleistungen (Bauen, Renovieren und Reparieren) mit 44 Prozent der Schwarzarbeit relevant sind. Dazu zählen Arbeiten am Haus (35 Prozent), am Auto (19 Prozent) und haushaltsnahe Dienstleistungen (wie Nachhilfestunden, Haushaltshilfe, Kinderbetreuung). Nicht zuletzt deshalb sind dies auch Bereiche, in denen in Deutschland seit Anfang 2006 großzügigere steuerliche Absetzbarkeitsregeln gelten (vgl. unten).

Erfolglose Symptombekämpfung

Politiker und Bürokraten sehen häufig nur in schärferen Sanktionen, verstärkten Razzien und härteren Strafen einen Weg zur Bekämpfung der Schwarzarbeit. In Deutschland werden Verstöße gegen das Gesetz zur Bekämpfung der Schwarzarbeit seit 1957 (mit maximaler Geldbuße von 5.000 Euro) verfolgt, seit 1975 als Ordnungswidrigkeit behandelt und seit dem 1. August 2002 mit Geldbußen bis zu 300.000 Euro, bei illegaler Beschäftigung bis zu 500.000 Euro geahndet. Schwarzarbeit wird teilweise nun nicht mehr nur als Ordnungswidrigkeit, sondern als Straftat eingestuft und die Verfolgungszuständigkeit ist von der Bundesagentur für Arbeit auf die Zollbehörde übertragen worden – verbunden mit einer Aufstockung der Arbeitskräfte auf 7.000, wobei derzeit 2.000 Beschäftigte von der Deutschen Bahn und Deutschen Post überführt werden. Dadurch steigen die Personal- und Sachkosten von 2002 bis zum Jahr 2005 um fast 50 Prozent auf schätzungsweise eine halbe Milliarde Euro an.

Trotz der drastischen Strafverschärfung und des zunehmenden Personal- und Ressourceneinsatzes werden aber tendenziell weniger Ermittlungsverfahren eingeleitet, und die Schattenwirtschaft wächst weiter. Abbildung 4 veranschaulicht die paradoxe Situation von steigenden Ausgaben für die Bekämpfung der Schwarzarbeit und einer sinkenden Zahl der Ermittlungsverfahren. Gleichzeitig wachsen die Schattenwirtschaft (siehe dazu Abbildung 3) und die Höhe der verhängten Bußgelder. Allerdings verbleiben die Bußgeldeinnahmen auf niedrigem Niveau: Wenngleich die Höhe der verhängten Bußgelder deutlich zugenommen hat, hat sich der Anteil der tatsächlich gezahl-

Abb. 4: Die Bekämpfung der Schwarzarbeit in Deutschland

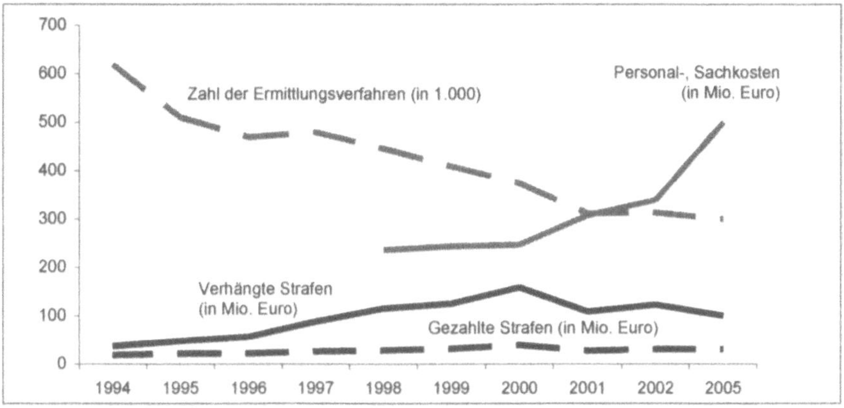

Verhängte und gezahlte Strafen beziehen sich auf Verwarnungs- und Bußgelder. Daten für Personal- und Sachkosten liegen erst ab 1998 vor. Daten für gezahlte Verwarnungs- und Bußgelder 1999 bis 2002 mit konstantem Anteil (25 Prozent) geschätzt. Das Landeskriminalamt Berlin-Brandenburg schätzt hingegen, dass sogar nur bei jedem Zehnten die Strafe eingetrieben werden kann. 2005: wegen Reorganisation der Verfolgung in der Finanzkontrolle Schwarzarbeit keine direkt vergleichbaren Schätzungen

Quelle: Enste (2003) mit neueren Berechnungen; Ursprungsdaten: Bundesagentur für Arbeit 2002, Bundestagsdrucksache Nr. 14/1425 1999; Bundestagsdrucksache Nr. 15/726 2003

ten Verwarnungs- und Bußgelder im Laufe der Zeit von einem Anteil von 75 Prozent im Jahr 1990 innerhalb von acht Jahren auf unter 25 Prozent verringert und ist seitdem nahezu gleich geblieben. Da die Entdeckungswahrscheinlichkeit in Deutschland gering ist und die aufgedeckten Fälle nur die Spitze des Eisbergs darstellen, lässt sich abschätzen, dass letztlich nur jeder tausendste Schwarzarbeiter auch tatsächlich seine Strafe zahlt. Denn die Bestrafungswahrscheinlichkeit nach Einleitung eines Ermittlungsverfahrens liegt gemäß der Daten der Bundesagentur für Arbeit (2002) zwischen 75 und 85 Prozent. Von den Bestraften zahlt wiederum nur jeder vierte seine Strafe. Selbst bei einer relativ hoch geschätzten Entdeckungswahrscheinlichkeit von fünf pro 1.000 Ordnungswidrigkeiten ergibt sich auf Grund der multiplikativen Verknüpfung der Wahrscheinlichkeiten, dass nur ein Promille der Schwarzarbeiter die Strafe zahlt. Allerdings variiert die Bestrafungswahrscheinlichkeit je nach Delikt. Bei Leistungsmissbrauch (z. B. Arbeitslosenhilfebezug trotz Schwarzarbeit) wird häufiger ein Ermittlungsverfahren eingeleitet, während die nebenberufliche Schwarzarbeit kaum verfolgt wird. Dies entspricht dem Unrechtsverständnis der Wähler, von denen nur 8 Prozent für Leistungsmissbrauch Verständnis haben, verglichen mit 22 Prozent für Schwarzarbeit.

Trotzdem ist die Symptombekämpfung in Deutschland weiter intensiviert worden. Mit mäßigem Erfolg, wie die Statistik der neugeschaffenen Finanzkontrolle Schwarzarbeit zum Beispiel vom Februar 2005 dokumentiert. So stehen 40.000 Kontrollen lediglich 72 Festnahmen gegenüber. Dies entspricht 0,18 Prozent, bzw. 1,8 Promille. Notwendig ist deshalb ein ursachenadäquates Vorgehen zur Eindämmung der Schattenwirtschaft, in dessen Folge dann die Politik auch glaubwürdig mehr Loyalität gegenüber dem Staat fordern kann. Dass der Staat unabhängig davon die Ausbeutung von Arbeitskräften gegen deren Willen, menschenunwürdige Unterbringung und Zwangsarbeit oder -prostitution unterbinden und bekämpfen muss, steht außer Frage, ist aber nicht das Kernproblem bei einer *volkswirtschaftlichen* Analyse der Schattenwirtschaft.

Ausgewählte Ursachen von Schwarzarbeit und Schattenwirtschaft

Ursache Nr. 1: Steuer- und Abgabenbelastung

Den Zusammenhang zwischen Abgabenbelastung und Schattenwirtschaft belegen verschiedene Studien sowohl auf aggregierter als auch auf individueller Ebene

Abb. 5: Steuer-/Abgabenlast und Schattenwirtschaft, jeweils in Prozent des BIP im Jahr 2004/2005

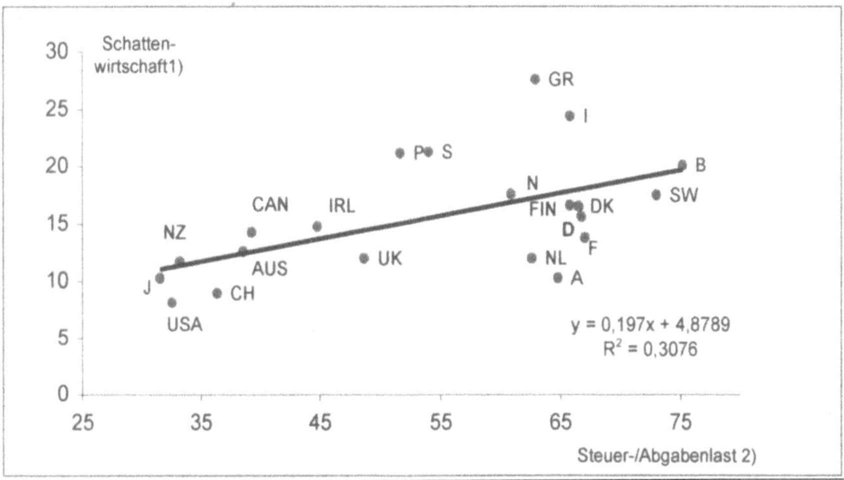

1) Schattenwirtschaft auf Basis des Bargeldnachfrageansatzes.
2) Gesamte Steuer- und Abgabenlast eines ledigen Durchschnittsverdieners einschließlich Arbeitgeberbeiträgen zur Sozialversicherung (in Prozent der Arbeitskosten) plus Mwst-Satz.

Quelle: Eigene Berechnungen, Ursprungsdaten: OECD 2003; Schneider 2006

(Enste 2002). Abbildung 5 veranschaulicht diesen Zusammenhang vereinfacht auf Basis der in Abbildung 2 dargestellten Schätzungen zur Größe der Schattenwirtschaft: Je höher die Steuer- und Abgabenlast, umso größer ist die Schattenwirtschaft. Eine Regressionsanalyse ergibt, dass die Schwankungen beim Ausmaß der Schattenwirtschaft zwischen den betrachteten Ländern zu 30 Prozent durch die entsprechenden Unterschiede bei der Höhe der Steuer- und Abgabenlast erklärt werden können. Dabei besteht ein wechselseitiger Zusammenhang zwischen den beiden Größen, der einem Teufelskreis gleichkommt: Denn je höher die Steuersätze sind, umso mehr Menschen agieren in der Schattenwirtschaft. Damit fällt die Bemessungsgrundlage für die Steuern geringer aus. Um letztlich gleich bleibende Staatsausgaben finanzieren zu können, müssen die Steuern weiter erhöht werden, was wiederum die Anreize zur Schwarzarbeit erhöht.

Ursache Nr. 2: Arbeitsmarktregulierungen

Auch die Regulierungen auf dem Arbeitsmarkt können einen Teil des Umfangs der Schattenwirtschaft erklären. Viele der Vorschriften, die ursprünglich zum Schutz der Arbeitnehmer eingeführt wurden, sind heute nicht mehr zeitgemäß und schränken die

Abb. 6: Arbeitsmarktregulierungen[1] und Schattenwirtschaft in Prozent des BIP (2001–2005)

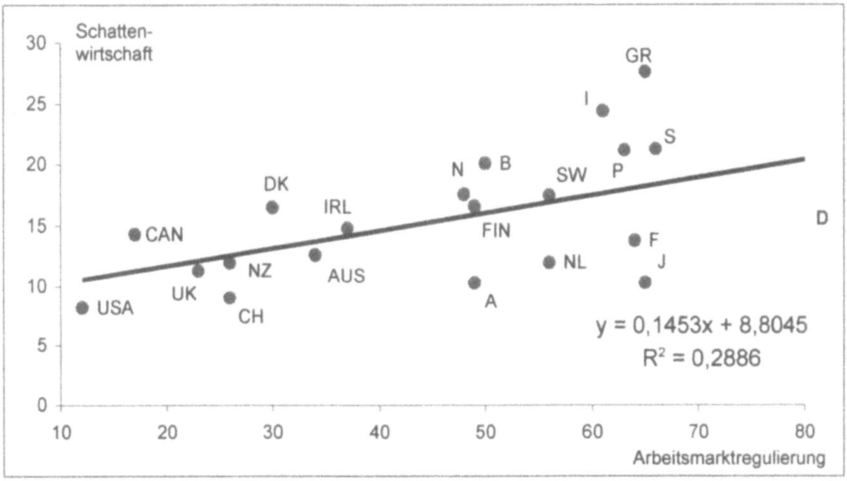

1) Arbeitsmarktregulierung 0 = geringe bis 100 = hohe Regulierung

Quelle: Eigene Berechnungen; Ursprungsdaten: Schneider 2006; Enste/Hardege 2006

Vertragsfreiheit zwischen den Arbeitnehmern und den Arbeitgebern ein. Angefangen bei restriktiven Arbeitszeitvorschriften über den Kündigungsschutz bis hin zur Betriebsstättenverordnung müssen Unternehmen und kleine Betriebe eine Vielzahl von staatlichen Regulierungen beachten, die sie davon abhält, weitere Mitarbeiter einzustellen. Alternativ wird dann sowohl von Arbeitgeber- wie auch von Arbeitnehmerseite der flexiblere Schwarzmarkt genutzt. Als Regulierungsindikator wurde hier der von der vom Institut der deutschen Wirtschaft Köln (Enste/Hardege 2006) errechnete Arbeitsmarktindex verwendet, der auf einer breiten Datenbasis von internationalen Institutionen (OECD, IMF, Weltbank etc.) basiert (Abbildung 6).

Auf Grundlage dieser Daten lassen sich knapp 30 Prozent der Schwankungen der Schattenwirtschaft zwischen den Ländern erklären. Die Regressionsanalyse belegt, dass ein enger Zusammenhang zwischen der Nutzung des informellen Arbeitsmarkts mit höheren Freiheitsgraden bei der Arbeitsgestaltung einerseits und den Schutzvorschriften sowie den kostenintensiven Regulierungen auf dem offiziellen Arbeitsmarkt andererseits besteht. Berechnungen mit alternativen OECD-Arbeitsmarktregulierungsindizes ergeben ähnliche Ergebnisse und bestätigen diesen Zusammenhang.

Ursache Nr. 3: Qualität staatlicher Institutionen

Der zunehmenden Bereitschaft zur Schwarzarbeit kann der Staat auch durch bessere staatliche Leistungen begegnen. Denn je besser die staatlichen Institutionen arbeiten und je positiver die Einstellung gegenüber dem Staat ist, desto eher ist die Bevölkerung bereit, für die staatlichen Aufgaben und die potenziellen staatlichen Gegenleistungen Steuern und Abgaben zu zahlen.

Abbildung 7 liefert erste Belege für die Bedeutung der Qualität der staatlichen Dienstleistungen und der Effizienz der Verwaltung für das Ausmaß der Schattenwirtschaft. Der für die Messung der staatlichen Qualität herangezogene Governance-Index wird von der Weltbank seit 1996 regelmäßig für 199 Länder auf Basis von Umfragen erstellt. Dieser wurde von Enste/Hardege 2006 noch um Daten weiterer Institutionen erweitertet und auf einer Skala von 0 (schlechte) bis 100 (sehr gute) Institutionen neu berechnet. Der Vergleich der Daten, für die hier betrachteten OECD-Staaten mittels einer Regressionsanalyse zeigt, dass die Streuung der Größe der Schattenwirtschaft zwischen den Ländern zu 40 Prozent durch die unterschiedliche Qualität der staatlichen Institutionen bestimmt wird. Untersuchungen für eine größere Zahl von Ländern, die nicht alle zu der hier betrachteten High-Income-Kategorie (z. B. Transformationsländer) mit recht ähnlicher Governance-Qualität zählen, bestätigen diesen Zusammenhang

Abb 7: Index zur Qualität staatlicher Institutionen* und Schattenwirtschaft in Prozent des BIP

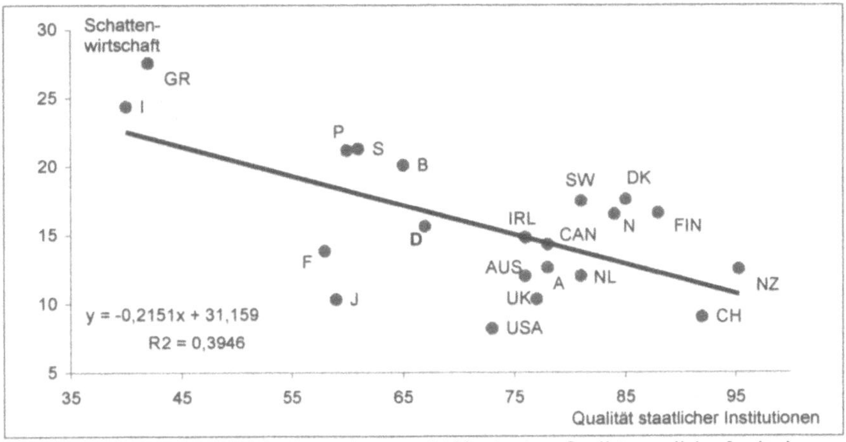

* Governance-Index des IW Köln: 0 = geringste und 100 = höchste Qualität staatlicher Institutionen.

Quelle: Eigene Berechnungen; Ursprungsdaten: Weltbank 2005; Enste/Hardege 2006; Schneider 2006

(Enste 2004). Die Abhängigkeit von Ausreißern bei der Schätzung der Regressionsgerade ist dort geringer.

Grundsätzlich zeigt sich, dass die Menschen den Weg in die Schattenwirtschaft weniger oft wählen, sobald sie sehen, dass der Staat die Steuergelder nicht verschwendet. Erfahren die Bürger bei ihrem Kontakt mit den staatlichen Behörden dies durch kunden- und bürgerfreundliche Öffnungszeiten, zuvorkommenden Service und professionelle Dienstleistungen, wirkt sich dies zusätzlich dämpfend auf die Entwicklung der Schattenwirtschaft aus.

Wirtschaftspolitische Empfehlungen

Ordnungspolitische Strategien

Was kann der Staat gegen Schwarzarbeit und illegale Beschäftigung tun? Da die Symptombekämpfung in Deutschland kostspielig und wenig erfolgreich ist, sollte stattdessen an den Ursachen angesetzt werden. Langfristig ist es notwendig, die Wirtschaftsordnung so auszugestalten, dass die (Steuer-)Moral der Bürger verbessert wird, indem eine stärkere Identifikation mit dem Staat erreicht wird. Darüber hinaus müssen auch die (staatliche) Korruption, der Machtmissbrauch sowie die professionelle Wirtschaftskriminalität bekämpft werden. Ansonsten wird Schwarzarbeit weiterhin als „Korrektiv des kleinen Mannes“ eine breite gesellschaftliche Akzeptanz erfahren. Zur Bekämpfung der illegalen Beschäftigung von Ausländern sind weitere Liberalisierungen der Märkte und mehr Dienstleistungs- und Güterfreiheit erforderlich, so dass den Menschen in ihrer Heimat bessere Berufschancen offenstehen. Deutschland muss hingegen mehr in die Bildung investieren, um weiterhin hochwertige Produkte mit hochqualifizierten Arbeitskräften anbieten zu können.

Darüberhinauszeigtdie Kehrtwendebeiden „Mini-Jobs“, dasseine Ursachenbekämpfung erfolgreicher ist als eine Verschärfung der Sanktionen. Die Einschränkung der geringfügigen Beschäftigung im Jahr 1999 führte wie erwartet zu mehr Schwarzarbeit (Enste 2002:202ff). Erst die großzügigere Regelung seit Frühjahr 2003 hat die Zahl der offiziellen „Minijobber“ von 4,1 Millionen auf 6,4 Millionen (September 2006) ansteigen lassen und die Zahl der Schwarzarbeiter sinken lassen.

Darüber hinaus geht es in erster Linie um die Absenkung der Steuerbelastung und die Strukturreform der Sozialversicherungssysteme. Auch der Arbeitsmarkt muss dereguliert und flexibilisiert werden, um den Beschäftigten und Arbeitgebern mehr Freiräume zu schaffen, die sie anderenfalls in der Schattenwirtschaft suchen. Gleichzeitig sind die Staatsquote und die Zahl der öffentlich Beschäftigten abzusenken, um die nicht investiven Ausgaben des Staates zu verringern. Der Staat kann durch eine Restrukturierung der öffentlichen Verwaltung, eine Verbesserung der staatlichen Dienstleistungen und einfachere Gesetze die Anreize zur Abwanderung in die Schattenwirtschaft verringern. Auch der Abbau von unnötigen Vorschriften und die Verringerung der Berichtspflichten (Bürokratie) könnten die Abwanderung stoppen helfen. Damit lassen sich keine schnellen Erfolge erzielen. Denn es ist erheblich schwerer, jemanden, der sich an den risikoarmen Zusatzverdienst gewöhnt hat, aus dem Schatten wieder ins Licht zurückzulocken, als ihn von der Abwanderung in die Schattenwirtschaft abzuhalten. Dennoch ist dies nicht nur mit Blick auf die Schattenwirtschaft sondern auch auf den zunehmenden internationalen Standortwettbewerb erforderlich.

Kurzfristig wirkende wirtschaftspolitische Maßnahmen

Es gibt einige konkrete Maßnahmen, die auch kurzfristig für mehr offzielle und weniger irreguläre Beschäftigung sorgen können. In verschiedenen EU-Ländern wurde beispielsweise eine befristete Mehrwertsteuerrückvergütung bei arbeitsintensiven Dienstleistungen bzw. ein ermäßtigter Mehrwertsteuersatz auf einfache Dienstleistungen getestet. Ähnliches wäre auch in Deutschland denkbar, allerdings sind die Ergebnisse zur Verringerung der Schwarzarbeit aus den anderen Länder auf Grund von Abgrenzungs- und Umsetzungsproblemen überwiegend ernüchternd. Zudem würde das ohnehin schon unverständliche deutsche Steuerrecht dadurch weiter verkompliziert. Kurzfristig könnte dies jedoch die Anreize zur Schwarzarbeit ebenso verringern, wie die beschränkte steuerliche Absetzbarkeit von haushaltsnahen Dienstleistungen. Steuerlich gefördert werden diese Tätigkeiten im Haushalt derzeit bereits durch einen Steuerabzug in Höhe von 10 Prozent (max. 510 Euro) der Aufwendungen bei geringfügiger Beschäftigung, mit 12 Prozent (max. 2.400 Euro) der Aufwendungen bei sozialversicherungspflichtigen Beschäftigungsverhältnissen oder mit 20 Prozent (max. 600 Euro) beim Einkauf von Haushaltsdienstleistungen durch einen privaten Haushalt. Seit dem 1. Januar 2006 können zusätzlich 20 Prozent (max. 600 Euro) der Arbeitskosten bei Reparatur-, Erhaltungs-, und Modernisierungsarbeiten steuermindernd geltend gemacht werden. Ordnungspolitisch fragwürdig ist dabei allerdings, dass der Faktor Arbeit erst durch hohe Steuern und Abgaben generell verteuert wird und dann nur bestimmte Dienstleistungen wieder gefördert werden.

Sinnvoller wäre es mittelfristig, den Arbeitsplatz Privathaushalt vollständig mit einem Betrieb gleichzustellen. Dies impliziert aber u.a. auch die Berücksichtigung der kalkulatorischen Mietersparnis für selbstgenutztes Wohneigentum als Einnahmen bei der Einkommensteuer. Dies wäre dann unmittelbar mit dem Vorteil verbunden, Aufwendungen für Renovierung und Ausbau – wie derzeit bei fremdgenutztem Eigentum – steuermindernd geltend zu machen. Wohnen würde dann steuerrechtlich als Investitionsgut und nicht mehr als Konsumgut betrachtet. Dies würde die Attraktivität der Schwarzarbeit am Bau drastisch verringern, denn offizielle Rechnungen könnten dann steuerlich geltend gemacht werden. Bislang scheitert diese Lösung an der mangelnden Akzeptanz der Nutzungswertbesteuerung des selbstgenutzten Wohneigentums.

Fazit und Ausblick

Schattenwirtschaft und informelle Ökonomie sind nicht nur ein ökonomisch und wirtschaftspolitisch spannendes Thema, sondern haben zunehmend auch regionalpolitische und stadtsoziologische Implikationen, die es näher zu untersuchen gilt. Dieser Beitrag sollte auf die Bedeutung des informellen Sektors aufmerksam machen und verdeutlichen, dass die Basis eine genaue Definition und Abgrenzung der verschiedenen Sektoren sein sollte, deren Umfang dann genauer zu untersuchen ist. Neuere Schätzverfahren und weitere Umfragen wären wünschenswert und hilfreich, um auch die Struktur genauer analysieren zu können. Ausgangspunkt für die wirtschaftspolitischen Empfehlungen zum Umgang mit der Schattenwirtschaft sollten systematische Ursachen- und Wirkungsanalysen sein, damit teuere Symptombekämpfungen vermieden werden. Weitere sozialwissenschaftliche Untersuchungen zur informellen Ökonomie und zu Unterschieden zwischen Stadt und Land, sind angebracht und können die Diskussion über die zweite bzw. die Dual Economoy beleben und besser fundieren helfen. Anregungen dazu liefern die folgenden Beiträge in diesem Buch.

Anhang:
Schätzungen zur Größe der Schattenwirtschaft mit verschiedenen Methoden

Um sich ein Bild über das Ausmaß der Schattenwirtschaft zu verschaffen, gibt es zahlreiche Methoden (Tabelle 6). Allerdings sind alle Methoden mit Problemen behaftet, die letztlich zu unzuverlässigen und ungenauen Schätzungen führen können. Dementsprechend sind die Daten nur als Anhaltspunkte zu verstehen. Eine ausführliche und kritische Dokumentation der statistischen Probleme bei der Erfassung der Schattenwirtschaft hat die OECD (2002) erstellt.

Tab. 6: Erhebungsmethoden

Direkte Methoden	
	1. Bevölkerungsumfragen (z. B. Pedersen, 2003)
	2. Befragungen zur Steuerhinterziehung (v. a. USA)
Indirekte Methoden	
Ansätze basierend auf der VGR	3. Differenzen zwischen Verwendungs- und Verteilungsrechnung (makroökonomischer Ansatz)
	4. Differenzen zwischen Einnahmen und Ausgaben der Haushalte auf einzelwirtschaftlicher Ebene
	5. Differenzen zwischen tatsächlicher und offizieller Erwerbsquote
Monetäre Ansätze	6. Bargeldumlauf
	7. Bargeldumlauf großer Banknoten
	8. Transaktionsmethode
	9. Bargeldnachfrage (z. B. Enste/Schneider 2000b)
Physikalische Inputmethode	10. Elektrizitätsverbrauchsansatz
Kausale Methoden	
	11. Ansatz der „weichen Modellierung"
	12. Modellansatz: LISREL- oder DYMIMIC-Verfahren

Quelle: Enste /Schneider 2000b

Die indirekten monetären Ansätze basieren auf der Annahme, dass die überwiegende Zahl der Aktivitäten in der Schattenwirtschaft mit Bargeld abgewickelt werden, um keine Spuren zu hinterlassen. Den monetären Ansätzen ist gemeinsam, dass sie von einer normalen Entwicklung des Bargeldbedarfs ohne Schattenwirtschaft ausgehen. Die Differenz zwischen dem für das offizielle Bruttoinlandsprodukt erforderlichen Bargeldumlauf und dem tatsächlichen Bargeldumlauf wird als Indikator für die Größe der Schattenwirtschaft angesehen. Je nach Methode variieren dabei die konkreten Berechnungsmethoden und die Bezugsgrößen. Die Grundidee wird dabei jedoch beibehalten und nur verfeinert (z. B. Beschränkung auf große Banknoten). Die mit dem Bargeldnachfrageansatz ermittelte Größe der Schattenwirtschaft erreicht mittlere Werte, wie ein Vergleich auf Basis umfangreicher Erhebungen mit verschiedenen Methoden dokumentiert (Enste/Schneider 2000a und 2002). Diese liegen zum Teil deutlich unter den Berechnungen mit den Ansätzen, die auf den Volkswirtschaftlichen Gesamtrechnungen basieren, und ermitteln eine ähnliche Größenordnung wie der Elektrizitätsverbrauchsansatz.

Die Aussagekraft der monetären Ansätze ist jedoch aufgrund der strikten Annahmen eingeschränkt. Zudem sind Abweichungen zwischen der Definition der Schattenwirtschaft in der Theorie und bei den Schätzungen zu beachten:

- Voraussetzung ist, dass in der Schattenwirtschaft tatsächlich überwiegend Bargeld verwendet wird und dass dieses Bargeld genauso oft den Besitzer wechselt wie in der offiziellen Wirtschaft (gleiche Umlaufgeschwindigkeit).
- Schwierig ist die Auswahl einer Referenzperiode, in der keine Schattenwirtschaft existiert.
- Die Ergebnisse können durch statistische Einflüsse und unterschiedliche Spezifikationen der Berechnungsgleichungen verfälscht werden. Internationale Ländervergleiche sind nur begrenzt aussagefähig.
- Das Bargeld einiger Länder (Dollar, Euro, Schweizer Franken) wird auch im Ausland als „Schwarzgeld" oder „Zweitwährung" verwendet und muss insofern herausgerechnet werden.
- Mit dem Bargeldansatz werden zum Teil auch reine Finanztransaktionen erfasst, die definitionsgemäß nicht zur Schattenwirtschaft zählen.

Ständige Kritik erfahren die Berechnungen von Seiten des Statistischen Bundesamts und Eurostat. Sie verweisen darauf, dass schattenwirtschaftliche Aktivitäten zum Teil in das Bruttoinlandsprodukt einbezogen werden, da sie gemäß des Produktionsbegriffs des Europäischen Systems Volkswirtschaftlicher Gesamtrechnungen zu erfassen sind. Leider werden die Maßnahmen zur Einbeziehung und die Größenordnung nicht

Tab. 7: Kritik an Erhebungsmethoden

Direkte Methoden	
Befragungen	1. Häufig werden nur Haushalte befragt. 2. Antwortverweigerungen oder „gesellschaftlich gewünschte" Antworten sind häufig.
Indirekte Methoden	
Schätzungen der Stat. Ämter mit Ansätze, die auf der VGR basieren (häufig Diskrepanz-Ansatz)	1. Kombination von Meso-Schätzungen und fragwürdigen Annahmen 2. Ergebnisse werden oft nicht veröffentlicht 3. Dokumentation zu den Schätzverfahren werden nicht veröffentlicht 4. Nur partielle Erfassung der Schattenwirtschaft
Monetäre Ansätze und Physikalische Inputmethode	1. Schätzungen sind sehr hoch und instabil 2. Große Abhängigkeit von den Annahmen 3. Häufig ist eine Disaggregation der Schattenwirtschaft in einzelne Komponenten nicht möglich.
Kausale Methoden	
	1. Nur relative Schätzkoeffizienten (keine absoluten Werte) lassen sich ermitteln 2. Häufig sehr sensitiv bei Datenänderungen 3. Instabile Schätzergebnisse je nach Datenlage

Quelle: Enste/Schneider 2000b

veröffentlicht. Nur für einige Länder sind Daten erhältlich, so dass Korrekturen der Schätzungen nur begrenzt erfolgen können. Einen Überblick über die wichtigsten Schwächen der anderen Schätzmethoden gibt Tabelle 7.

Dabei zeigt sich, dass alle Methoden ihre Schwächen haben. Wenn diese jedoch berücksichtigt und verschiedene Verfahren für die Schätzungen kombiniert werden, kann letztlich ein recht zuverlässiges „Phantombild" des Phänomens erstellt werden. Umfragen liefern dann Erkenntnisse zur Struktur der Schwarzarbeit, während Bargeld- in Kombination mit Modellansätzen einige Entwicklungstendenzen bezüglich der Schattenwirtschaft aufzeigen können.

Literatur

Bundesagentur für Arbeit (2002): Geschäftsbericht 2002. Nürnberg

Bundestagsdrucksache (1999): Antwort der Bundesregierung zur kleinen Anfrage: Illegale Beschäftigung und Geldbußen, Nr. 14/1425 vom 15.07.1999

Bundestagsdrucksache (2003): Antwort der Bundesregierung zur kleinen Anfrage: Schattenwirtschaft in Deutschland, Nr. 15/726 vom 28.03.2003

EIRObserver (2003): Working Time Developments in 2002. Nr. 3/2003. S. 2-3

Enste, D. H. (2002): Schattenwirtschaft und institutioneller Wandel. Eine soziologische, sozialpsychologische und ökonomische Analyse. Mohr Siebeck: Tübingen

Enste, D. H. (2003): Ursachen der Schattenwirtschaft in den OECD-Staaten. IW-Trends. Nr. 4/2003. Institut der deutschen Wirtschaft Köln

Enste, D. H.(2004): EU-Osterweiterung. Korruption und Schattenwirtschaft in Mittel- und Osteuropa. IW-Trends. Nr. 1/2004. Institut der deutschen Wirtschaft Köln

Enste, D. H., S. Hardege (2006): IW-Regulierungsindex. Methodik, Analysen und Ergebnisse eines internationalen Vergleichs. IW-Analysen Nr. 16. Institut der deutschen Wirtschaft Köln. Deutscher Instituts-Verlag (DIV): Köln

Enste, D. H., F. Schneider (2000a): Shadow Economies. Size, Causes, and Consequences, in: Journal of Economic Literature. Jg. 38, Nr. 1. S. 77-114

Enste, D. H., F. Schneider (2000b): Schattenwirtschaft und Schwarzarbeit. Umfang, Ursachen, Wirkungen und wirtschaftspolitische Empfehlungen. Oldenbourg: München

Enste, D. H., F. Schneider (2002): The Shadow Economy. An International Survey. Cambridge University Press: Cambridge

Enste, D. H., F. Schneider (2006): Welchen Umfang haben Schattenwirtschaft und Schwarzarbeit? Ein Versuch zur Lösung des Rätsels, in: Wirtschaftsdienst. Jg. 86. Nr. 3. S. 185-191

Feld, L. P., C. Larsen (2005): Black Activities in Germany in 2001 and in 2004. Rockwool Foundation: Kopenhagen

Friedrichs, J. (1998): Methoden empirischer Sozialforschung. Verlag für Sozialwissenschaften (VS): Wiesbaden

Gebauer, A., R. Parsche (2005): Bestätigung des leichten Absinkens der Mehrwertsteuerausfallquote 2005, in: Institut für Wirtschaftsforschung (ifo) (2005): ifo-Schnelldienst. Nr. 21/2005. S. 13-14

Koch, W. A. S. (2005): Das Schwarzarbeits-Änigma, in: Wirtschaftsdienst. Jg. 85, Nr. 11. S. 715-723

Lamnek, S., G. Olbrich, W. Schäfer (2000): Tatort Sozialstaat. Schwarzarbeit, Leistungsmissbrauch, Steuerhinterziehung und ihre (Hinter-)Gründe. Opladen: Wiesbaden

Organisation for Economic Co-operation and Development (OECD) (2002): Measuring the Non-Observed Economy: A Handbook. OECD Publishing: Paris

Organisation for Economic Co-operation and Development (OECD) (2003): Taxing Wages 2001-2002. OECD Publishing: Paris

Pedersen, S. (2003): The Shadow Economy in Germany, Great Britain and Scandinavia. A Measurement Based On Questionnaire Surveys. Rockwool Foundation: Kopenhagen

Schneider, F. (2005): Rückläufige Schattenwirtschaft in Deutschland, Österreich und in anderen OECD-Ländern. Fluch oder Segen? Johannes-Kepler-Universität (JKU) Linz

Schneider, F. (2006): Nur noch leicht sinkende Schattenwirtschaft in Deutschland im Jahr 2006. Fluch oder Segen? Johannes-Kepler-Universität (JKU) Linz

Weltbank (2005): Governance Matters IV. Governance Indicators for 1996-2004. Washington DC

Variations in the nature of the hidden economy and its public policy implications

by Colin C. Williams and Richard J. White

Introduction

There is a broad consensus that the hidden economy, popularly known as the 'black economy' or 'cash-in-hand' work, and more generally referred to as 'the underground sector, informal employment' or 'undeclared' work (see Thomas 1992; Williams/Windebank 1998), involves the paid production and sale of goods and services that are unregistered by, or hidden from the state for tax and welfare purposes but which are legal in all other respects (European Commission 1998; Feige 1999; Grabiner 1999; Portes 1994; Thomas 1992; Williams/Windebank 1998). By definition this excludes both transactions involving illicit goods and services (e. g. drugs trafficking) and, importantly, unpaid work. Given that the hidden economy has been estimated to account for anything between seven and 16 per cent of GDP in advanced economies (European Commission 1998) it is not surprising that governments are, with increasing urgency, investing substantial resources in developing responses to this hidden economy (e. g. European Commission 2003; Grabiner 2000; International Labour Office 2002).

Across western governments, the orthodox response to the hidden economy has been to pursue ways which would successfully deter participants from engaging in such activity. This 'default setting' has been based on two fundamental assumptions:

a. That those who engage in the hidden economy do so for explicitly economic rationales (i. e. to make or to save money).
b. That the hidden economy has largely negative consequences for social cohesion.

Hence the thrust of public policy has revolved around promoting a series of stringent regulations and punitive measures to ensure that any (economic) benefits of participation are outweighed by the cost of being caught and punished, (e. g. Allingham/Sandmo 1972; Falkinger 1988; Grabiner 1999; Hasseldine/Zhuhong 1999; Milliron/Toy 1988; Sandford 1999).

The intention of this chapter is to challenge both these given assumptions about the hidden economy, and thereafter the justification used to legitimise a policy approach that is explicitly focused on deterrence. To achieve this, it will be argued that contemporary research shows that, in reality, the pursuit of economic gain and profit maximisation accounts for only a small proportion of work undertaken in the hidden economy. In fact, the greatest amount of exchange, production and consumption in this economy is actually embedded in non-economic rationales; rationales which are familiar to reciprocal acts, and unpaid mutual aid. Thus, the second part of the chapter will argue that far from being an appropriate response to the hidden economy, the deterrence approach and other policy options are dangerously counter-productive. They run the very real risk of destroying not only active citizenship but also undermining entrepreneurship and self-employment, especially in socio-economically disadvantaged populations/communities.

The chapter concludes by arguing that an enlightened range of policy approaches are needed to both facilitate and legitimise the hidden economy. A revised approach would operate on two distinct levels by transferring 'cash-in-hand' work into the formal labour market, while also moving hidden work in the 'moral economy' into the realm of legitimate mutual aid.

The structure of the hidden economy

Examining the literature on the hidden economy reveals that the dominant thrust of research has focused on understanding its magnitude and how, in particular, this can be contextualised within either a social and/ or a spatial context. For example, geographers have emphasised local and regional variations (e. g. Renooy 1990; Williams/Windebank 1998); economists the cross-national variations (e. g. Dallago 1991; Feige 1999; International Labour Office 2002); and social scientists have shed light on how the hidden economy differentially impacts on certain sub-populations, whether socio-economic (e. g. Leonard 1994 and 1998; Pahl 1984) or by gender (e. g. Leonard 1994; Williams/Windebank 2003b).

Additionally, much of this research has uncritically and unreflectively adopted the marginality thesis as a given truth, and thus promoted the view that most informal work is found in deprived populations (e. g. Castells/Portes 1989; De Soto 1989). Yet, contemporary research on the hidden economy continues to undermine and falsify this central thesis. For example, direct surveys of hidden work find that it chiefly benefits those already in employment (e. g. Barthe 1988; Fortin et al. 1996; Jensen et al. 1995; Mingione 1991; Mingione/Morlicchio 1993; Van Eck/Kazemeir 1985; Van Geuns et al. 1987), affluent rather than deprived localities and regions (e. g., Renooy 1990; Williams/Windebank 2001a and 2002) and men rather than women (e. g. Van Eck/ Kazemeier 1985; Fortin et al. 1996; Renooy 1990; Williams/Windebank 2003b). The only notable exception to this comes by the way of cross-national surveys using indirect measurement methods, which find that the hidden economy is more substantial in poorer nations (e. g. International Labour Office 2002; Schneider 2001).

What is also apparent is that comparatively little research has focused on examining the character of the hidden economy, and this gap in both knowledge and understanding is highly significant. It is significant not least as the dominant assumptions that currently inform this 'gap' conclude that those engaged in such work are simply driven by profit-orientated rationales, and thus the hidden economy is the product of impersonal, formal market-like relations between its active participants (e. g., Castells/ Portes 1989; De Soto 1989; International Labour Office 2002). The end result, irrespective of whether such an economy is seen as being in long-term decline, or indeed a new facet of contemporary capitalism (e. g. Castells/Portes 1989; International Labour Office 2002; Sassen 1997); or whether or not one promotes the 'marginality thesis' (e. g. Blair/Endres 1994; Button 1984; Castells/Portes 1989; Kesteloot/Meert 1999; Portes 1994) or dismisses it (e. g. Fortin et al. 1996; Jensen et al. 1995; Mingione 1991; Mingione/Morlicchio 1993; Pahl 1984; Renooy 1990; Williams/Windebank 1998; Van Geuns et al. 1987) is that most research focused on the hidden economy gives 'short shrift to the motivations of people to do this work. It is usually said that people do the work to earn extra money and left at that' (Travers 2002:2). Indeed even when taking a segmented look at the hidden economy, the profit-motivated reading of such work is equally embedded in accounts whether at the formal or organised level (located in an employee/ employer relationship for example) or at the informal or autonomous level when undertaken on a self-employed basis (e. g., Fortin et al. 1996; Leonard 1994 and 1998; MacDonald 1994; Pahl 1984; Renooy 1990; Williams/Windebank 1998).

Re-visiting the structure of the hidden economy

Increasingly visible cracks in the profit-motivated thesis of the hidden economy have appeared in recent years. For example, research which has focused on understanding the motivations of participants engaged in the hidden economy found that when paid jobs or tasks were undertaken between known groups of people, social and cultural – and not economic – rationales came to the fore (e. g. Cornuel/Duriez 1985). Thus, whereas the exchange had been interpreted 'from the outside' as 'cash-in-hand' work driven by the need to save or make money, the reality of the hidden economy constructed 'from the inside', is that many tasks were undertaken to establish social networks or social support. Contemporary research both in North America (e. g. Jensen et al. 1995; Nelson/Smith 1999) and the UK (e. g. Williams 2004; Williams/Windebank 2001a and 2002) have consolidated these revised understanding, thus adding further momentum to the call to urgently revisit the dominant assumptions that policy builds on, and instead bring to light the real character of the hidden economy.

To illustrate further, in North America, Jensen et al. (1995) found that over three-fifths of all reported cases of work undertaken in the hidden economy of Pennsylvania was done so chiefly for social rationales – to help out neighbours. This 'revised' understanding has also been mirrored in the UK. For example Williams and Windebank (2001a, 2002 and 2003a) in an extensive study of the character and geographies of the hidden economy in localities across England concluded that in deprived communities about a third of work (32 percent) in the hidden economy was undertaken for the purpose of making money. The bulk of the hidden economy was found to be more akin to 'paid mutual aid', with the participants being mainly known to each other (family, friends, or neighbours) who undertake work to build networks of material support (principally between non-kin relations), or redistribute money (principally between kin relations).

From a theoretical point of view, this new wave of understanding of the hidden economy has led to the identification of two distinct spheres: a 'moral economy of paid favours' where hidden work is carried out under social relations more akin to unpaid mutual aid for not-for-profit rationales and 'informal employment', which represents all profit motivated exchange and is akin to formal employment (Williams 2004; Williams/Windebank 2003a and 2003b). It is important to note however 'the economic' not completely edited out in the moral economy of paid favours. This is because, within the hidden economy, when non-economic rationales rise to the fore, such as cultural or social readings of the exchange (e. g. Crewe/Gregson 1998) there may often be a sub-context which is economic. For example 'redistributive' rationales emerge when individuals give others money in a way that avoids the negative stigma of charity. A succinct illustration of this may be of an individual who 'employs' his son-in-law (who is trying to get his landscaping business off the ground) to do some gardening for him. The son-in-law would never accept a 'hand-out' from his father-in-law, but by doing some work for him this legitimises the paid exchange which takes place. When one examines the motivation from the perspective of the father-in-law, the rationale for employing *and paying* that particular individual is not economic, but rather social or cultural. Similarly, paid 'favours' exist as the only mutually acceptable vehicle for both customers and suppliers to legitimise work undertaken. This is especially apparent where trust and familiarity are lacking, notably among non-kin relations (see Williams 2004; Williams/Windebank 2001a, 2001b and 2003a). Thus, far from simplistically adhering to the product of profit maximisation, the complex realities of the hidden economy are allowed much more freedom to come to the fore in this re-visited understanding.

Reconsidering the deterrence approach

Having sketched this alternative re-visited terrain of the hidden economy, one which seeks to uncouple the market-like profit-motivated rationale as being the sole, or indeed principal rationale for engagement, it is necessary to investigate the implications of continuing with the deterrent approach (based on cost-benefit calculations) that currently dominates the policy making community. Is it practical to pursue an approach which views participation as simply being one calculated on profit maximisation, and hence neglects to recognise the deeply embedded nature of paid favours in daily coping strategies? Indeed, when considering the evidence, is it infant appropriate or desirable to seek to deter individuals from engaging in the hidden economy by ensuring that the punitive punishment for participation is focused solely on ensuring that greater economic costs are incurred by the individual(s) who participate?

That deterrence is certainly a dominant criterion of policy at the moment is beyond doubt. As Anna Diamantopoulou, Commissioner for Employment and Social Affairs, so clearly states:

Member states must increase efforts to quantify undeclared work, to cut it down and to transform it into regular employment. This is vital because of the direct link between combating undeclared work and hitting the Lisbon target of full employment by 2010 within a sound macroeconomic environment (European Commission 2002:1)

However, should these specific ends (e. g. both reduce and transform the hidden economy by formalising activity) be successfully achieved, this would need both deterrence measures (push factors) and more enabling initiatives (pull factors) focused on those who currently operate in this economy.

Indeed, perhaps a more fundamental question can now be asked, namely, 'Is it always and necessarily the case that policy should be focused on trying to either eradicate or transform a country's hidden economy?' For example, Williams/Windebank (2003a) found that in deprived communities, the vast majority of residents who are engaged in the hidden economy do so not to make money, but as a type of mutual aid – i. e. paid favours. Paying cash-in-hand for favours (in 84 per cent of circumstances where a friend or neighbour is the supplier) was the principal vehicle through which social support was created and consolidated in these communities. Far from undermining and fragmenting social ties, the hidden economy actively engages individuals and strengthens their ties with other (non-kin) relations, by encouraging trust and familiarity to develop between people who do not know each other well. All things being equal, the absence of money would increase the focus and pressure on the social parties to such an extent that mutual aid would simply not take place. Thus, the conclusion is that the deterrence approach, if successful, would eradicate those very vital networks of social support and solidarity in deprived populations which its 'active citizenship' agenda in particular strives to harness.

The challenge therefore for a revised public policy is perhaps to reconcile its goals, by adopting a both/and position i. e. to both move dependency away from the hidden economy and facilitate active citizenship and entrepreneurial endeavour. What follows is a selection of some of the potential revised policy approaches that could be pursued.

Revised policy options

Favouring the formalisation of the hidden economy and a laissez-faire approach to the moral economy of favours?

Recognising the fact that individuals and businesses are systematically disadvantaged and marginalised in the hidden economy, one way that governments have sought to achieve social inclusion in society has been through insertion via formal employment. This approach has certainly been rigorously pursued in the UK by New Labour and many other European member states (e. g. Levitas 1998; Williams/Windebank 2001b). This formalisation approach, when applied to individuals who participate in the hidden economy *to make or save money*, does make sense. For example, those who work in the hidden economy are highly disadvantaged on a range of fronts including: the loss of various employment rights such as annual and other leave, sickness pay, redundancy, training (e. g. Evans et al. 2004); low job security (e. g. Jordan/Travers 2002; Ross 2001); the inability to gain access to credit (e. g., Kempson 2001; Leonard 1998) the loss of employability, not least due to the lack of evidence of engagement in employment; and constant fear of detection and risk of prosecution due to their activities being illegitimate (e. g. Cook 1989 and 1997; Grabiner 2000); a lack of access to health and safety standards in the workplace (e. g. Evans et al. 2004; Gallin 2001; ILO 2002); an inability to get an employer's reference (e. g. ILO 2002); a lack of access to a range of other legal rights such as the minimum wage, the Working Tax Credit and the working hours directive (e. g. Jordan/ Travers 2002; Leonard 1998; Renooy et al. 2004; Sassen 1997; Williams/Windebank 1998); a lack of bargaining rights (e. g. ILO 2002; Ross 2001); and the inability to build-up rights to the state pension and other contributory benefits, such as the lack of access to occupational pension schemes (e. g. Gallin 2001; ILO 2002; Sassen 1997).

From an undeclared business point of view moving out of the hidden economy satisfactorily addresses a number of barriers. For example, it reduces the pressure to engage in exploitative relationships with the formal sector (e. g. Benton 1990; Gallin 2001; Lobo 1990a,b; Williams/Windebank 1998); it encourages greater legal protection relative to legitimate businesses (e. g., Castells/Portes 1989; ILO 2002; Williams/ Windebank 1998); and it overcomes structural constraints in relation to development and growth by allowing greater access to capital and securing the support available to formal businesses (e. g. ILO 2002).

Additionally, for 'above board' businesses, pursuing a formalisation approach should mean that they would not suffer the unfair competitive advantage from firms who source their labour in the hidden economy (e. g. Grabiner 2000; Renooy et al. 2004; Evans et al. 2004). Nor would the 'race to the bottom' incentive – that would result in firms moving away from regulatory compliance – be present (e. g. Grabiner 2000; Renooy et al. 2004; Williams/Windebank 1998). Similarly, the pressure for more formal businesses to informalise to compete effectively would be significantly removed (e. g. Evans et al. 2004; Gallin 2001; Mateman/Renooy 2001).

If the societal impacts of the hidden economy are considered, this too adds an important rationale to the need to reduce this economy. For example, the hidden economy causes a loss of revenue available to the state, for example through income tax, national insurance and VAT (e. g. Evans et al. 2004; Grabiner 2000; Williams 2004; Williams/Windebank 1998). Hence any programme aimed at facilitating social cohesion at the societal level would have less money to allocate to achieve this (e. g. Williams/Windebank 1998). Participation in the hidden economy also weakens trade unions and collective bargaining

(e. g. Gallen 2001); and the loss of regulatory control determining the quality of jobs and services in a particular economy. Undermining the legal structure in this area may also spill over into other areas regarding the law more generally (Renooy et al. 2004). Whether taken at the individual level, or the business level, the rationale to formalise informal work, are not applicable to the moral economy of favours. Indeed, it will be argued that it would be both impractical and undesirable to try and do formalise the moral economy. Given this an alternate scenario that would allow the possibility of adopting a laissez-faire approach toward the paid economy of favours may appear attractive, but this too is equally problematic, though for different reasons. On a practical level, for example, work undertaken on an individual or autonomous basis, is difficult to disentangle and hence it is also difficult to differentiate between those who undertake work for rationales true to mutual aid, and those who did so for purely profit motivation. In addition to this, another significant disadvantage to adopting a laissez-faire approach would be that it would exacerbate the growing inequalities which exist in this sphere. Williams and Windebank (2003a) for example, found that a quarter of deprived households, indeed the poorest of these households, fail to engage with and integrate the moral economy of favours into their material coping strategies. Thus the laissez-faire approach would do nothing to overcome those barriers which preclude participation of those households who could benefit the most from additional (informal) support.

The question is, then, if neither formalisation nor a laissez-faire approach is the most appropriate policy for 'paid' mutual aid, what is? If the norms of reciprocity, especially evident in socio-economically marginalised communities, are currently dependent on money being exchanged, how can this (vital) material support be preserved, while the participants are simultaneously encouraged to move into more legitimate forms of mutual aid? In addressing this question, one potential policy area, defined broadly as a 'facilitating legitimating' approach is highlighted below.

A 'facilitating legitimisation' approach

In light of the fact, that influential 'top-down' (i. e. profit-motivated) reading of the hidden economy have in recent years recognised some of the more positive features of hidden work (e. g. as providing fertile necessary ground for some micro-enterprises, entrepreneurship and fledging businesses) (e. g. Global Employment Forum 2001; International Labour Office 2002; Tabak 2000) the prospect of advocating a 'facilitating legitimisation' approach is a timely one. Such an approach, it is argued, would work toward harnessing the positive assets identified within the hidden economy, while also enabling this economy to be a driver of economic development.

To re-cap, if the hidden economy is to be dealt with appropriately by recognising its true character and nature, activity which is conducted in both informal employment and the moral economy of paid favours needs to be not only deterred, but steps taken to facilitate its conversion into legitimate activity. There is still a need though, and one still which is not recognised in this emergent literature, to move beyond the notion that, unlike undeclared work, the moral economy of favours cannot be *transformed* into formal employment. Rather, the thrust of the facilitating legitimisation approach is to transfer illegitimate paid mutual aid out of the hidden economy, and into the sphere of legitimate paid mutual aid. This demands a very different approach then to that which seeks to harness undeclared work (which to re-emphasise accounts for a minority of work in the hidden economy undertaken by deprived households) by transforming it into formal employment.

The argument outlined here is that a twin-track approach is needed, which would include enabling measures to both transform informal into formal employment, and transform the economy of paid favours into legitimate paid mutual aid. The next section, firstly, considers what the initiatives may be for legitimising informal work undertaken in the hidden economy, and secondly highlights several initiatives that could be used to transfer the moral economy of paid favours into legitimate paid mutual aid.

Legitimising informal employment

Four key sets of measures that would help facilitate the shift from informal to formal employment are reviewed in this section. It is envisaged that these could be effective if used to complement the deterrent punitive measures which are currently dominant in policy making thinking.

I: Demand-side measures

To help transfer informal into formal employment, in particular by persuading companies to hire legitimate labour, the first set of 'enabling' measures focus on the demand side.

VAT changes: A reduction of VAT on particular goods and services which are popular within informal employment (e. g. household maintenance) may encourage firms and individuals to source their material from formal channels. This has been implemented in several countries, including Italy and France. However the impacts of these changes have yet to be significantly investigated. Moreover, such an approach would buy into the unfounded, though popular, assumption that greater taxation always and necessarily leads to a growth in the hidden economy (see Williams/Windebank 1998). Thus, any policy which advocates VAT changes, and in particular its reduction, should be implemented with caution.

Targeted tax measures: Key studies undertaken in the UK, for example by Pederson (2003) and Williams (2004a), found that the majority of work undertaken in the hidden economy is located within two economic sectors. The first and largest of these was classified as 'household maintenance and improvement', as distinct from the other economic sector 'other domestic services' (e. g. household cleaning, child-care, gardening). In the policy context, therefore to focus specific tax measures on these two sectors is something that needs to be considered.

Indeed some initiatives have already been implemented in other advanced economies. For example, in Denmark three explicit aims: (i) to compete with the undeclared economy, (ii) promote the development of enterprises that provide household services and (iii) offer job opportunities for low skilled jobseekers came together in the Home Services Scheme (HSS). Under this scheme a business would start by registering with the Danish Commerce and Companies Agency (DCCA). They then would be able to provide households with particular services (e.g. small jobs in the home, gardening) which the government would then reimburse up to 40 per cent of the (labour) cost.

Though this scheme was only made permanent in 1997 (running previously as a pilot scheme for three years), the early success of the HSS can be identified on several fronts. For example in 1997, more than 2000 jobs had been created (in 2000 this had grown to 3,700 full time jobs). In 1998 one in eight Danish households had used the Home Service Scheme an average of five times per year, and the overwhelming majority (90 per cent) were very satisfied with the service they had received (Renooy et al. 2004).

Formalisation vouchers: Based on the success of using formalisation vouchers to encourage employers to use declared labour, this approach has been recommended in the latest European Commission report on tackling the hidden economy (Renooy et al. 2004). Focused on the domestic services working examples include *Cheque Emploi Service* (Adjerat 2003; Finger 1997) and *Titre Emploi Service* (Adjerad/Guimot 2003) in France, to Local Employment Agencies (de Sutter 2000) and Service Vouchers (Smets 2003; Nicaise/Rubbrecht 2003) in Belgium.

To give a more in-depth illustration, Local Employment Agencies (Plaatselijke Werkgelegenheidsagentschappen; PWA) in Belgium effectively reconciled the demand for labour in the domestic services sphere with a supply of labour sourced within the long-term unemployed. Government bodies, firms as well as individual persons can purchase vouchers. One voucher costs € 7.45 and pays for one hour of work. So, for example, when a household needs some odd jobs doing around the house it makes this known at the PWA who, in turn, searches for a suitable supplier. The individual who completes the task (working at a rate of € 4.10 per voucher/hour) receives the vouchers as payment and exchanges them for money at the PWA. The difference between the buying and selling price of the voucher is used for overheads and insurances. Importantly, money gained this way does not affect the social benefits allowance of those who are registered as long-term unemployed.

The early success of this initiative has been impressive. For example, by June 1999, 120,904 unemployed were registered at PWAs, 38,500 of whom were active and working an average of 30 hours per week. Between 1994-99, 37 million cheques were sold, almost two-thirds to private households. De Sutter (2000) found that 84 per cent of users of the PWA were glad not to have to turn to undeclared work and, moreover, 44 per cent of the work now conducted by PWAs was previously done on an undeclared basis.

II: Supply-side measures

As well as promoting demand-side measures, encouraging undeclared workers to formalise can be assisted through supply-side measures, of which two are considered below.

Targeted tax and benefit measures: In Germany, 'Ich-AG' is a new legal entity which is designed to reduce the supply of undeclared labour. Focused on helping smooth the transition from unemployment benefits to self-employment in particular, unemployed people who want to start up their own self-employed business (Me-PLC) or a family business (Familien-AG), are entitled to a subsidy for up to three years equivalent to a maximum of fifty per cent of unemployment benefits:

- Year I: 600 euros (50 % of the average unemployment benefit in 2002);
- Year II: 360 euros (30 % of the same);
- Year III: 240 euros (20 % of the same).

Whereas the German government has anticipated around 20,000 start ups from the long-term unemployment, in 2003 over 90,000 had started using this scheme.
Simplifying formalisation procedures: An argument supported by the ILO (2002) is that there is a need to not only provide information to help people start their own businesses, but to actively simplify existing rules and regulations. Two ways to help achieve this would be through voluntary disclosure, and advisory & support services.

Voluntary disclosure: In terms of voluntary disclosure, we refer to the example of the Offer in Compromise (OIC) programme in the USA. When an individual is unable to meet a tax debt in full, and having explored other payment options, that individual may be able to take advantage of the OIC programme. In this respect to encourage an individual who has been working in the hidden economy to come forward, something akin to an OIC could be proposed. There have been encouraging signs of success where this has taken place. For example voluntary disclosures quadrupled when Revenue Canada introduced a voluntary disclosure policy.

Advisory & support services: A Tax and Benefits Confidential Advice help line in the UK was established following the Grabiner (2000) report. Should this service be extended, to offer help for micro-entrepreneurs and business on issues such as tax and benefit rules, insurance, credit, loans, book-keeping, marketing, regulations and so forth, this should greatly ease a move between the hidden and the formal economy. At present, however, such support and advice is generally not widely available (ILO 2002).

Street (UK) (www.street-uk.com) offers an example of how one-stop formalisation shops could be developed in future. Street-UK was set up in 2000, having recognised that those who were self-employed and who operated within hidden economy, would need some business advice and ongoing support to formalise their businesses if they were to maximise their businesses.

To date Street UK has developed its loan products for micro-entrepreneurs, and has dispersed over £ 600,000 to individuals borrowing an average of £ 2,000. Its clients (about 200) are largely composed of either people claiming benefits (e. g. disability benefit, carers allowance) or those not claiming benefit but who either under-declare income from their enterprise activity or do not declare it at all. To encourage and assist these workers in the hidden economy to formalise their activity, Street UK refers to twelve distinct steps that that would ultimately result in formalisation:

1. Moving from part-time to full-time work.
2. Moving from home to business premises.
3. Keeping basic level records.
4. Keeping higher-level accounts.
5. Purchasing public liability and employers liability insurance.
6. Hiring employees on a PAYE basis.
7. Using a bank account for their business transactions and opening a separate business bank account.
8. Obtaining the required licences and permits to operate the business (e. g. health and safety inspection certificates, driver instructor licence).
9. Graduating off all non-work state benefits.
10. Graduating from majority cash revenues to majority invoiced revenues.
11. Incurring a formal business tax liability.
12. Becoming VAT registered.

By breaking the transition through to these individual stages, Street UK can help identify where the micro-enterprise/individual is currently placed, and how best to help them move forward to become a formal business. Crucially it is not an 'all' or 'nothing' approach to formalisation, and this step-by-step approach lies at the heart of its success. As a cautionary note Street UK has had no independent evaluation to date, and this should be recognised before any decision is taken about modelling one-stop formalisation shops along similar lines.

III: Awareness raising and information campaigns

It is crucial that any public awareness raising and information campaigns that intend to encourage individuals and micro-enterprises to move from the hidden economy to the formal economy are promoted alongside both demand- and supply-side measures.

There is, however, an urgent need for appropriate campaigns, which would go beyond the rhetoric of the popular emphasis that highlight the costs of working in the hidden economy (i .e. risk of disclosure and punishment), and say little else. Awareness raising must highlight the benefits of formal working, as well as the risks and costs of participation in the hidden economy. Indeed, such an approach has already been recognised as having more success than traditional one-sided campaigns (ILO 2002; Renooy et al. 2004; Thurman et al. 1984).

IV: Co-ordinating government actions

A further area which needs tackling, alongside demand- and supply-side measures, and information campaigns, is the co-ordination of government thought and action on the subject of the hidden economy. In the UK, for example many of the initiatives lack coherence, are not joined up, and the result is that the messages they give are often confusing, contradictory and unhelpful. Though this inconsistency is by no means inevitable, it is perhaps not surprising when considering the impressive number of government institutions and agencies which are involved (including the Office of the Deputy Prime Minister, Inland Revenue, Department of Trade and Industry and Home Office). Greater co-operation and co-ordination within and across departments will help synthesise both 'official' thought and action.

In this regard much can be learned from the experiences of other European countries. For example in France, the *Délégation interministérielle à la lutte contre le travail illégal* (DILTI) was established ten years ago. This was situated within the authority of the Ministry of Employment and Solidarity, and existed to co-ordinate the fight against undeclared work by setting up institutions in each *département*. A similar committee, the *Comitato per l'emersione del lavoro non regolare* (Committee for the Exposure of Undeclared Work) was established in Italy in 1998. Again this was located in the Office of the Prime Minister, and had had the task of co-ordination of both thought and action on the hidden economy.

Legitimising the moral economy of paid favours

If policy is to work effectively and constructively in addressing the hidden economy, then not only is it necessary to look at ways to transfer informal into formal employment, but it is also necessary to actively seek new ways to move the moral economy of paid favours into the sphere of legitimate mutual aid. This is crucial, not least as, to repeat, it is this moral economy of paid favours that accounts for the vast majority of work undertaken in the hidden economy in deprived neighbourhoods.

Three initiatives in particular, Local Exchange and Trading Schemes (LETS), Employee Mutuals and Time Banks, have been proposed, each seen as having the real potential to work effectively toward achieving this goal. Essentially, all of these initiatives recognise that there is a deeply embedded culture of paying for favours especially in deprived populations, and thus employ some form of monetary payment or tally-system in order to facilitate activity away from the hidden economy, into the legitimate sphere of mutual aid.

Local Exchange and Trading Schemes: LETS – Local Exchange Trading Systems or Schemes – are local community-based mutual aid networks in which people exchange all kinds of goods and services with one another through a local unit of exchange (www.letslinkuk.net). Having formed an association, members list their offer of, and request for, goods and services in a common directory and these are exchanged priced in the local unit of currency. The price is usually agreed between the buyer and seller. It is the individual who defines their level of engagement – who they want to trade with, what they want to trade, and how much trade they wish to engage in and so on. A record of each transaction is kept by the association treasurer through a system of cheques that are written in the local LETS units. No actual cash is issued since all transactions are by cheque and no interest is charged or paid. Unlike banks, credit is freely available and interest-free: the participants do not have to earn money before they can spend it (see Williams 1996).

Research has shown that LETS schemes act as a (legitimate) substitute for the hidden economy. For example, Williams et al. (2001) undertook a national survey of LETS, which found that almost forty percent of those trading in the scheme would have resorted to working in the hidden economy if their LETS group did not exist. The important question as to whether LETS can effectively integrate those who are currently excluded from receiving help in the moral economy of paid favours is less clear. To date, many LETS groups have a relatively narrow and selective membership profile (Williams et al. 2001). However, if LETS are recognised and developed by the 'one stop formalisation shops' discussed above, as a tool for legitimising the realm of illegitimate paid favours, the ability to reach further out into marginalised communities may be forthcoming.

Time banks: A second initiative that might transform activity currently conducted in the hidden economy of favours into legitimate paid mutual aid are Time Banks. Essentially, these banks record, store and reward transactions. This may, for example take place between neighbours who pay one 'hour' for each hour they commit. This can at any time be 'cashed in' by requesting an hour's work in return from the system (see Boyle 1999; Cahn 2000).

Similar to LETS, research in the UK has shown that a significant proportion of the work conducted through time banks, would have been carried out in the hidden economy if this initiative did not exist (Seyfang and Smith 2002). Currently however time banks represent a relatively minor vehicle for transforming illegitimate 'paid favours' into legitimate paid mutual aid. In September 2002, there were just 36 active time banks with 2,196 members who had exchanged a total of 63,756 hours (Seyfang/Smith 2002). As with LETS, there is again little evidence that those currently excluded from networks of material support will join and use this scheme.

Employee mutuals: The third initiative, still on the drawing board, is the 'employee mutual' (Leadbeater and Martin 1998). Employee Mutuals would, in particular, allow people to undertake the many one-off jobs that need doing but that they are unable to afford to do formally. At this early stage of development, Employee Mutuals are envisaged to be localised bodies that the unemployed, employed and firms would voluntarily join through the payment of a weekly subscription fee. Here members would earn points on a smartcard from their work for the Mutual, which would enable them to 'buy' goods and services from it, and thus be a 'new institution for collective self-help', one that matches local demand for work with local supply.

With respect to social security benefit rules, those who promote Employee Mutuals have argued for special benefit rules to be applied to members of the Mutual. These would, for example, enable members to combine income from part-time or temporary work on the Mutual with benefits. This change would go a long way to reducing the insecurity that often deters people from engaging in such organisations and making the transition from welfare to work. To qualify for exemptions from the 'earnings disregard', however, it is proposed that the registered unemployed would have to provide a minimum of 15 hours per week of services in-kind on the Mutual so as to display their commitment to making the transition from benefits to employment. Until such an initiative is piloted, however, its effectiveness in transferring cash for favours into the legitimate realm will remain unknown.

Changing the 'earnings disregard': Finally, an issue common to LETS, Time Banks, and Employee Mutuals when contemplating how to legitimise paid favours (certainly in the UK context), concerns necessary changes in regulation, particularly with regard to the 'earnings disregard'. By changing the 'earnings disregard' to prevent the registered unemployed from being defined as engaged in the hidden economy when they take money for favours provided to friends, neighbours and kin would be a really purposeful step forward.

To illustrate, at present, if a UK claimant earns over usually £ 5 per week, this has to be declared and their benefits would be reduced accordingly. Thus, given that a large number of the tasks undertaken as paid favours are short-term one-off tasks, honesty on their part results in them being financially penalised. To legitimise this activity, therefore, it is proposed that the earnings disregard should be converted. It would be far more appropriate for example for a quarterly or annual sum such as £ 250 or £ 1000 to replace the current criteria in place. This change would potentially have a far-reaching impact, as much of the work conducted in this hidden economy, would be more properly classified and considered as legitimate paid mutual aid.

Conclusions

Through critically examining recent research on the hidden economy, and identifying two distinct types of hidden work, this chapter has re-considered the popular one-dimensional understanding of the hidden economy, as being merely market-like and profit motivated. On one (marginal) level, yes the hidden economy is, composed of 'informal employment', which is work that is explicitly driven by profit motivated rationales and is conducted under market-like relations. However, a truer understanding of the character of the hidden economy, through reference to the rationales of those who participate, reveals a further – core – dimension, which has been defined here as the 'moral economy of paid favours'. Work in this moral economy is unlike informal employment in that – even if economic rationales are not completely written out – work here is undertaken principally through not-for-profit rationales (such as redistribution or constructing networks of material support, where money is used to act as a substitute for trust). By its very nature this (hidden) economy thus has far more in common with reciprocity and mutual aid.

Inevitably any current policy that recognises only the narrow sphere of 'informal employment' *and interprets this as representative of the entire hidden economy* (thus caricaturing it as a homogenous economy) is deeply flawed. At the very least, the chapter has argued that the popular deterrence approach towards the hidden economy favoured by public policy needs to be revisited and revised as a matter of urgency. Failure to do so will mean that any new initiatives targeted on the hidden economy will run the terrific risk of undermining and destroying the active citizenship that other arenas of public policy are seeking to cultivate. Additionally, the growing recognition that governments do not merely wish to eradicate the hidden economy, but are actively seeking ways in which to transfer it into the legitimate realm, demands further revision to existing policy and practice.

It is overwhelmingly apparent that the deterrence approach interpreted in its current form cannot continue. Having explored a number of alternative policy options (there are also many more relevant initiatives that could have been selected) the chapter argued for the adoption of a twin-track approach which, crucially, recognises the heterogeneous varieties of work in the hidden economy. A facilitating approach should be adopted, one that would both transfer informal into formal employment, and usher activity that is presently undertaken in the moral economy of paid favours into legitimate paid mutual aid.

References

Adjerad, S. (2003): Dynamisme du secteur des employs familiales en 2002. Direction de l'animation de la recherche, des études et des statistiques (DARES). Premieres Informations Nr. 51.1

Adjerad, S., A. Guimiot (2003): Le Titre Emploi Service: En mal de success. Direction de l'animation de la recherche, des études et des statistiques (DARES). Premieres Informations Nr. 39.1

Aldridge, T., R. Lee, A. Leyshon, N. J. Thrift, J. Tooke, C. C. Williams (2001): Bridges into work? An evaluation of Local Exchange and Trading Schemes. The Policy Press: Bristol

Allingham, M., A. Sandmo (1972): Income tax evasion: A theoretical analysis, in: Journal of Public Economics. Vol. 1, Nr. 3/4. p. 323-338

Ashworth, K., K. Kellard, K. Legge (2002): Self-employment as a Route off Benefit. Research Report Nr. 177. Department for Work and Pensions (DWP). London

Ashworth, K., R. Youngs (2002): Prospects of Part-time Work: The impact of the back-to-work bonus. Research Report Nr. 115. Department for Work and Pensions (DWP). London

Bajada, C. (2002): Australia's Cash Economy: A troubling issue for policymakers. Ashgate: Aldershot

Barbour, A., R. Copisarow (2004): Self-employed people in the informal economy: Cheats or contributors? Community Links. London

Barthe, M. A. (1988): L'Economie Cachee. Syros Alternatives: Paris

Bates, P, M. Cowling, N. Meager (2001): Long-term evaluation of self-employment assistance provided by the Prince's Trust. Department for chidren, schools and families (DfES). DfES Research Report RR292. Sheffield

Benton, L. (1990): Invisible Factories: The informal economy and industrial development in Spain. State University of New York Press: New York

Blair, J. P., C. R. Endres (1994): Hidden economic development assets, in: Economic Development Quarterly. Vol. 8, Nr. 3. p. 286-291

Boyle, D. (1999): Funny Money: In search of alternative cash. Harper Collins: London

Button, K. (1984): Regional variations in the irregular economy: A study of possible trends, in: Regional Studies. Vol. 18, Nr. 5. p. 385-392

Cahn, E. (2000): No More Throw-away People: The co-production imperative. Essential Books: Washington DC

Castells, M., A. Portes (1989): World underneath: The origins, dynamics and affects of the informal economy, in: L. A. Benton, M. Castells, A. Portes (eds.): The Informal Economy: Studies in advanced and less developed countries. The Johns Hopkins University Press: Baltimore/London. p. 11-39

Cook, D. (1989): Rich Law, Poor Law: Different responses to tax and supplementary benefit fraud. Open University Press: Milton Keynes

Cook, D. (1997): Poverty, Crime and Punishment. Child Poverty Action Group. London

Cornuel, D., B. Duriez (1985): Local exchange and state intervention, in: E. Mingione, N. Redclift (eds.): Beyond Employment: Household, gender and subsistence. Blackwell Publishing: Oxford

Cornwell, G. T., J. L. Findeis, L. Jensen (1995): Informal work in nonmetropolitan Pennsylvania, in: Rural Sociology. Vol. 60, Nr. 1. p. 91-107

Cotton, D., N. Pettigrew, R. Thomas, P. Tovey (1999): Keeping in Touch with the Labour Market: A Qualitative

Evaluation of the Back to Work Bonus. Research Report Nr. 96. Department of Social Security. London
Crewe, L., N. Gregson (1998): Tales of the unexpected: Exploring car boot sales as marginal spaces of contemporary consumption. Transactions of the Institute of British Geographers. Vol. 23, Nr. 1. p. 39-54
Dagg, A. (1996): Organizing homeworkers into unions: The Homeworkers Association of Toronto, Canada, in: E. Boris, E. Prugl (eds.): Homeworkers in Global Perspective: Invisible no more. Routledge: London
Dallago, B. (1991): The Irregular Economy: The „undeclared" and the „black" labour market. Dartmouth: Aldershot
De Soto, H. (1989): The other path. Harper & Row: London
De Sutter, T. (2000) Het Plaatselijk Werkgelegenheidsagentschap. Regelgeving en praktijk. Hoger instituut voor de arbeid (HIVA). Leuven
European Commission (1998): On Undeclared Work. COM (1998) 219. Brüssel
European Commission (2002): Commission calls on governments to do more to fight the shadow economy. Pressemitteilung IP/02/339. Brüssel
European Commission (2003): European Commission proposes 10 priorities for employment reform. Pressemitteilung 0311. Brüssel
Evans, M., S. Syrett, C. C. Williams (2004): The Informal Economy and Deprived Neighbourhoods: A systematic review. Office of the Deputy Prime Minister. London
Falkinger, J. (1988): Tax evasion and equity: A theoretical analysis, in: Public Finance. Nr. 43/1988. p. 388-395
Feige, E. L. (1999): Underground economies in transition: Non-compliance and institutional change, in: E. L. Feige, K. Ott (eds.): Underground Economies in Transition: Unrecorded activity, tax evasion, corruption and organized crime. Ashgate: Aldershot
Fortin, B., G. Garneau, G. Lacroix, T. Lemieux, C. Montmarquette (1996): L'Economie Souterraine au Quebec: Mythes et realites. Les Presses de l'Université Laval
Friedman, E., S. Johnson, D. Kaufmann, P. Zoido (2000): Dodging the grabbing hand: The determinants of unofficial activity in 69 countries, in: Journal of Public Economics. Vol. 76, Nr. 3. p. 459-493
Gallin, D. (2001): Propositions on trade unions and informal employment in time of globalisation, in: Antipode. Vol. 19, Nr. 3. p. 531-549
Global Employment Forum (2001): Informal Economy: Formalizing the hidden potential and raising standards. Session III-C. Global Employment Forum. 01. – 03.11.2001. International Labour Organization (ILO). Genf (http://oracle02.ilo. org/public/english/employment/geforum/informal.htm, 23.10.2003)
Grabiner, L. (1999): The Informal Economy. HM Treasury: London
Hasseldine, J., L. Zhuhong (1999): More tax evasion research required in new millennium, in: Crime, Law and Social Change. Vol. 31, Nr. 2. p. 91-104
International Labour Office (2002): Decent Work and the Informal Economy. Genf
Ivarsson, S., R. Meijer, P. Renooy, O. van der Wusten-Gritsai (2004): Undeclared work in an enlarged Union: An analysis of undeclared work. An in-depth study of specific items. European Commission. Brüssel
John, C. S., L. Riggs, Q. C. Thurman (1984): Neutralisation and tax evasion: How effective would a moral appeal be in improving compliance to tax laws?, in: Law and Policy. Vol. 6, Nr. 3. p. 309-327
Jordan, B., A. Travers (1998): The informal economy: A case study in unrestrained competition, in: Social Policy and Administration. Vol. 32, Nr. 2. p. 292-306
Kempson, E. (1996): Life on a Low Income. York Publishing Services: York
Kesteloot, C., H. Meert (1999): Informal spaces: The geography of informal economic activities in Brussels, in: International Journal of Urban and Regional Research. Vol. 23, Nr. 2. p. 232-251
Leadbeater, C., S. Martin (1997): The Employee Mutual: Combining flexibility with security in the new world of work. Demos: London
Leonard, M. (1994): Informal Economic Activity in Belfast. Avebury: Aldershot
Leonard, M. (1998): Invisible Work, Invisible Workers: The informal economy in Europe and the US. Macmillan: London
Levitas, R. (1998): The Inclusive Society? Social exclusion and new Labour. Macmillan: Basingstoke
Lobo, F. M. (1990a): Irregular work in Spain, in: Office for Official Publications of the European Communities

(1990): Underground Economy and Irregular Forms of Employment. Final Synthesis Report. Brüssel
Lobo, F. M. (1990b): Irregular work in Portugal, in: Office for Official Publications of the European Communities (1990): Underground Economy and Irregular Forms of Employment. Final Synthesis Report. Brüssel
MacDonald, R. (1994): Fiddly jobs, undeclared working and the something for nothing society, in: Work, Employment and Society. Vol. 8, Nr. 4. p. 507-530
Mateman, S., P. H. Renooy (2001): Undeclared Labour in Europe: Towards an integrated approach of combating undeclared labour. Regioplan. Amsterdam
Milliron, V., D. Toy (1988): Tax compliance: An investigation of key features, in: The Journal of the American Taxation Association. Vol. 9, Nr. 2. p. 84-104
Mingione, E. (1991) Fragmented Societies: A sociology of economic life beyond the market paradigm. Basil Blackwell: Oxford
Mingione, E., E. Morlicchio (1993): New forms of urban poverty in Italy: Risk path models in the North and South, in: International Journal of Urban and Regional Research. Vol. 17, Nr. 3. p. 413-427
Nelson, M. K., J. Smith (1999): Working Hard and Making Do: Surviving in small town America. University of California Press: Berkeley
Nicaise, I., I. Ruubrecht (2003): Service vouchers to create 25.000 legal jobs. European Employment Observatory Nr. 12. Birmingham
Pahl, R. E. (1984): Divisions of Labour. Blackwell Publishing: Oxford
Pedersen, S. (2003): The Shadow Economy in Germany, Great Britain and Scandinavia. A Measurement Based On Questionnaire Surveys. Rockwool Foundation: Kopenhagen
Portes, A. (1994): The informal economy and its paradoxes, in: N. J. Smelser, R. Swedberg (eds.): The Handbook of Economic Sociology. Princeton University Press: Princeton
Renooy, P. (1990): The Informal Economy: Meaning, measurement and social significance. Netherlands Geographical Studies Nr. 115. Amsterdam
Ross, R. (2001): The new sweatshops in the United States: How new, how real, how many and why?, in: J. Bair, G. Gereffi, D. Spener (eds.): Globalisation and Regionalism: NAFTA and the new geography of the North American apparel industry. Temple University Press: Philadelphia
Sandford, C. (1999): Policies dealing with tax evasion, in: E. L. Feige, K. Ott (eds.): Underground Economies in Transition: Unrecorded activity, tax evasion, corruption and organized crime. Ashgate: Aldershot
Sassen, S. (1997): Informalisation in advanced market economies. Issues in Development Discussion Paper 20. International Labour Office. Genf
Sauvy, A. (1984) Le Travail Noir et L'Economie de Demain. Calmann-Levy: Paris
Schneider, F. (2001): What do we know about the shadow economy? Evidence from 21 OECD countries, in: World Economics. Vol. 2, Nr. 4. p. 19-32
Seyfang, G., K. Smith (2002): The Time of Our Lives: Using time banking for neighbourhood renewal and community capacity building. New Economics Foundation. London
Smets, J. (2003): Alle Hens aan dek voor werk. Wergelegenheidconferentie. 19.09.2003
Tabak, F. (2000): Introduction: Informalization and the long term, in: M. A. Crichlow, F. Tabak (eds.): Informalization: Process and structure. The John Hopkins University. Baltimore
Thomas, J. J. (1992): Informal economic activity. Harvester Wheatsheaf: Hemel Hempstead
Travers, A. (2002): Prospects for Enterprise: An investigation into the motivations of workers in the informal economy. Evidence paper Nr. 2. Community Links. London
Van Eck, R., B. Kazemeier (1985): Swarte Inkomsten uit Arbeid: Resultaten van in 1983 gehouden experimentele. CBS-Statistische Katernen Nr. 3. Central Bureau of Statistics. Den Haag
Van Geuns, R., J. Mevissen, P. H. Renooy (1987): The spatial and sectoral diversity of the informal economy, in: Tijdschrift voor Economische en Sociale Geografie. Vol. 78, Nr. 4. p. 389-398
Williams, C. C. (1996): Local Exchange and Trading Systems (LETS): A new source of work and credit for the poor and unemployed?, in: Environment and Planning A. Nr. 28/1996. p. 1395-1415
Williams, C. C. (2004): Cash-in-hand work: Unravelling informal employment from the moral economy of favours, in: Sociological Research Online. Nr. 12/2004. p. 1-18
Williams, C. C., J. Windebank (1998): Informal Employment in the Advanced Economies: Implications for

work and welfare. Routledge: London

Williams, C. C., J. Windebank (2001a): Reconceptualising paid informal exchange: Some lessons from English cities, in: Environment and Planning A. Nr. 33/2001. p. 121-140

Williams, C. C., J. Windebank (2001b): Beyond social inclusion through employment: Harnessing mutual aid as a complementary social inclusion policy, in: Policy and Politics. Vol. 29, Nr. 1. p. 15-28

Williams, C. C., J. Windebank (2002): The uneven geographies of informal economic activities: A case study of two British cities, in: Work, Employment and Society. Vol. 16, Nr. 2. p. 231-250

Williams, C. C., J. Windebank (2003a): Poverty and the Third Way. Routledge: London

Williams, C. C., J. Windebank (2003b): Reconceptualizing women's paid informal work: Some lessons from lower-income urban neighbourhoods, in: Gender, Work and Organization. Vol. 10, Nr. 3. p. 281-300

Institutionelle Aspekte der informellen Ökonomie

von Guido Spars

In diesem Beitrag soll die besondere Sichtweise der Neuen Institutionenökonomik (NIÖ) auf die informelle Ökonomie vorgestellt werden. Es werden zunächst die Forschungsrichtung, die Methodik und die Instrumente der NIÖ erläutert, bevor sich Ausführungen zur Rolle von Institutionen in der informellen Ökonomie, zu ihren Transaktionskosten, zu Informationsasymmetrien und informellen Gütern und zu konkreten Regulierungsinstitutionen auf dem Arbeitsmarkt anschließen. Zum Schluss wird in einem Fazit auch noch kurz auf einige offene (Forschungs)-Fragen eingegangen.

Vorstellung der NIÖ als Forschungsrichtung

„Institutions matter" lautet die Hauptbotschaft all jener Forschungsansätze, die sich unter dem Dach der Neuen Institutionenökonomik (NIÖ) versammelt haben. Die NIÖ stellt eine Ausrichtung der Wirtschaftswissenschaften dar, die sich erst in den letzten fünfzig Jahren entwickelt hat. Es geht den verschiedenen Ansätzen dieser Schule darum, die Bedeutung von Institutionen für wirtschaftliche und gesellschaftliche Prozesse zu beschreiben und zu analysieren.

Der institutionelle Rahmen von Austauschprozessen wird nicht mehr als gegeben angenommen, sondern selbst auf den „Prüfstand" gestellt. Hierbei kann der Begriff der Institution als durchaus umfassend verstanden werden. Für Richter (1998:325) ist eine Institution ein auf ein bestimmtes Zielbündel abgestelltes System von formalen und informellen Regeln (Normen) einschließlich ihrer Garantieinstrumente, mit dem Zweck, das individuelle Verhalten in eine bestimmte Richtung zu lenken.

Das „Neue“ an dieser ökonomischen Schule wird nicht allein darin gesehen, dass die Frage nach der Bedeutung von Institutionen gestellt wird. Dies wurde ja bereits von den „alten“ Institutionalisten wie z. B. Gustav Schmoller geleistet, zum Teil mit gleichem Wortlaut wie später bei Ronald Coase oder Douglas C. North (Richter 1996). Die neuen Ansätze gehen jedoch weit darüber hinaus, indem sie auf die konkrete Analyse des Institutionellen abstellen.

Hierbei bedienen sich die verschiedenen Ansätze des methodologischen Individualismus ebenso wie der Annahme individueller Rationalität, die jedoch nur von einigen Ansätzen der NIÖ als vollkommene, von anderen nur in eingeschränkter (unvollkommener) Form angenommen wird.

Da die konkrete Ausgestaltung der Institutionen und der Austauschprozess im Fokus der institutionellen Ansätze steht, liegt es auf der Hand, dass ebenso die „Reibungsverluste“ thematisiert werden, die mit dem Einsatz der Institutionen zwangläufig verbunden sind. Innerhalb der Institutionenökonomik hat sich für diesen „Aufwand“ der schillernde Begriff der Transaktionskosten (TAK) etabliert (Williamson 1985/1990). TAK lassen sich somit als Ressourcenverzehr zur Durchführung sozialer Transaktionen kennzeichnen. Es sind Kosten, die anfallen, um Transaktionen überhaupt erst zu ermöglichen. Sie knüpfen an der kleinsten Untersuchungseinheit der NIÖ, der Transaktion selbst, an. Für Williamson (1990:1) findet eine Transaktion statt, „wenn ein Gut oder eine Leistung über eine technisch trennbare Schnittstelle hinweg übertragen wird. Eine Tätigkeitsphase wird beendet; eine andere beginnt.“ TAK entstehen also im Zusammenhang mit Tauschprozessen und können beispielsweise entlang der zeitlichen Achse einer Transaktion als Such- und Informationskosten, als Verhandlungs- und Entscheidungskosten und als Überwachungs- und Durchsetzungskosten aufgefasst werden (Richter/Furubotn 1996).

Die Bedeutung und Untersuchung derartiger TAK steht hier in fundamentalem Gegensatz zu den Annahmen der orthodoxen neoklassischen Theorie, die von einer „Null-Transaktionskosten-Welt“ ausgeht.

Überspitzt könnte man sagen, dass die Welt der Neoklassik in diesem Sinne „sonderbar“ ist (Richter/Furubotn 1996), da in ihren Modellen Informationen vollständig vorhanden sind, es keine Zweifel an der eindeutigen Zuordnung von Verfügungsrechten gibt, alle Beteiligten alles wissen, niemand niemanden täuscht und die Gerichte ihre Urteile mit Lichtgeschwindigkeit fällen. Niemand hat dort bislang von einem Streik gehört, geschweige denn von einer Aussperrung. Lediglich der Staat verfügt über Zwangsmittel, die er, dem allgemeinen Wohl verpflichtet einsetzt (Hildenbrandt/Kirman 1971; Furubotn 1991).

Von dieser Welt will sich die NIÖ bewusst abwenden und sie tritt an, um die Besonderheiten und Spezifika von Transaktionen und die mit ihnen verbundenen Institutionen und Kosten zum Hauptuntersuchungsgegenstand zu machen.

Der institutionenökonomische Blick auf die informelle Ökonomie

Bereits aus der Darlegung der wesentlichen Inhalte und der methodischen Ausrichtung der modernen Institutionenökonomik wird schnell deutlich, dass es eine reichhaltige Schnittmenge mit dem Themenfeld der informellen Ökonomie gibt.

Gerade auf die Abgrenzung von formeller und informeller Ökonomie wirft die Institutionenökonomik ein besonderes Schlaglicht, da sie sich mit der Frage beschäftigt, wie die institutionellen Regeln und Anreize die Wirtschaftssubjekte beeinflussen, eine ökonomische Aktivität entweder außerhalb oder innerhalb der formellen Regeln einer Gesellschaft vorzunehmen.

Enste argumentiert in diesem Band eindrucksvoll mit OECD-Länder-übergreifenden Regressionsanalysen sowohl zum Zusammenhang zwischen der Qualität staatlicher Institutionen und der Intensität der Schattenwirtschaft (Abb. 7 bei Enste, S. 39) als auch zwischen der Höhe der Arbeitsmarktregulierung und der Intensität der Schattenwirtschaft in den jeweiligen Ländern (Abb. 6, S. 37; vgl. auch Enste 2002 und 2003).

Es wird dort bezogen auf die Qualität der Institutionen gezeigt, dass die Streuung der Größe der Schattenwirtschaft zwischen den OECD-Staaten zu 40 Prozent durch die unterschiedliche Qualität der staatlichen Institutionen erklärt werden kann. Wenn die Qualität der staatlichen Dienstleistungsangebote im Sinne von „good governance" hoch ist und die Bürger sehen, dass die Abgaben und Steuern nicht „verschwendet" werden, so Enste, dann wählen sie seltener den Weg in die Schattenwirtschaft.

Dieser Aspekt einer Überzeugung durch „gute" staatliche Institutionen deckt jedoch nur die eine Seite der institutionellen Dimension im Sinne der NIÖ ab. Die andere Seite verbindet sich eher mit der Frage der Regulierungsdichte und der Flexibilität an den betreffenden Märkten sowie mit den Institutionen zur Sanktionierung von „Fehlverhalten" in der Gesellschaft, zu dem ja beispielsweise die Schwarzarbeit gezählt wird.

Viele Studien betonen einen Zusammenhang zwischen der Regulierungsdichte und dem Auftreten von informellen Ökonomien. Insbesondere für den Arbeitsmarkt wird diese These theoretisch sehr klar beschrieben und empirisch nachgewiesen (Deregulierungskommission 1990/91; Johnson/Kaufmann/Zoido-Lobatón 1998; Schneider 2005; Enste/Hardege 2006).

In diesen Bereich fällt ebenfalls das zweite Ergebnis der Regressionsrechnung von Enste, diesmal zum Zusammenhang zwischen Arbeitsmarktregulierungen und informeller Arbeit in diesem Band. Knapp 29 Prozent der Schwankungen der Schattenwirtschaft zwischen den OECD-Ländern lassen sich mit diesem von Enste/Hardege (2006) verwendeten Arbeitsmarktindex als Regulierungsindikator erklären.[1] Die institutionelle Ausgestaltung des formellen Arbeitsmarktes hat also Rückwirkungen auf die Nutzung des informellen Arbeitsmarktes, so die Botschaft.

Jenseits jedoch dieser länderübergreifenden Regressionsanalysen zu diesem Zusammenhang ist auffällig, dass die Länder USA, Schweiz, Neuseeland, Österreich und Japan über einen ähnlich geringen Anteil der Schattenwirtschaft am Bruttoinlandsprodukt der Jahre 2001-2005 verfügen (ca. 7-10 Prozent), obwohl ihre Werte bezogen auf den Parameter der Arbeitsmarktregulierung fast über die gesamte Skala von 10 (USA) bis 65 (Japan) gestreut sind. Wie lässt sich diese Abweichung dann erklären?

Durch die Hinzuziehung des Indexes zur Qualität staatlicher Institutionen könnte gefolgert werden, warum es beispielsweise Ländern wie Österreich und den Niederlanden gelingt, trotz einer recht hohen Regulierungsintensität auf dem Arbeitsmarkt von mindestens 50 auf der „Regulierungsskala" nur eine relativ geringe Schattenwirtschaft von jeweils knapp um die 10 Prozent des BIP hervorzubringen: Es handelt sich hierbei um diejenigen Länder, die bezogen auf die Qualität staatlicher Institutionen im oberen Bereich des OECD-Vergleiches angesiedelt sind.

Man kann also argumentieren, dass Länder trotz einer hohen Arbeitsmarktregulierung über eine hohe Qualität ihrer staatlichen Institutionen das Ausweichen ihrer Bürger in die „Informalität" vermindern können. Dies würde im Sinne einer Institutionenanalyse bedeuten, dass eine negative, zu Fehlanreizen führende institutionelle Struktur auf dem Arbeitsmarkt zumindest zum Teil durch eine hohe Qualität der staatlichen Institutionen im Sinne von „good governance" kompensiert werden kann. Diese These einer möglichen Kompensation und dem „Zusammenwirken" von institutionellen Regelungen und Qualitäten von „good governance" müsste jedoch zunächst weiter untersucht werden.

1 Enste und Hardege verwenden als Regulierungsindikator einen breiten Arbeitsmarktindex der auf einer breiten Datenbasis von internationalen Institutionen (OECD, IMF, Weltbank etc.) basier.

Neben den generellen Thesen, dass

- eine hohe Regulierung des Arbeitsmarktes Anreize zu Schwarzarbeit gibt und
- eine hohe Qualität staatlicher Institutionen von Schwarzarbeit abhalten kann,

soll nun mit Hilfe der NIÖ-Ansätze etwas genauer auf einzelne Regulierungen und Anreizkonstellationen in Bezug auf verschiedene Bereiche der informellen Ökonomie geschaut werden.

Die informelle Ökonomie kann zu diesem Zweck in die drei Unterbereiche

- Selbstversorgungswirtschaft
- Schwarzarbeit und
- Untergrundwirtschaft

unterteilt werden (vgl. Abb. 1). Nur der Bereich der Selbstversorgungswirtschaft findet hierbei als nicht-marktliche und somit unentgeltliche, aber dennoch legale Transaktion statt. Die Schattenwirtschaft und die Untergrundwirtschaft finden beide zwar entgeltlich über „Märkte“ statt, sind aber beide illegal.

In allen diesen drei Unterbereichen spielen institutionelle Fragen eine bedeutsame Rolle. Es sollen im Folgenden die Aspekte

- informelle Aktivitäten und Transaktionskosten,
- Informationsasymmetrien und informelle Güter,
- Arbeitsmarktregulierung und informelle Arbeit

näher betrachtet werden.

Abb. 1: Bereiche der informellen Ökonomie

	legal	**illegal**
marktliche Transaktion	Reguläre Erwerbsarbeit	Schattenwirtschaft, Untergrundwirtschaft
nicht-marktliche Transaktion	Selbstversorgungswirtschaft	Zwnagsarbeite

[ ] informelle Ökonomie

Quelle: Eigene Darstellung

Informelle Aktivitäten und Transaktionskosten

Auch in historischer Perspektive übersteigt die Gesamtmenge an gesellschaftlicher Arbeit grundsätzlich das, was man als reine Lohn- und Erwerbsarbeit bezeichnet. Das heißt, die „marktfähige" Erwerbsarbeit war immer nur ein Teil der Arbeit in einer Gesellschaft. Der andere Teil stellt und stellte in der Regel die (unbezahlte) Eigenarbeit dar (Heinze/Offe 1990; Heinze/Keupp 1998:123ff). Es kann hierbei jedoch im Verhältnis von Erwerbs- und Eigenarbeit seit den 1970er Jahren eine bemerkenswerte Veränderung beobachtet werden. Bis in die siebziger Jahre zeichnete sich die Tendenz der Umwandlung von Eigenarbeit in Erwerbsarbeit ab. Seither ist nunmehr eher die gegenläufige Entwicklung zu beobachten (Bonns 2002). Aufgrund sinkender oder unzureichender Mittel gelten viele Arbeiten im Bereich der öffentlichen Hand aber auch bei Firmen und Privathaushalten als nicht mehr bezahlbar, so dass nach alternativen Wegen ihrer Erstellung (Eigenarbeit, Schwarzarbeit) gesucht wird. Als ein prominentes Beispiel kann die derzeitige Debatte um die Pflege von Bedürftigen durch Familienangehörige und die Gestaltung finanzieller Anreize hierfür gesehen werden (vgl. auch den Beitrag von Wukovitsch in diesem Band).

Schaut man aus der Perspektive der Transaktionskostenökonomik als einem Teilbereich der NIÖ auf die informelle Ökonomie, so können insbesondere Transaktionskostenvorteile für viele Aktivitäten in diesem Sektor sprechen.

Abb. 2: TAK vor und nach Vertragsschluss

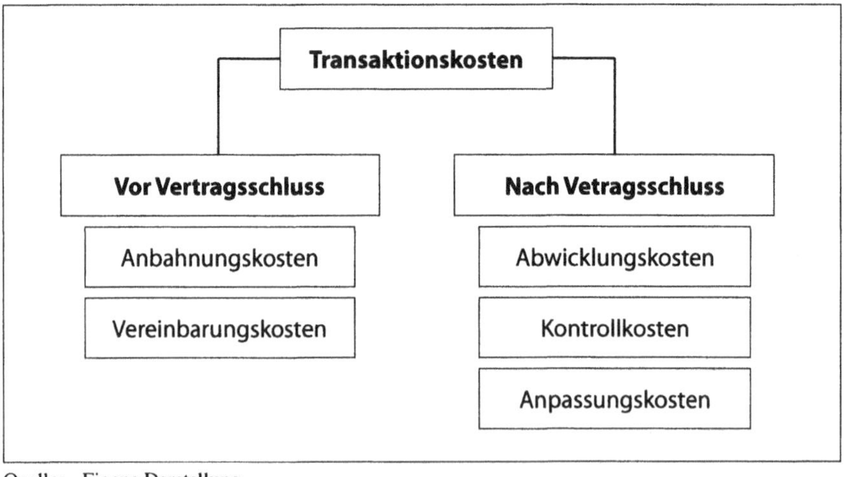

Quelle: Eigene Darstellung

Hierfür kann man die Transaktionskosten (TAK) grundsätzlich unterscheiden in solche, die vor und solche die nach Vertragsschluss anfallen. Vor Vertragsschluss können die Anbahnungs- und Vereinbarungskosten und nach Vertragsschluss die Abwicklungs-, die Kontroll- und Anpassungskosten genannt werden (vgl. Abb. 2) (Richter/Furubotn 1996). Ein privater Haushalt sieht sich hierbei mit einer Produktionsentscheidung konfrontiert, die man im unternehmerischen Sektor als klassische „make-or-buy-Entscheidung" diskutiert. Es bestehen für den Haushalt die Alternativen zwischen dem Bezug einer Dienstleistung über den Markt oder der Eigenarbeit. Der Haushalt vergleicht den Marktpreis der Dienstleistung mit einem „Kosten"-Äquivalent für seine eigene Arbeit, das sich an seinem eigenen Grenzeinkommen bzw. dem Wert für seine Freizeit orientiert.

Beim Bezug der Dienstleistung über den Markt entstehen jedoch weitere Kosten: Bei der Anbahnung, Vereinbarung, Abwicklung, Kontrolle und nachträglichen Anpassung von Austauschbeziehungen fallen TAK an. Viele dieser TAK sind für die Eigenarbeit irrelevant. Erst die Einbeziehung der TAK in den Vergleich der beiden Alternativen lässt für den Haushalt eine richtige Abwägung zu. Es werden also bei dieser Abwägung die Fertigungskosten der Selbsterstellung zuzüglich der internen TAK auf der einen Seite mit dem Marktpreis des Gutes zuzüglich der TAK des Fremdbezuges auf der anderen Seite verglichen.

Durch die Eigenarbeiten im Haushalt beispielsweise und durch Nachbarschaftshilfe können sowohl Anbahnungskosten in Form von Such- und Informationskosten als auch Abwicklungskosten in Form von Transportkosten gespart werden. Die Eigenarbeit zeichnet sich durch Zeitersparnis und eine hohe Zeitsouveränität aus (Meier 2001). Es müssen keine Terminabsprachen mit anderen Anbietern vorgenommen werden, Wartezeiten können abhängig von der eigenen Zeitverfügbarkeit und -souveränität vermieden werden und die Hausarbeit lässt sich flexibel an die Bedürfnisse anpassen.

Ähnlich kann man auch für die Schwarzarbeit argumentieren: Schwarzarbeiter können gerade bei kleineren Reparaturarbeiten helfen, die Wartezeit des Nachfragers und somit dessen Opportunitätskosten zu verringern, sofern z. B. die Wartezeit im Vergleich mit regulären Handwerkern geringer ausfällt. Deshalb gibt es oft im direkten Vergleich mit über den Markt in Anspruch genommenen Dienstleistungsangeboten einen Wettbewerbsvorteil durch niedrigere TAK. Man kann sogar so weit gehen und die Existenz von Schwarzmärkten bzw. auf der anderen Seite auch von legalen Märkten in direkter Abhängigkeit von den mit ihnen verbundenen Transaktionskosten zu sehen. Den wesentlichen Einfluss auf diese TAK hat die Marktordnung, zu der alle allgemein akzeptierten und meist öffentlich vorgegebenen Rahmenbedingungen und Regelungen für den Tauschprozess gehören. Wenn die Marktordnung zur „Rechtssicherheit beiträgt, Informationsmängel beseitigt und für einen funktionsfähigen Wettbewerb sorgt" kann sie TAK senken (Thiemer 2005).

Im Gegenzug können jedoch auch durch Marktinterventionen und -regulierungen wie Kontrahierungszwang, Kündigungsschutz, Marktzugangsbeschränkungen und Preisregulierungen die Tauschfreiheit eingeschränkt und somit die TAK erhöht werden. Der Anstieg von TAK bietet dann den Anreiz, die Transaktionen auf illegale Märkte (Schwarzmarkt, Untergrundwirtschaft) zu verlagern (Thiemer 2005).

DeSoto (1989) argumentiert mit Blick auf die Stadtökonomien in Entwicklungsländern und das dort vorherrschende enorme Wachstum von Städten, dass im informellen Sektor durch die Umgehung von Regeln eine Reduktion von Transaktionskosten gelingt und somit die Entstehung von „Märkten" und die Versorgung von Bedürftigen mit dem Notwendigsten dort überhaupt erst möglich wird. Als die drei großen Bereiche der informellen Ökonomie in solchen Städten beschreibt DeSoto die Bereiche des informellen Transportes („Informal Transport"), des informellen Handels („Informal Trade") und des informellen Wohnens („Informal Housing").

Insbesondere der Bereich des Informal Housing nimmt hierbei eine bedeutende Rolle ein. Das Informal Housing stellt einen besonderen Markttypus dar, dessen „Erschwinglichkeit" über die Abwesenheit von formaler Planung und Regulierungen und den damit einhergehenden Transaktionskosteneinsparungen erst ermöglicht wird. Es wird gezeigt, dass in den Entwicklungsländern zwischen 30 und 70 Prozent der Bewohner in illegalen Behausungen leben und bis zu 85 Prozent des Wohnungsneubaus in illegaler Form entstehen (Berner 2001, Ball 2003, UNCHS 2007). Ball (2003) argumentiert ebenfalls, dass die hohen Transaktionskosten die Marktaktivitäten im Wohnungsmarkt dramatisch einengen und somit das Wachstum des informellen Sektors in diesem Bereich begünstigen können. In Indien gibt es beispielsweise eine Fülle von Agenturen, die bei Genehmigungen im Wohnungsbau gefragt werden müssen, was die Transaktionskosten in diesem Sektor in manchen Landesteilen auf annähernd 17 Prozent des jeweiligen Immobilienpreises anhebt.[2] Eine Umgehung dieser Genehmigungsregeln spart demnach in erheblichem Umfang TAK ein.

2 Am Beispiel des Industrielandes Japan wird ebenfalls die Bedeutung der Transaktionskosten für den Wohnungsmarkt nachgewiesen, da die Japaner lieber ihr bisher genutztes Haus zerstören und dann größer und besser wieder aufbauen anstatt umzuziehen. Dieses „übliche" Verhalten sei eine direkte Konsequenz aus den hohen TAK in Japan und nicht, wie oft fälschlicher Weise beschrieben wird, eine kulturelle Eigenart von Japanern, so Ball (2003:12).

Berner (2001) schlägt für die Entwicklungsländer vor, bezogen auf die Bereitstellung von Boden und Wohnungen aus den innovativen Ansätzen informeller „Märkte" in zu lernen. Auch Kombe und Kreibich (2000) zeigen am Beispiel Tansanias die Defizite des öffentlichen Sektors auf, die zunehmend kompensiert werden durch einen Aufschwung bei „informal sector initiatives to achieve security in land tenure, to improve land servicing and promote orderliness and efficiency in the spatial organisation of neighbourhoods." Diese informellen Institutionen sind in der Lage, unter unterschiedlichen Konditionen „semi-regularised norms and procedures" zu erzeugen. In einer Versöhnung des öffentlichen formalen mit dem informellen Land-Management Sektor sehen die Autoren eine strategische Umorientierung, die dem notleidenden öffentlichen und damit formalen Bereich in solchen Ländern helfen kann zukunftsfähig zu werden.

Ein Hauptproblem des Nebeneinanders von formellem und informellem Sektor kann jedoch auch in der Frage der Anerkennung von Property Rights in Entwicklungsländern gesehen werden, wie sie der NIÖ-Zweig der Property-Rights-Theory problematisiert. Gerade in Entwicklungsländern stellt sich die Frage der Legitimation derartiger Rechte, weil „there are often conflicts between national systems of land rights, de facto rights of occupancy exercised by squatters, and customary land rights established by ethnic communities" (Hoff/Braverman/Stiglitz 1993:231). Der Umgang des Staates mit den informell entstandenen Eigentumsrechten, z. B. durch spätere Legitimierung oder Legalisierung, hat wiederum Rückwirkungen auf das „legale" formelle System und in den Friktionen zwischen beiden Systemen kann wiederum eine Erhöhung von TAK „stecken".

Der Vergleich von einem hohe Transaktionskosten „verschlingenden" öffentlichen formalen Sektor und einem „billigeren" informellen Bereich ist insbesondere aus der Perspektive der Entwicklungsländer mit der Frage des Staatsversagens unmittelbar verknüpft. Staatsversagen liegt immer dann vor, wenn durch staatliches Handeln oder Unterlassen Fehlallokationen hervorgerufen werden (Wolf 1979). Diese Problematik ist ein wesentlicher Faktor für die Entstehung informeller Märkte. Hierbei schließt sich der Kreis zu der bereits zu Beginn angesprochenen Einflussgröße der „Qualität staatlicher Institutionen" bzw. „good governance" als Grund für die Flucht in informelle Tätigkeiten wie Schwarzarbeit. Eine schlechte Qualität an staatlichen Institutionen kann somit als eine Spielart des Staatsversagens aufgefasst werden. Das Vertrauen der Bürger auf einen funktionierenden und effizienten Staat ist gebrochen, sie wenden sich anderen Lösungswegen für ihre alltäglichen Lebensprobleme zu: der informellen Ökonomie.

Da die informelle Ökonomie jedoch in weiten Bereichen im Illegalen stattfindet (vgl. Abb. 1), kann sie sich selten auf die staatliche Durchsetzbarkeit ihrer „informellen" Rechte stützen. Dieses Problem kann eine Quelle für die Entstehung neuer TAK sein, sofern es nicht gelingt mit anderen Institutionen bzw. Regeln die Durchsetzbarkeit zu gewährleisten. Dies ist sicherlich ein Grund für die hohe Bedeutung, die „vertrauensbildende“ Maßnahmen (dauerhafte Geschäftsbeziehungen, verwandtschaftliche Abhängigkeiten) oder auch Einschüchterung bei Fehlverhalten (Androhung von Gewalt, Schlägertrupps etc.) in der informellen Ökonomie haben. Man kann dies auch als eine Welt mit eigenen Regeln interpretieren, in der an die Stelle von staatlichen Rechts- und Ordnungsinstanzen nach und nach eigene Regelungsinstitutionen treten (z. B. organisierte Kriminalität).

Es lässt sich bzgl. der Auswirkungen des informellen Wirtschaftens auf die in Abbildung 2 dargstellten Transaktionskostentypen keine eindeutige Richtung erkennen. Die informelle Ökonomie ist mit diesen TAK-Typen in zweierlei Hinsicht verbunden. Zum einen lässt sich, wie oben argumentiert, davon ausgehen, dass etliche informelle Aktivitäten aufgrund der zu hoch empfundenen TAK im regulären Markt, z. B. vor Vertragsschluss (Anbahnungs- und Vereinbarungskosten) entstehen.

Andererseits ist es auch interessant zu schauen, wie sich die TAK vor und nach Vertragsschluss für die „Verträge“ der informellen Tätigkeiten selbst darstellen. Es wird schnell deutlich, dass es sehr stark vom Charakter und der jeweiligen institutionellen Einbettung der informellen Tätigkeiten abhängt, ob die TAK steigen oder sinken. Bewegt sich die informelle Tätigkeit selbst in einem formierten und eingespielten Netzwerk von Anbietern und Nachfragern informeller Leistungen, so wie dies Wukovitsch für die informellen Pflegekräfte in Österreich nachweist, können Anbahnungs-, Vereinbarungs-, Abwicklungs- und auch Kontroll- sowie Anpassungskosten gering gehalten werden.

Es ist genaueren Untersuchungen im Detail vorbehalten zu einem Vergleich von formellen und informellen Beschäftigungen hierzu systematische Ergebnisse zu liefern.

Informationsasymmetrie und informelle Güter

Die NIÖ untersucht unter anderem mit dem Prinzipal-Agent-Ansatz und der ökonomischen Vertragstheorie die Vertrags- und Austauschbeziehungen zwischen den Transaktionspartnern. Beim Prinzipal-Agent-Ansatz werden klassischer Weise Auftraggeber-Auftragnehmer-Verhältnisse analysiert. Er spezialisiert sich hierbei zum Teil mit formalen Modellen auf das Problem der asymmetrischen Informationsverteilung zwischen den beiden Vertragspartnern.

Abb. 3: Informationsasymmetrie bei Vertrauens- und Erfahrungsgütern

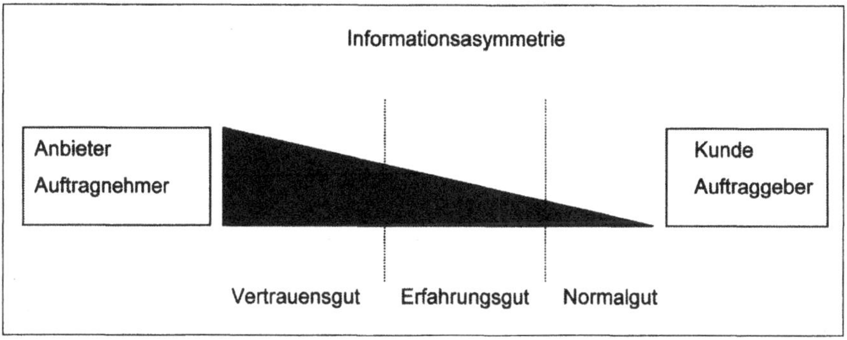

Quelle: Enseleit u. a. 2002

Hierbei wird ein Informationsvorsprung der einen Seite unterstellt und opportunistisches Verhalten nicht ausgeschlossen. Liegt der Informationsvorsprung vor dem Vertragsschluss vor, so spricht man von „adverser Selektion" (adverse selection), ergibt sich diese Asymmetrie erst nach der vertraglichen Bindung liegt „moralisches Risiko" (moral hazard) vor (Akerloff 1970). Derartige Informationsasymmetrien liegen in der Regel bei der Erstellung und der Transaktion von Dienstleistungen bzw. sogenannten „Vertrauensgütern" und „Erfahrungsgütern" vor (vgl. Abb. 3).

Durch die Eigenproduktion eines Haushaltes kann diese Asymmetrie zwischen Produzent und Konsument überwunden werden (Skolka 1990; Meier 2001). Nimmt man das Beispiel der Ernährung, so weiß der Eigenproduzent genau, welche Qualität er z. B. an Nahrungsmitteln beim Kochen verwendet. Dies kann er als Kunde im Restaurant nicht wissen bzw. der Informationsaufwand hierfür wäre sehr hoch. Legt der Nachfrager Wert auf eine gesunde Ernährung bzw. hohe Produktqualität steigt für ihn damit automatisch die Attraktivität der Selbstversorgung.

Es verbindet sich mit der adversen Selektion auch noch zudem das Problem der Verdrängung „hochwertiger" Produkte und Dienstleistungen, sofern ihre Qualität vor dem Kauf nicht festgestellt werden kann.

Bleiben beim Konsumenten Zweifel an der Qualität der Produkte und Dienstleistungen, ist er nicht gewillt, den mit der höheren Qualität verbundenen relativ höheren Preis zu entrichten. Infolgedessen wird das hochwertige Produkt nach und nach vom Markt verschwinden (Akerloff 1970).[3] Eine weitere Folge des Verdrängens der „guten" Produkte

3 Dies hat Akerloff am „market for lemons", dem Markt für schlechte Gebrauchtwagen, eindrucksvoll nachgewiesen.

kann sein, dass die Konsumenten nun zur Eigenproduktion übergehen, da die am Markt verbleibenden Güter sie qualitativ nicht überzeugen.

So spielen beispielsweise in einer Marktstudie zum Do-it-Yourself-Markt des Institutes für Freizeitwirtschaft (2004) „neben der Möglichkeit, durch Heimwerken Geld zu sparen, (...) der Stolz auf die eigene Leistung und das Bewusstsein, besser zu arbeiten als professionelle Handwerker, für die Heimwerker eine große Rolle“. Bereits 1984 waren über 40 Prozent der Heimwerker davon überzeugt, dass die eigene Leistung der von professionellen Handwerkern qualitativ überlegen ist (IfF 1984). Ähnliche Argumente werden vielfach verwendet, um die häusliche Pflege durch Familienangehörige zu begründen oder den Betrieb des eigenen Nutzgartens.[4]

Nimmt man die Erkenntnisse zu den Transaktionskosten und zum Problem der Informationsasymmetrien zusammen, so lassen sich aus beiden Richtungen gute ökonomische Gründe für das Auftreten informeller Tätigkeiten erkennen. Die Wirtschaftssubjekte, die so handeln, handeln demnach durchaus rational.

Bezogen auf die Informationsasymmetrie kann argumentiert werden, dass die Verbesserung der Markttransparenz und -information, die Einführung von Qualitätslabels beispielsweise, helfen kann, misstrauische Kunden von Marktdienstleistungen zu überzeugen. Im Gebrauchtwagenbeispiel konnte dies beispielsweise über die Einführung von Werkstattgarantien mit einer definierten Laufzeit gelingen.

Legt man die Schätzungen zugrunde, die den Anteil der TAK am Bruttosozialprodukt bei 50 Prozent und mehr ausmachen (Wallis/North 1988), so können sich mit dieser Bedeutung zwei Denkrichtungen verbinden: Zum einen lässt sich – ähnlich wie in Entwicklungsländern – fragen, inwieweit die staatlichen Regulierungen zu einem Anstieg von TAK führen und somit die „Umgehung“ dieser Regeln eine zwangsläufige rationale Folge ist (Kostensenkung). Dies würde zu dem Schluss führen, dass nur durch Regelungsabbau eine Senkung von TAK erreicht werden kann. Die andere Richtung der Argumentation stützt sich auf die Transaktionskosten sparende Qualität von Regeln und Normen. Es muss also auch gefragt werden, inwieweit die Einführung von Regelungen und Normen erst TAK sparen helfen (z. B. durch Standardisierung), da ohne sie die TAK für die Gesellschaft (noch) höher wären.

4 Vgl. z. B. zu Aspekten Familienunterstützender Dienstleistungen (FUD) die Ausführungen bei DIW (2005) und zum Konflikt zwischen der informellen Pflege und der Erhöhung der Frauenerwerbsquote in Europa (Lissabon-Strategie) die Simulationsrechnungen bei Viitanen (2007).

Institutionen und Regeln können also in beide Richtungen auf die TAK einwirken. Sie können zur Senkung von TAK genauso beitragen wie zum Anstieg. Wenn man diesen Zusammenhang akzeptiert, wird deutlich, dass erst eine genauere komparative Untersuchung einzelner Regelungsaspekte Aufschluss über die Auswirkungen von Regeln und Normen (beispielsweise im Arbeitsmarkt) auf die TAK einer Gesellschaft geben kann. Dies soll im nächsten Abschnitt erfolgen.

Arbeitsmarktregulierung und informelle Arbeit

Schaut man mithilfe der Systematik in Abbildung 4 auf verschiedene Regulierungen des Arbeitsmarktes, so können sich mit diesen Regulierungen sowohl effizienzsteigernde als auch effizienzmindernde Effekte verknüpfen. Hierbei ist entscheidend, inwieweit die Schutznormen die Freiheitsspielräume der Individuen erweitern oder einengen. Die arbeitsrechtlichen Schutznormen sollen also nicht nur Marktversagen, sondern auch Staats- bzw. Politikversagen verhindern.

Aus der Vielzahl der Regulierungsinstrumente des deutschen Arbeitsmarktes, wie sie im rechten Kasten in Abbildung 4 aufgeführt sind, werden hier im Folgenden aufgrund des begrenzten Raumes die Aspekte Kündigungsschutz, Beschäftigungsformen und

Abb. 4: Arbeitsmarktregulierung in Deutschland

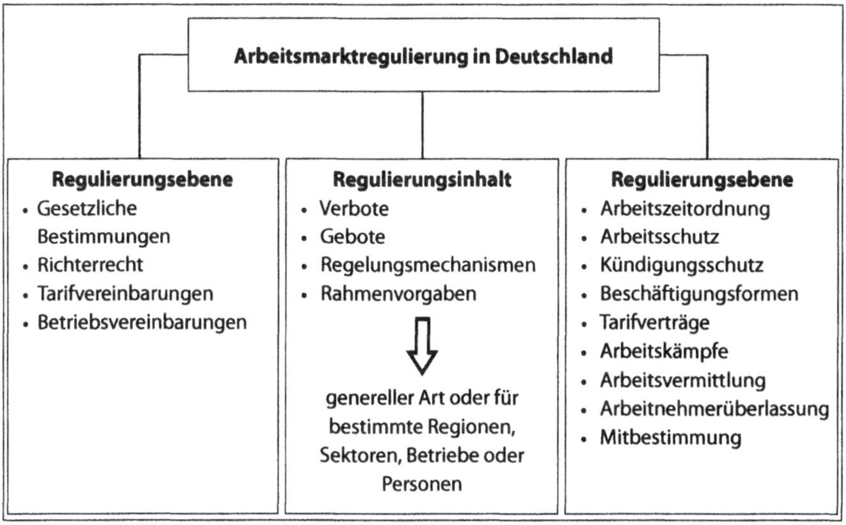

Quelle: Eigene Darstellung in Anlehnung an Walwei 2002

Arbeitnehmerüberlassung heraus gegriffen und aus der institutionenökonomischen Perspektive kurz beleuchtet.

Grundsätzlich lässt sich für den Arbeitsmarkt konstatieren, dass Arbeitsverhältnisse nicht mit Austauschbeziehungen an herkömmlichen Gütermärkten vergleichbar sind. Der Arbeitsmarkt ist stark geprägt von der Heterogenität des Faktors Arbeit, von unvollständigen Informationen und einer verzögerten Anpassungsfähigkeit von Angebot und Nachfrage. Zudem tauschen Arbeitnehmer und Arbeitgeber auf diesem Markt Lohn bzw. Einkommen gegen die Leistung des Arbeitnehmers bzw. seine Arbeitszeit ein. Die Besonderheiten des Gutes und der Austauschbeziehung stellt eine entsprechende Begründung für die Regulierungen an diesem besonderen und Intransparenten Markt dar.

Die Welt der Arbeitsmärkte ist überdies aus institutioneller Sicht unvollkommen und es drohen viele vorteilhafte Tauschbeziehungen nicht zustande zu kommen, weil die Suche nach geeigneten Vertragspartnern, das Aushandeln der Vertragskonditionen und die Durchsetzung der Verträge mit nicht zu vernachlässigenden TAK verbunden sind. Somit kann die Standardisierung von Arbeitsverträgen durch Gesetz und Tarifverträge Aushandlungskosten in erheblichem Umfang einsparen helfen.

Weitere wichtige Aspekte der Effizienz von Arbeitsmärkten sind mit den beziehungsspezifischen Investitionen und den bereits erwähnten Informationsasymmetrien zwischen den Vertragspartnern verknüpft. Die beziehungsspezifischen Investitionen stellen ein Kapital dar, das nur mithilfe einer langfristigen Vertragsbeziehung seine Rentabilität erbringen kann. Daher sind langfristige Verträge eine wichtige Voraussetzung für die Amortisation derartiger beziehungsspezifischer Investitionen und somit auch für die Effizienz, da im Falle einer Beendigung der Beziehung einige mit der Investition verbundenen Kosten unwiederbringlich verloren wären (sog. „sunk costs").[5]

Die Informationsasymmetrien wirken sich durch eine gewisse „Offenheit" bei den beiderseitigen Verpflichtungen in der Vertragsbeziehung aus. Einem impliziten „Karriereversprechen" durch den Arbeitgeber steht ein implizites „Leistungsversprechen" des Arbeitsnehmers gegenüber. Für den Arbeitgeber herrscht bzgl. der Leistungsbereitschaft des Arbeitnehmers Unsicherheit und für den Arbeitnehmer sind die Arbeitgeberleistungen, wie z. B. „Gewährung von Aufstiegsmöglichkeiten", „Beschäftigungssicherheit" ebenfalls unbestimmbar, was sich wiederum auf seine Leistungsbereitschaft auswirken kann.

5 Volkswirtschaftlich müssen einige dieser Investitionen, insbesondere die in das „Humankapital", differenzierter betrachtet werden. Sie können nicht als per se „verloren" angesehen werden.

Durch arbeitsrechtliche Normen – wie z. B. den Kündigungsschutz – kann die Unsicherheit potentieller Tauschpartner in Bezug auf diese Verpflichtungen gesenkt werden und somit zur Dauerhaftigkeit und Transparenz des Beschäftigungsverhältnisses beigetragen werden. Spieltheoretische Untersuchungen zeigen, dass derartige Schutznormen die Kooperationsbereitschaft in der Arbeitsbeziehung fördern (Buttler/Walwei 1990). Die Beschäftigungssicherheit kann sich als niedrigeres Entlassungsrisiko positiv auf die Leistungsbereitschaft des Arbeitnehmers auswirken, seine Identifikation mit den Unternehmenszielen und damit insgesamt den Unternehmenserfolg fördern.

Andererseits wird in der institutionenökonomischen Debatte von Schutznormen (z. B. Kündigungsschutz bei Arbeits-, aber auch Wohnungsmietverträgen) die Anreizwirkung derartiger Normen dergestalt betont, dass die Aufstellung von Schutzregelungen fast automatisch den Anreiz zu ihrer Umgehung impliziert. Hohe gesetzliche Lohnnebenkosten bieten beispielsweise für die Unternehmen den Anreiz, *Beschäftigungsformen* zu wählen, die nicht mit derartigen Abgaben belastet sind (Hoffmann, Walwei 2002). Auch ein weitreichender Kündigungsschutz setzt für die Unternehmen den Anreiz, Formen der Beschäftigung zu wählen, für die der Kündigungsschutz nicht oder nur begrenzt gilt. Hierzu können insbesondere die Befristung der Arbeit, die Beschäftigung von „Selbstständigen" via Werkvertrag und die Beschäftigung via Arbeitnehmerüberlassung (Leiharbeit) gezählt werden.
Der Gesetzgeber hat in den vergangenen Jahrzehnten das *Arbeitnehmerüberlassungsrecht* mehrfach reformiert. Ziel war es, die Flexibilitätsbedürfnisse der Entleiher mit den Schutzinteressen der Arbeitnehmer zu verbinden. Gleichzeitig sollten neue Arbeitsplätze

Abb. 5: Entwicklung der Leiharbeit in Deutschland, in 1000 (Montaswerte 1980 bis 2005)

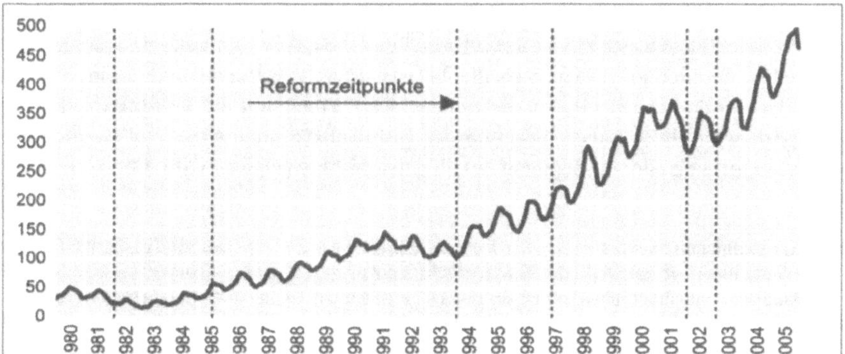

Quelle: Antoni/Jahn 2006

entstehen. Die dynamische Entwicklung der Leiharbeitnehmer in Deutschland zeigt Abbildung 5. Vor allem der kräftige Anstieg der Zahl der Leiharbeiter in den letzten Jahren dürfte der jüngsten Reform aus dem Jahr 2003 geschuldet sein (Antoni/Jahn 2006). Es gibt eine hohe Personalfluktuation in der Zeitarbeitsbranche, was mit einer überwiegend kurzen Beschäftigungsdauer einhergeht. Die überwiegend kurzen Beschäftigungsdauern sprechen hierbei gegen die häufig geäußerte Befürchtung, dass Entleiher systematisch reguläres Personal durch Leiharbeiter ersetzen (Antoni/Jahn 2006).

Die Institution der „Überlassungshöchstdauer"[6] ist gemäß der empirischen Untersuchung von Antoni, Jahn (2006) nicht geeignet, die Beschäftigungsstabilität der Leiharbeitnehmer im Verleihbetrieb zu gewährleisten. Zwischen 1980 und 1984 ist die Beschäftigungsdauer ähnlich hoch gewesen wie nach der weitgehenden Abschaffung der Regulierungen im Jahr 2003.

Bezogen auf das Verhältnis von Leiharbeit und informeller Arbeit lässt sich vermuten, dass der statistisch nachgewiesene Anstieg von Leiharbeitnehmern sich auf die Entwicklung informeller Tätigkeiten zurück drängend auswirkt, denn der Anreiz und die zeitlichen Kapazitäten der Leiharbeiter sprechen gegen eine informelle Betätigung. Diese Vermutung bleibt jedoch genauer zu untersuchen, um die Auswirkungen der jüngeren Arbeitsmarktreformen und der sich abzeichnenden positiven Entwicklung systematisch zu erfassen.

Fazit und offene Forschungsfragen

Dieser Beitrag konnte zeigen, wie fruchtbar die Perspektive der NIÖ auf die Formen und Entwicklungsperspektiven der informellen Ökonomie sein kann. Hierbei ist insbesondere deutlich geworden, dass die Ausgestaltung von Regeln und Normen in der Gesellschaft und die mit ihnen verbundene Auswirkung auf die Transaktionskosten Konsequenzen dafür haben, wie viel der gesellschaftlichen Arbeit im Bereich der Selbstversorgung oder im Segment der illegalen Märkte geleistet wird. Für die Formen

6 Das Arbeitnehmerüberlassungsgesetz hatte ursprünglich das Ziel, die Beschäftigungsstabilität der Leiharbeitnehmer innerhalb der Zeitarbeitsfirmen zu gewährleisten. Mehrere Einsätze bei verschiedenen Entleihbetrieben sollten zu einer längeren Beschäftigung im Verleihbetrieb zusammengefasst werden. Die Überlassungshöchstdauer ist in Deutschland 1985 das erste mal von drei auf sechs Monate angehoben worden, seit dem kontinuierlich auf 24 Monate gesteigert und schließlich 2003 abgeschafft worden.

und Intensitäten der informellen Ökonomie lässt sich somit eindrucksvoll folgern: institutions matter!

Es konnte insbesondere gezeigt werden, dass die Regulierungen des Arbeitsmarktes sowohl effizienzmindernde als auch effizienzsteigernde Effekte haben können. Die zentrale Frage aus einer institutionenökonomischen Perspektive auf das Arbeitsrecht lautet demnach, ob konkrete Regulierungen (wie z. B. Schutznormen) zu einer Freiheitseinschränkung der Beteiligten führen oder ob sie Freiheitsspielräume für die Individuen überhaupt erst ermöglichen. Somit geht es bei der Beurteilung der Institutionen und Regulierungen auf dem Arbeitsmarkt nicht nur um die Vermeidung von Marktversagen, sondern auch um die Vermeidung von Staatsversagen durch die Anwendung praktikabler Regelungen (Hoffmann/Walwei 2002).

Über die genauen Wirkungen der einzelnen Arbeitsmarktregulierungen auf den Arbeitsmarkt und vor allem auf den Bereich der informellen Ökonomie weiß man jedoch noch relativ wenig. Insbesondere das Konzept der TAK als zentrales „Messkonzept" zur Feststellung der Vorteilhaftigkeit bzw. von negativen Effekten der Institutionellen Arrangements ist noch nicht oft angewendet worden und ist nicht ausgereift genug. Die empirische Messung von konkreten TAK und der Vergleich unterschiedlicher institutioneller Arrangements hat stets damit zu kämpfen, dass es schwer ist, entsprechende Kostenäquivalente bzw. Kostenanteile als TAK-Größen zu identifizieren. Dieses Problem trifft ferner noch viel stärker auf den informellen Bereich zu, zu dem es ja ohnehin wenig bis gar keine Statistiken gibt und auch die Akteure in diesem Bereich wenig auskunftsfreudig bzgl. ihrer Aktivitäten sind.

Es könnte jedoch trotzdem Sinn machen, insbesondere im Bereich der Eigenarbeit und auch der Schwarzarbeit, größere empirische Studien durchzuführen, um die Make-or-Buy-Entscheidungen einerseits und die TAK-Einsparungen andererseits ökonomisch zu erfassen. Die Befragungen könnten hierbei gut auf den Erfahrungen mit sogenannten Zahlungsbereitschaftsanalysen aufbauen.[7] Auch die Durchführung von Experimenten und Kleingruppenuntersuchungen können hierbei Aufschluss geben. Diese sind für den Teilbereich der Arbeitsökonomie als Forschungsmethoden ebenso anerkannt wie die Evaluation von Großversuchen von Politikmaßnahmen mithilfe beispielsweise der Kalibrationsmethodik[8] (Zimmermann 2002). Aus den Erkenntnissen dieser em-

7 Insbesondere für die Zahlungsbereitschaft bei Umweltgütern wurden Erfahrungen und interessante Erkenntnisse bei der Anwendung dieser Methode gesammelt (Meyerhoff 2004; Hökby/Söderquist 2001). Auch für die stärker auf tatsächliches Kaufverhalten abgewandelte Varianten der Methode gibt es gute Beispiel aus der Telekommunikationsindustrie (Breichert 2006).

8 Hierbei werden in Ermangelung guter Daten komplexe theoretische Systeme mithilfe von plausib-

pirischen Untersuchungen könnten dann wiederum Schlüsse hinsichtlich der Anreiz-Qualität der konkreten Institutionen und Regelungen des Arbeitsmarktes und jüngerer Gesetzesänderungen im Rahmen der Agenda 2010-Politik der Bundesregierung gezogen werden.

Eine derartige Untersuchungsperspektive kann auch im Rahmen eines internationalen Vergleichs angelegt werden, wobei die Vergleichbarkeit sowohl der institutionellen Gegebenheiten als auch der Kostengrößen (TAK) aller Voraussicht nach methodische Schwierigkeiten bereiten werden. Insgesamt muss für die Arbeitsmarktforschung der Mangel von Mikrodaten konstatiert werden, was beispielsweise zur systematischen Unterschätzungen des Umfangs der „geringfügig Beschäftigten" in der Vergangenheit geführt hat. An der besseren Nutzbarmachung der Daten aus wichtigen Erhebungen, wie beispielsweise dem Sozioökonomischen Panel (SOEP), für Fragen der informellen Ökonomie müsste gearbeitet werden.

Eine weitere offene Forschungsfrage in internationaler Perspektive stellt die Überprüfung der weiter vorne aufgeworfenen „Kompensationsthese" dar, dass und in welchem Umfang eine hohe Qualität staatlicher Institutionen im Sinne von „good governance" die negativen Auswirkungen einer hohen Arbeitsmarktregulierungsdichte auf die Schwarzarbeit kompensieren kann. Hierfür wäre sowohl ein international vergleichendes Forschungsdesign als auch die Abstützung auf entsprechend langfristige Zeitreihen der jeweiligen Arbeitsmarktdaten der betrachteten Länder notwendig. Auch wäre zunächst zu klären, was genau unter „good governance" zu verstehen ist und wie man dies von Land zu Land operationalisieren kann.

Insgesamt lässt sich zwar aufgrund der institutionellen Besonderheiten des Arbeitsmarktes und der Bedeutung von TAK für Kausalitäten an diesem Markt feststellen, dass die NIÖ einen geeigneten Forschungsansatz für diese Aspekte darstellt. Es fällt jedoch ebenso auf, dass die Nutzung dieses Instrumentariums zur Gewinnung praktikabler Ergebnisse im Bereich der informellen Ökonomie noch „in den Kinderschuhen" steckt und daher eine Verbreiterung und Vertiefung ihrer Anwendung in diesem Bereich ein wichtiger Bestandteil der Forschungsagenda zur informellen Ökonomie ist.

---

len Schlüsselparametern nachgebildet (kalibriert), um die Wirksamkeit von politischen Maßnahmen zu simulieren.

Literatur

Antoni, M., E. J. Jahn (2006): Boomende Branche mit hoher Fluktuation. IAB-Kurzbericht. Nr. 14/2006. Institut für Arbeitsmarkt- und Berufsforschung (IAB). Nürnberg

Akerloff, G. A. (1970): The market for „Lemons". Quality Uncertainty and the Market Mechanism, in: Quarterly Journal of Economics. Jg. 84, Heft 3. S. 488-500

Ball, M. (2003): Improving Housing Markets. RICS Leading Edge Series. Royal Institution of Chartered Surveyors (RICS). London

Berner, E. (2001): Learning from informal markets: Innovative approaches to land and housing provision, in: Development in Practice. Jg. 11, Heft 2/3. S. 292-307

Bonns, W. (2002): Zwischen Erwerbsarbeit und Eigenarbeit. Ein Beitrag zur Debatte um die Arbeitsgesellschaft, in: Arbeit. Jg. 11, Nr. 14. S. 5-20

Breichert, C. (2006): Estimation of willingness-to-pay: Theory, measurement and application. Dissertation. Wirtschaftsuniversität Wien

Cahuc, P., A. Zylberberg (2004): Labor economics. The MIT Press: Cambridge

Deregulierungskommission (1990/91): Marktöffnung und Wettbewerb. Metzler-Poeschel: Stuttgart

De Soto, H. (1989): The other path. Harper & Row: London

Deutsches Institut für Wirtschaftsforschung (DIW) (2005): Familienunterstützende Dienstleistungen (FUD). Wachstum, Beschäftigung, Innovation. Dokumentation im Auftrag des Bundesministeriums für Familie, Senioren, Frauen und Jugend (BMFSFJ). Berlin

Enseleit, D., P. Löffelmann, G. Meran, R. Mertes, C. Schramm, R. Schwarze, R. Zeitner (2002): Statusbericht Architekten/Ingenieure 2000 plus. Berlin

Enste, D. H. (2002): Schattenwirtschaft und institutioneller Wandel. Eine soziologische, sozialpsychologische und ökonomische Analyse. Mohr Siebeck: Tübingen

Enste, D. H. (2003): Ursachen der Schattenwirtschaft in den OECD-Staaten. IW-Trends. Nr. 4/2003. Institut der deutschen Wirtschaft Köln (IW)

Enste, D. H. (2004): EU-Osterweiterung. Korruption und Schattenwirtschaft in Mittel- und Osteuropa. IW-Trends. Nr. 1/2004. Institut der deutschen Wirtschaft Köln (IW)

Enste, D. H., S. Hardege (2006): IW-Regulierungsindex. Methodik, Analysen und Ergebnisse eines internationalen Vergleichs. IW-Analysen Nr. 16. Deutscher Instituts-Verlag (DIV): Köln

Feige, E. L. (1990): Underground activity and institutional change. Productive, protective and predatory behaviour in transition economies, in: Feige, E. L (1990): Defining and estimating underground and informal economies. The new institutional economics approach, in: World Development. Jg. 18, Nr. 7. S. 989-1002

Hoffmann, E., U. Walwei (2002): Wandel der Erwerbsformen: Was steckt hinter den Veränderungen?, in: G. Kleinhenz (Hrsg.): IAB-Kompendium Arbeitsmarkt- und Berufsforschung. Beiträge zur Arbeitsmarkt- und Berufsforschung. BeitrAB 250. Institut für Arbeitsmarkt- und Berufsforschung. Nürnberg. S. 135-144

Hökby, S., T. Söderquist (2001): Elasticities of demand and willingness-to-pay for environmental services in Sweden. Swedish National Road Administration. Borlänge

Institut für Freizeitwirtschaft (2004): Marktanalyse Do-it-Yourself 2003. München

Institut für Freizeitwirtschaft (1984): Spezialstudie Do-it-Yourself. München

Jahn, E. J., T. Wagner (2004): Neue Arbeitsmarkttheorien. Lucius & Lucius: Stuttgart

Johnson, S., D. Kaufmann, P. Zoido-Lobaton (1988): Regulatory Discretion and the Unofficial Economy, in: The American Economic Review. Jg. 88, Nr 2. Papers and Proceedings of the Hundred and Tenth Annual Meeting of the American Economic Association. S. 387-392

Kombe, W. J., V. Kreibich (2000): Reconciling informal and formal land management: An agenda for improving tenure security and urban governance in poor countries, in: Habitat International. Jg. 24, Nr. 2. S. 231-240

Meier, D. (2001): Tauschringe als besondere Bewertungssysteme in der Schattenwirtschaft. Eine theoretische und empirische Analyse. Duncker & Humblot: Berlin

Meyerhoff, J. (2004): Der Einfluss von Einstellungen auf die Zahlungsbereitschaft für Veränderungen in Natur und Landschaft. Ergebnisse aus zwei Kontingenten Bewertungen zum Wattenmeer und zur Elbe. Peter

Lang Verlagsgruppe: Frankfurt a. M.
Schneider, F. (2005): The Size of the Shadow Economies of 145 Countries all over the World, in: T. Beschorner, H. G. Nutzinger: Das Ethische in der Ökonomie. Metropolis: Marburg. S. 233-270
Skolka, J. (1990): Eigenleistung, Zeit und Unabhängigkeit, in: R. Heinze, C. Offe (Hrsg.): Formen der Eigenarbeit. Opladen: Wiesbaden. S. 53-73
Thiemer, A. (2005): Markt, in: K. Schubert, A. Zimmer (Hrsg.): Handwörterbuch zum ökonomischen System Deutschlands. Verlag für Sozialwissenschaften (VS): Wiesbaden
Viitanen, T. K. (2007): Informal and formal care in Europe. IZA Discussion Paper Nr. 2648. Institut zur Zukunft der Arbeit (IZA). Bonn
Walwei, U. (2002): Ökonomische Analyse arbeitsrechtlicher Regelungen, in: G. Kleinhenz (Hrsg.): IAB-Kompendium Arbeitsmarkt- und Berufsforschung. Beiträge zur Arbeitsmarkt- und Berufsforschung. BeitrAB 250. Institut für Arbeitsmarkt- und Berufsforschung. Nürnberg. S. 95-106
Williamson, O. E. (1985): The Economic Institutions of Capitalism. The Free Press: New York
Williamson, O. E. (1990): Die ökonomischen Institutionen des Kapitalismus. Mohr Siebeck: Tübingen
Wolf, C. jr. (1979): A Theory of Nonmarket Failure. Framework for Implementation Analysis, in: Journal of Economic Literature. Jg. 22, Nr. 1. S. 107-139
Zimmermann, K. F. (Hrsg.) (2002): Neue Entwicklungen in den Wirtschaftswissenschaften. Physica-Verlag: Heidelberg

Regulierte Informalität im geeinten Europa? Wirkungen der Übergangsbestimmungen auf dem Arbeitsmarkt in der EU

von Florian Wukovitsch

Einleitung

Wie bereits im Eröffnungsbeitrag von Enste gezeigt wurde, war der Anteil informeller wirtschaftlicher Aktivitäten in den Ländern Westeuropas bis vor wenigen Jahren im Steigen begriffen[1]. Forscht man nach den Ursachen dieser Beobachtung, trifft man schnell auf die Vermutung, dass die Arbeitsmärkte in Europa überreguliert, die Steuern zu hoch und die Flexibilität der Produktion in der regulären Wirtschaft zu gering sind. Die Flucht in die informelle Produktion sei aus individueller Sicht daher rational, dem Staat würden dadurch jedoch in hohem Maße Einnahmen entgehen. Das ist aber nur die eine Seite der Medaille. Demgegenüber kann gezeigt werden, dass der Staat durch die Duldung bestimmter informeller Tätigkeiten auch gewinnen kann: Wer, wie im Falle von Migranten ohne Arbeitsgenehmigung, ausschließlich informell arbeitet, hat keinen Anspruch auf Leistungen aus den wohlfahrtsstaatlichen Sicherungssystemen.

1 Die Schwierigkeiten, zulässiges quantitatives Datenmaterial über die Betätigungsfelder in der informellen Ökonomie zu bekommen, können hier nicht im Detail erörtert werden. Es liegt jedoch in der Natur des Forschungsgegenstandes, dass Aussagen über regionale oder gruppenspezifische Verteilungen bestimmter Verhaltensweisen bestenfalls nach ausführlichen Sekundäranalysen möglich sind (Hilpert u. a. 2000:83). Die Unsicherheit empirischer Forschungen kann anhand der Schätzungen zur Arbeitsbeteiligung von Migranten im informellen Sektor in Österreich illustriert werden. So errechnete die Arbeitsmarktforscherin Gudrun Biffl für das Jahr 2001 eine Zahl von 47.000 ausländischen Erwerbstätigen im informellen Sektor (bzw. 10 Prozent gemessen an der Gesamtbeschäftigung von Migranten), während der Ökonomieprofessor Friedrich Schneider für das Jahr 2002 die Zahl auf 85.000 schätzte (vgl. Ludwig Bolzmann Institute of Human Rights 2003:20). Neben verlässlichen empirischen Daten fehlen aber auch nach wie vor theoretische Konzepte, um die vielschichtigen Erscheinungsformen der Aktivitäten zwischen Markt und Staat exakt analysieren zu können (Anheier u. a. 2000:125). Im Rahmen dieses Artikels wird insbesondere der Aspekt irregulärer Arbeit in der informellen Ökonomie thematisiert.

Und wenn die Erstellung wohlfahrtstaatlicher Leistungen in die Sphäre informeller Ökonomie verlagert wird, trägt das ebenfalls dazu bei, den öffentlichen Haushalt zu entlasten.

Ein aktuelles Beispiel zur Auslagerung öffentlicher Aufgaben in die „private Informalität“ stellt die politische Diskussion um Pflegenotstand und die Organisation der Pflege in Österreich dar.[2] Seit längerem ist bekannt, dass vor dem Hintergrund des demographischen Wandels schon heute zu viele pflegebedürftige Menschen auf zu wenig Pflegepersonal kommen. In Österreich wurde diese Angebotslücke des Pflegepersonals nach dem „Fall des eisernen Vorhangs“ schnell von illegal arbeitenden Pflegerinnen aus dem osteuropäischen Ausland geschlossen. Nach der Erweiterung der Europäischen Union um zehn neue Mitgliedstaaten[3] im Jahr 2004 wurde durch die vorübergehende Aufrechterhaltung der Zugangsbeschränkungen auf dem Arbeitsmarkt diese Form der „regulierten Informalität“[4] vorerst verlängert. Es scheint also, dass die Potenziale der Wettbewerbseindämmung auf dem regulären Arbeitsmarkt sowie der kostengünstigeren Leistungserbringung mögliche negative Auswirkungen auf die Arbeitsmärkte, wie die Verdrängung von regulärer Beschäftigung und eine nachteilige Selektion der Zuwanderung, überwiegen.

In diesem Artikel soll zunächst der allgemeinen Frage nachgegangen werden, wie sich informelle Arbeit von Migranten auf die Arbeitsmärkte und Wohlfahrtsstaaten der Aufnahmeländer auswirkt. Um grundlegendes Verständnis für die grenzüberschreitende Verflechtung der Arbeitsmärkte in Europa zu schaffen, wird anschließend kurz betrachtet, wie Migrationsnetze der informellen Arbeit organisiert sind und wie sich die politökonomische Tradition von Produktion und Regulation auf die Entscheidungen der Arbeitsmigration von Staatsangehörigen der EU8 auswirken.

---

2 Für Schätzungen zur Entwicklung der Schattenwirtschaft in Österreich (nach Branchen) siehe Schneider 2002.

3 Die sogenannten EU10 umfassen Estland, Lettland, Litauen, Malta, Polen, Slowakei, Slowenien, Tschechien, Ungarn, Zypern. EU8 bezeichnet diese Beitrittsländer des Jahres 2004 mit Ausnahme Maltas und Zyperns. Die EU15 bilden jene Mitgliedstaaten, die bereits vor Mai 2004 in der Union waren; diese sind Belgien, Dänemark, Deutschland, Finnland, Frankreich, Griechenland, Irland, Italien, Luxemburg, Niederlande, Österreich, Portugal, Spanien, Schweden, Vereinigtes Königreich. Die beiden neuen Mitgliedstaaten des Jahres 2007, Bulgarien und Rumänien, werden auch EU2 genannt.

4 Regulation wird hier in einem umfassenden, regulationstheoretischen Sinn verstanden (Jessop 1995: „social mode of economic regulation“) und umfasst neben formalgesetzlichen Akten auch Institutionen, Organisationsformen, Verhaltensmuster sowie soziale Normen und Netzwerke (vgl. Jessop 1995, Peck/Tickell 1992).

In einem nächsten Schritt wird der Rechtslage zur Abschottung von Wirtschaft und Arbeitsmärkten im Zuge der EU-Osterweiterung(en) nachgegangen und diese den Auswirkungen auf die Arbeitsmärkte einiger jener Länder gegenübergestellt, die sich entweder durch die vollständige Öffnung ihrer Arbeitsmärkte (Vereinigtes Königreich, Irland) exponierten oder sich aufgrund ihrer geographischen Lage zu einer besonders starken Regulierung der Arbeitsmigration veranlasst sahen (Deutschland, Österreich). Anhand des informellen Pflegesektors in Österreich soll im Anschluss daran gezeigt werden, wie die Übergangsbestimmungen auf den Arbeitsmärkten von der Politik dazu genutzt werden, erwünschte Systeme informeller Leistungserbringung vorübergehend zu legitimieren.

Anschließend wird der Blickwinkel noch einmal verändert und die Diskussion damit um einen Aspekt erweitert: Statt der Frage, wie sich die informelle Beschäftigung von Arbeitsmigranten auf die Aufnahmestaaten auswirkt, soll in Grundzügen deren lebensweltlicher Perspektive und den besonderen Herausforderungen, die ein „Leben in Informalität" mit sich bringt, nachgespürt werden. Aus der zusammenfassenden Betrachtung der einzelnen Abschnitte werden Schlussfolgerungen gezogen, die um weiterführende Fragestellungen ergänzt werden.

Sektorspezifische Rahmenbedingungen informeller Ökonomie

Auf Grundlage der mikroökonomischen Theorie kann man versuchen, die Entscheidung einzelner Akteure zur Aufnahme informeller Wirtschaftstätigkeit mit den verbundenen Kosten und Nutzen zu erklären. Die Bewertung der Auswirkungen informeller Beschäftigung auf die gesamtgesellschaftliche Wohlfahrt ist demgegenüber komplex. Durch die Möglichkeit der Produktion zu Niedriglöhnen werden Erweiterungs- und Struktureffekte erzielt: Einerseits erhöht sich bei sinkendem Preis das Marktangebot des betreffenden Gutes, andererseits verschiebt sich der Faktoreinsatz zu dieser Branche. Dadurch werden Umverteilungsprozesse in Gang gesetzt: Während die Produzenten und Konsumenten des Gutes von der kostengünstigeren Produktionsstruktur profitieren, intensiviert sich der Wettbewerb zwischen formell und informell beschäftigten Arbeitskräften zu ungleichen Bedingungen. Zweifelsohne kann dabei reguläre Beschäftigung verdrängt werden (Lederer/Nickel 1997:44). Schlussfolgerungen auf gesamtgesellschaftlicher Betrachtungsebene sind dadurch aber nicht möglich. Diese hängen wesentlich von der Lage des Arbeitsmarktes ab.

Finden die freigesetzten Arbeitskräfte problemlos in anderen Sektoren der Ökonomie Arbeitsplätze zu ähnlichen oder besseren Bedingungen, steigt mit der Akzeptanz informeller Beschäftigung auch die gesamtgesellschaftliche Wohlfahrt. Anderenfalls kommt es vorrangig zur Umverteilung zwischen Gewinnern und Verlierern der informellen Aktivitäten. Für die europäischen Arbeitsmärkte, deren größtes Problem die anhaltend hohe Arbeitslosigkeit darstellt, würde diese Betrachtung nahelegen, dass informelle Beschäftigung möglichst bekämpft werden muss, weil durch diese offensichtlich Arbeitsplätze verloren gehen. Dies gilt aber nur für den Fall, dass die jeweilige Tätigkeit überhaupt über den regulären Markt angeboten würde. Die Empirie europäischer Arbeitsmärkte zeigt, dass für Branchen mit ungünstigen Arbeitsbedingungen, unangenehmen Arbeitszeiten, geringen Verdienstaussichten und begrenzten Aufstiegschancen oft nur schwer inländische Arbeitnehmer gefunden werden. Diese Tätigkeiten werden daher (unabhängig von der Lage des Arbeitsmarktes) besonders häufig von schlecht abgesicherten Migranten übernommen, sei es in Form prekärer regulärer oder informeller Beschäftigung (Friedrich-Ebert-Stiftung 2006). Gerade für jene Sektoren, in denen zu regulären Konditionen chronische Arbeitskräfteknappheit besteht und die informelle Arbeit von Migranten dringend benötigt wird, scheint daher auch die Annahme kooperativen Verhaltens seitens der Aufnahmegesellschaft plausibel.

Bekannt ist, dass informelle Beschäftigung vor allem in arbeitsintensiven Bereichen stattfindet, wo Arbeitskräfte leicht ersetzt werden können, Qualifikationen standardisiert sind und es relativ starke Schwankungen der Nachfrage gibt. Überdies darf die Produktion nicht leicht in Niedriglohnländer verlagert werden können (Schönwälder u. a. 2004:49-50). Die konkrete Struktur der informellen Ökonomie eines Landes lässt sich daraus zwar nicht ableiten. Es liegt aber die Vermutung nahe, dass diese von den institutionellen Rahmenbedingungen, wie der Ausgestaltung von Kontrollmechanismen, der Kodifizierung von Arbeitsverträgen, den Mitbestimmungsrechten von Arbeitnehmern, der branchenspezifischen Gestaltung der Tarifautonomie etc. maßgeblich beeinflusst wird (Schönwälder u. a. 2004:42).[5] Sie würden jene Bereiche definieren, in denen die Konditionen des regulären Arbeitsmarktes nicht mehr gelten und dem freien Wettbewerb zur Durchsetzung verholfen wird.

Umfasst sind vor allem Sektoren, die aus unterschiedlichen Gründen vor Kontrollen „geschützt" sind: Oftmals verhindert die große Zahl an Arbeitsstätten effiziente Kontrollen, wie im Falle der neuen Formen der Hausarbeit. Gleichzeitig dürfte gerade in Privathaushalten die Akzeptanz informeller Arbeit sehr hoch sein (zur Toleranz gegenüber informellen Pflegeleistungen siehe unten). Daneben spielen Traditionen der formellen Gestaltung von Arbeitsverhältnissen eine wichtige Rolle. So wurden beispielsweise im bau- und handwerklichen Bereich, wo Arbeitsverträge lange Zeit nur münd-

5 So ist es beispielsweise in Deutschland und Österreich für statuslose Migranten unmöglich, in reguläre Beschäftigungsverhältnisse einzutreten.

lich geschlossen wurden, Kontrollen erheblich erschwert (Lederer/ Nickel 1997:32). In ähnlicher Form trifft das auch auf die weitverbreitete informelle Saisonarbeit in der Landwirtschaft zu. Oft wird argumentiert, dass informelle Beschäftigung trotz hoher Subventionen die einzige Möglichkeit darstellt, bestimmte Sparten landwirtschaftlicher Produktion in Europa aufrecht zu erhalten (Knogler 2005:55). Dem halten Gewerkschaften jedoch entgegen, dass erst die Duldung informeller Arbeit Umstrukturierungen ermöglichte, die eine Reduktion der Dauerarbeitsplätze verursachte (Schönwälder u. a. 2004:51).

Die Diskussion verdeutlicht, dass in Sektoren, in denen Kontrollen verhältnismäßig einfach durchzuführen sind und gleichzeitig ein hoher Organisationsgrad der Arbeitnehmer besteht, kaum Spielraum für informelle Beschäftigung verbleibt. Dies betrifft, mit Ausnahme des Textilsektors, insbesondere die Industrieproduktion. Aufgrund deren sinkender Bedeutung in europäischen Ökonomien lassen sich daraus aber schwerlich politische Strategien ableiten (zur Gewerkschaftssicht siehe Wötzel in diesem Band). Die Flexibilisierung der Arbeitsmärkte (Möglichkeiten zur untertariflichen Entlohnung, Senkung von Schutzstandards) würde zwar ausgewogenere Wettbewerbspositionen zwischen formellen und informellen Erwerbstätigen herbeiführen, aber die Prekarisierung der Arbeitswelt und damit auch die Polarisierung der Gesellschaft weiter vorantreiben. Bei Aufrecherhaltung eines hohen Schutzstandards der Arbeitnehmer würden aber insbesondere Beschäftigte im untersten Segment des Arbeitsmarktes einem Wettbewerb zu höchst ungleichen Konditionen ausgeliefert. Vor allem die schwächsten Teilnehmer auf dem Arbeitmarkt, also Kranke, Personen mit geringer Qualifikation, Langzeitarbeitslose, aber auch Migranten, die zu regulären Bedingungen beschäftigt sind, laufen dabei Gefahr, von der informellen Migrantenökonomie mittelfristig vom Arbeitsmarkt verdrängt zu werden.

Dieser politischen Herausforderung wird oft mit der Forderung nach restriktiver Ausländerpolitik und verschärften Kontrollen illegaler Beschäftigung begegnet. Das bedeutet aber, dass die Existenz einer „weitgehend recht- und wehrlosen" Bevölkerungsgruppe akzeptiert wird (Erzbischöfliches Ordinariat Berlin 1999:42-43).

Verflechtungen von informeller Ökonomie und Wohlfahrtsstaat

Neben der branchenspezifischen Regulierung der Arbeitsbedingungen nehmen Staaten dadurch auf die Durchsetzungschancen der informellen Ökonomie Einfluss, dass sie bestimmte gesellschaftlich notwendige Leistungen entweder in ausrechendem Maß selbst zur Verfügung stellen, deren Bereitstellung subventionieren oder aber auf die

Selbststeuerungskräfte des Marktes vertrauen. In konservativen Wohlfahrtsstaaten wie Deutschland und Österreich bestehen insofern Anreize, die Leistungserbringung in die Sphäre informeller Ökonomie zu verlagern, als zahlreiche gesellschaftlich notwendige Leistungen, wie Kinderbetreuung, Altenpflege, etc. weder vom Staat noch vom regulären Markt in ausreichendem Umfang bereit gestellt werden (Schönwälder u. a. 2004:42). Angesichts der zunehmenden Überforderung familiärer Strukturen müssen daher alternative Möglichkeiten der Organisation von personenbezogenen Diensten gesucht werden. Schon im Jahr 2000 gaben 7,6 Prozent der deutschen Privathaushalte an, dass sie regelmäßig eine Putz- oder Haushaltshilfe beschäftigen (Schönwälder u. a. 2004:55).

Die Definition von Wahrscheinlichkeiten informeller Leistungserbringung ist aber nur ein Aspekt des Zusammenspiels von Informalität und Wohlfahrtsstaat. Die Verflechtung von informeller Ökonomie und Staat spiegelt sich daneben insbesondere in der Einnahmen- und Ausgabenseite der öffentlichen Haushalte wider. Um die Wirkungen der informellen Migrantenökonomie auf die Budgets abzuschätzen, kann man in zwei Schritten verfahren. Lässt man zunächst den Aspekt der Informalität außer Betracht, zeigen sich zuwanderungsbedingte Gewinne des Sozialstaates. Migranten zahlen in das umlagefinanzierte Rentenversicherungssystem ein und tragen zudem oft positiv zum Erhalt der Bevölkerungszahlen bei. Aufgrund ihres Lebensalters konsumieren sie aber selbst keine Bildungsleistungen mehr, wobei davon ausgegangen wird, dass sich die fiskalische Bilanz der Zuwanderung mit der Qualifikation der Zuwanderer weiter verbessert. Dieser Aspekt wirkt sich im Falle der Zuwanderer aus den zentral- und osteuropäischen Ländern, deren Ausbildungsniveau vielfach jenes der Zuwanderungsgesellschaften übertrifft, besonders positiv aus (Brücker 2004). Obwohl Zuwanderer tendenziell ein leicht erhöhtes Arbeitslosigkeitsrisiko aufweisen, werden die daraus entstehenden Ausgaben leicht kompensiert.

Beurteilt man nun in einem zweiten Schritt die Wirkungen informeller Beschäftigung, muss nach wohlfahrtsstaatlichen Typen[6] differenziert werden. In Wohlfahrtsstaaten konservativer Prägung zahlen informell beschäftigte Migranten ohne Aufenthaltsgenehmigung keine Steuern und leisten keine Beiträge zu den sozialen Sicherungssystemen, erhalten aber dafür auch keine Leistungen daraus. Die direkten Effekte auf den öffentlichen Haushalt sind also neutral. Dies ist ein großer Unterschied zu stärker am Bürgerstatus orientierten liberalen Systemen wie in den USA oder im Vereinigten Königreich, wo unter Umständen auch statuslose Migranten Zugang zu Leistungen haben, die prinzipiell der ansässigen Bevölkerung und nicht nur den Versicherten zur Verfügung stehen (Schönwälder u. a. 2004:41). Das gilt insbesondere für in den USA gebo-

6 Hier orientiert an der von Esping-Andersen (1990) entwickelten Typologie: liberale, konservative und sozialdemokratische Regimes.

rene Kinder (Schönwälder u. a. 2004:58). Demgegenüber ist es in den USA aber auch möglich, dass statuslose Migranten Steuern zahlen und damit eventuell empfangene staatliche Leistungen selbst mitfinanzieren.

Zuwanderer leisten aber auch insofern einen wesentlichen volkswirtschaftlichen Beitrag in den Aufnahmeländern, als sie durch ihren Konsum die Binnennachfrage ankurbeln und daraus im keynesianischen Sinne auch Multiplikatoreffekte erzielt werden können, die die Gesamtwertschöpfung und das Mehrwertsteueraufkommen zusätzlich erhöhen. Die Stärke dieser Effekte hängt allerdings vom Zweck und der Form der Arbeitsaufnahme ab: Im Falle grenzüberschreitender Tätigkeiten oder des Transfers großer Anteile des erwirtschafteten Einkommens in die Herkunftsländer wird der Effekt entsprechend abgeschwächt.

Unabhängig von der Frage informeller Migrantenökonomien stehen die Industriestaaten mittelfristig aber jedenfalls vor der Herausforderung, den Grenzbereich zwischen Staat und Markt aktiv zu gestalten. Insbesondere in jenen Bereichen, die der Sozialwirtschaft nahe stehen (Bsp. Haus- und Pflegedienste), bedarf es einer Entscheidung, ob die Regulierung des Arbeitsmarktes und einschlägige finanzpolitische Bestimmungen gelockert werden sollen oder bisher informell erledigte Tätigkeiten sogar zu einem Mindestmaß entschädigt werden, um die nicht-marktorientierte private Erstellung von Leistungen zu fördern (Anheier u. a. 2000:125). Im Falle bisher unbezahlter Tätigkeiten (z. B. Betreuungsleistungen im eigenen Haushalt) könnte beispielsweise durch eine angemessene Berücksichtigung in der Rentenversicherung ein gewisses Maß an sozialer Absicherung erfolgen (Teichert 2000:3). Anderenfalls müssten die Vorrangstellung der staatlichen Leistungserbringung betont werden und all jene Aufgaben, die der Staat nicht wahrnehmen kann, nach den Kriterien des regulären Marktes bereit gestellt werden. Dies würde einerseits Steuereinnahmen sichern, andererseits aber sicher auch die Notwendigkeit staatlicher Zuzahlungen erhöhen.

Funktionsweise informeller Arbeitsmärkte – Netze der Migration

Wer im informellen Sektor eine Beschäftigung sucht, kann im Regelfall nicht auf die Strukturen offen agierender Vermittlungsagenturen vertrauen. Die Jobvermittlung in der informellen Migrantenökonomie funktioniert meist über Netzwerke, die nach nationaler Herkunft strukturiert sind. Dabei gibt es mehrere Wege, Arbeitnehmer anzuwerben: Zur Vermittlung vor Ort gibt es beispielsweise für die informelle Baubranche in Berlin nach Staatsangehörigkeiten zugeordnete Orte, an denen potenzielle Arbeitgeber und Arbeitsuchende miteinander Kontakt aufnehmen können (Erzbischöfliches

Ordinariat Berlin 1999:47). Neben diesen halböffentlichen Vermittlungsstellen spielen private Kontakte eine bedeutende Rolle. Wer bereits in der informellen Ökonomie tätig ist, weiß meist auch weitere Beschäftigungsmöglichkeiten. Zur Anwerbung direkt im Heimatland werden aber teilweise auch schlicht Zeitungsinserate geschaltet; diese Praxis ist beispielsweise aus Polen bekannt (Erzbischöfliches Ordinariat Berlin 1999:57).

Der Vorteil dieser Netzwerkorganisation der informellen Ökonomie ist, dass die Migrationsströme relativ flexibel auf regionale Unterschiede in der Nachfrage nach Arbeitskräften reagieren können. Als in Ostdeutschland der Bauboom der 1990er Jahre einsetzte, ergaben sich Engpässe auf dem verbundenen Arbeitsmarkt. Gleichzeitig führte die Zunahme der Frauenerwerbstätigkeit, auch aufgrund der rasant steigenden Lebenshaltungskosten, in München dazu, dass Haus- und Betreuungsarbeiten „semiprofessionalisiert" wurden. Aus diesen regionalen Erfordernissen auf dem Arbeitsmarkt ergaben sich in der Folge gruppenspezifische Migrationsmuster. Während in Leipzig insbesondere junge Männer eine Beschäftigungsmöglichkeit in der Baubranche suchen, wird die einschlägige Zuwanderung in München von jungen Frauen dominiert, die größtenteils Putz- und Pflegearbeiten in Privathaushalten leisten (Alt 2005:34). An diesen Beispielen zeigt sich die Verflechtung der formellen Ökonomie mit informeller Produktion.[7]

Das Konzept der Migrationsnetzwerke hilft auch zu erklären, weshalb geographische Nähe in der Wahl des Migrationsziellandes im Vergleich mit sozialräumlicher Nähe eine untergeordnete Rolle spielen kann. Kontakte zu Familienmitgliedern oder Bekannten bzw. die Hoffnung auf Solidarität unter den Landsleuten spielen bei der Wahl eines Ziellandes eine bedeutendere Rolle als eher technische Fragen wie die Erfolgsaussichten für eine Bewilligung des Asylverfahrens oder für den möglichen Bezug von Sozialhilfe (Alt 2005:37). In der Migrationsforschung hat sich zur Beschreibung dieses Phänomens das Konzept der „transnationalen sozialen Räume" durchgesetzt. Es veranschaulicht, „wie bei Menschen objektiv messbarer Flächenraum in Gegensatz zum subjektiv erlebten Sozialraum stehen kann, vor allem dann, wenn eine Familie, ein verwandtschaftlicher oder befreundeter „Sozialverband" über mehrere Länder verteilt ist" (Alt 2005:43).

7 Wie die städtische formelle Ökonomie und die Produktionsbedingungen in der informellen Ökonomie zusammenhängen, wird auch bei Sassen (1997) plastisch veranschaulicht. Sie zeigt, dass sowohl die Bezieher niedriger Einkommen, als auch die neuen Oberschichten der globalen Wirtschaft eine große Zahl an Leistungen nachfragen, die zu regulären Bedingungen kaum angeboten werden können.

Irreguläre Arbeitsmigration zwischen den EU10 und EU15

Analytisch muss zwischen den verschiedenen Aspekten der Illegalität und Informalität Analytisch muss zwischen den verschiedenen Aspekten „irregulärer Migration" unterschieden werden: Unerlaubte Einreise und unerlaubter Aufenthalt spielen für EU-Bürger in einem vereinten Europa, in dem für alle gleichermaßen Personenfreizügigkeit gilt, nur noch eine untergeordnete Rolle. Im Rahmen dieses Artikels ist daher primär der Tatbestand der unerlaubten Aufnahme oder Fortsetzung eines Beschäftigungsverhältnisses relevant (siehe auch Lederer/Nickel 1997:8). In diesem Fall wird also informell gearbeitet, wobei innerhalb jenes Zeitraums, in dem die Übergangsbestimmungen auf den Arbeitsmärkten der EU15 anwendbar sind, die Ursache für die Informalität des Beschäftigungs-verhältnisses schlechthin die mangelnde Erteilung einer gültigen Arbeitserlaubnis sein kann. Informelle Beschäftigung wird damit auch von den Vorschriften zum Schutz heimischer Arbeitsmärkte erzeugt.

Daneben muss bei der Betrachtung der Arbeitsmigration zwischen den EU10 und den EU15 aber auch die unterschiedliche politische und ökonomische Entwicklung der beiden Ländergruppen berücksichtigt werden. Die Länder Mittel- und Osteuropas gelten aufgrund ihrer realsozialistischen Vergangenheit als „Sonderfall" der haushalts- und schattenwirtschaftlichen Produktion (Hilpert u. a. 2000:104). Durch die im planwirtschaftlichen System regelmäßig auftretenden Versorgungsengpässe mit privaten Gütern gab es für die Bevölkerung in praxi keinen anderen Ausweg, als auf andere Versorgungskanäle zurückzugreifen. Systemen der Tauschwirtschaft und der Eigenarbeit kam dabei ein hoher Stellenwert zu. Formen der Eigenarbeit wurden teilweise staatlicherseits nicht nur geduldet, sondern waren explizit erwünscht und wurden auch gefördert, beispielsweise in der landwirtschaftlichen Produktion. Man kann davon ausgehen, dass aufgrund des großen Einkommensgefälles zu den westeuropäischen EU-Mitgliedsstaaten der Eigenproduktion sowie Tausch- und Schattenwirtschaft weiterhin große Bedeutung zukommt. Dies zeigt sich nicht nur an der weit verbreiteten informellen Textilproduktion in Osteuropa, sondern spiegelt sich auch in den meisten Schätzungen zum Anteil informeller Ökonomie in osteuropäischen Ländern wider (vgl. Musiolek 1999; Henckel/Wagner in diesem Band). Insofern ist davon auszugehen, dass auch die Aufnahme informeller Beschäftigung im Ausland wesentlich mehr Akzeptanz findet.

Übergangsbestimmungen auf dem Arbeitsmarkt

Arbeitnehmerfreizügigkeit

Schon in den Römischen Verträgen von 1957 wurde die Personenfreizügigkeit, und mit ihr die Arbeitnehmerfreizügigkeit bzw. die Gleichberechtigung der Arbeitnehmer in allen Mitgliedstaaten, als eine der zu verwirklichenden Grundfreiheiten der Gemeinschaft vorgesehen. Freizügigkeit in diesem Kontext bedeutet gemäß Artikel 39 EG-Vertrag die Abschaffung jeglicher auf der Staatsangehörigkeit basierenden Diskriminierung der Arbeitnehmer[8] betreffend Beschäftigungsmöglichkeiten, Entlohnung und sonstige Arbeitsbedingungen. Die einzige Ausnahme bilden hoheitliche Aufgaben im öffentlichen Dienst, die nationalen Staatsangehörigen vorbehalten werden dürfen. Für alle anderen Beschäftigungsbereiche sollte der Zugang geöffnet werden.

Die Verwirklichung der Arbeitnehmerfreizügigkeit traf aber von Anfang an auf Vorbehalte. So befürchteten beispielsweise Deutschland und Frankreich, von Arbeitskräften aus dem Niedriglohnland Italien überrollt zu werden. Die Öffnung der Grenzen für Beschäftigungssuchende wurde also vorerst trotz des einsetzenden Wirtschaftswunders und der weitestgehenden Abwesenheit von Arbeitslosigkeit nicht realisiert. Erst 1968 kam es mittels Ratsverordnung[9] zur Umsetzung des politischen Ziels der Gleichbehandlung von Arbeitnehmern in allen sechs Mitgliedstaaten. Dieses politische Zugeständnis konnte aber nur vor dem Hintergrund entspannter Arbeitsmärkte erzielt werden. Nachdem in den 1970er Jahren nach zwei schweren Rezessionen in allen großen europäischen Volkswirtschaften die Arbeitslosigkeit ein neues Rekordniveau erreichte und auch mittelfristig anhielt, beschloss man bei der Süderweiterung um Griechenland (1981) sowie Spanien und Portugal (beide 1986), die Arbeitsmärkte für Arbeitnehmer aus den neuen Mitgliedstaaten vorübergehend[10] abzuschotten (Stöckel 2007).

Ex-post zeigte sich jedoch, dass der massive Wanderungsstrom von Arbeitnehmern auch nach dem Ende der Übergangsbestimmungen nicht einsetzte bzw. teilweise im Vergleich zur Situation mit abgeschotteten Arbeitsmärkten sogar sank.[11] Dennoch wurde auch in

---

8 Arbeitnehmer sind alle Erwerbstätigen, die „(i) eine echte und tatsächliche Berufstätigkeit (ii) unter Anleitung einer anderen Person und (iii) gegen Bezahlung" ausüben".

9 Verordnung (EWG) Nr. 1612/68 des Rates vom 15. Oktober 1968 über die Freizügigkeit der Arbeitnehmer innerhalb der Gemeinschaft

10 Im Falle Griechenlands wurde ein Übergangszeitraum von sechs, für Spanien und Portugal von sieben Jahren beschlossen.

11 So betrug die Arbeitsmigration sowohl im Jahr 1973 als auch 1990 zwischen zwei und drei Prozent. Dies kann neben den Integrationseffekten auch als Erfolg der Kohäsionspolitik gewertet werden. (Stöckel 2007).

den Beitrittsverträgen der EU10 vorgesehen, dass der Zugang zu den Arbeitsmärkten in den „alten Mitgliedsländern" für Arbeitnehmer aus den EU8 vorübergehend beschränkt werden könne. Dabei wurde eine Frist aus drei Phasen zu 2+3+2 Jahren festgelegt, die mithin erst sieben Jahre nach der Osterweiterung mit 30. April 2011 unwiderruflich ausläuft.[12] In Phase 1, also in den ersten beiden Jahren nach dem Beitritt der EU10, sollten prinzipiell die bisherigen mitgliedstaatlichen Vorschriften weiterhin gelten, wobei die Mitgliedstaaten frei gestellt waren, ihre Arbeitsmärkte umgehend komplett zu öffnen. Strengere Vorschriften als vor der Mitgliedschaft durften keinesfalls erlassen werden. Schweden und Irland waren die einzigen Länder, die den neuen EU-Bürgern umgehend nach dem Beitritt die gleichen Rechte gewährten wie nationalen Staatsangehörigen. Das Vereinigte Königreich führte lediglich ein Meldesystem für Arbeitnehmer aus den EU8 ein, der Zugang zum Arbeitsmarkt wurde aber ebenfalls nicht beschränkt. Die restlichen zwölf Staaten der EU15 entschieden sich dafür, ihr bisheriges System mit Arbeitsgenehmigung und teilweise mit Quoten fortzuführen (vgl. Europäische Kommission 2006d).

Am 1. Mai 2006 begann die 2. Phase der Übergangsbestimmungen, die Ende April 2009 enden wird. Während die Europäische Kommission über die erste Phase der Übergangsbestimmungen einen Bericht erstellte (Europäische Kommission 2006b), waren die Mitgliedstaaten dazu aufgerufen, bis spätestens 30. April 2006 ihre Pläne für diese weiteren drei Jahre bekanntzugeben (Europäische Kommission 2006e). Die Kommission plädierte in ihrem Bericht dafür, dass die Zugangsbeschränkungen nicht verlängert werden. Ein wesentliches Argument war, dass Zugangsbeschränkungen nur die Schattenwirtschaft fördern würden (siehe Europäische Kommission 2006b). Im Europäischen Parlament teilte man die Einschätzung der Kommission und schloss sich deren Empfehlung an (vgl. Schroedter 2006). Die Mitgliedstaaten folgten dieser Empfehlung aber nur teilweise. Zusätzlich zu den drei Mitgliedstaaten der ersten Runde beschlossen nunmehr Finnland, Griechenland, Portugal und Spanien ihre Arbeitsmärkte vollständig zu öffnen. Einige Mitgliedstaaten kündigten an, ihre Zugangsbestimmungen zu vereinfachen und in den folgenden drei Jahren schrittweise aufzuheben. Insbesondere in Deutschland und Österreich wurde aber beschlossen, die bestehenden Übergangsregelungen zumindest in der Phase 2 konsequent fortzuführen (vgl. z.B. EuraActiv 2004/2007).

---

12 Neben den allgemeinverbindlichen Regelungen erhielten die Mitgliedstaaten auch die Möglichkeit, bilaterale Vereinbarungen zur sukzessiven Öffnung der Arbeitsmärkte zu treffen. Unabhängig davon muss aber Arbeitnehmern, die sich zwölf Monate legal in einem anderen Mitgliedstaat aufgehalten haben, unbeschränkter Zugang zum Arbeitsmarkt gewährt werden. Deren Angehörige erhalten nach achtzehn Monaten legalen Aufenthalts ebenso unbeschränkten Zugang zum Arbeitsmarkt.

Spätestens mit Abschluss der Phase 3 der Übergangsbestimmungen muss die vollständige Öffnung der Arbeitmärkte erfolgen. Bereits in Phase 3 können die Zugangsbeschränkungen daher auch nur noch unter rigideren Voraussetzungen verlängert werden: Die Beschränkung hängt dann nicht mehr bloß von einer Willenserklärung des entsprechenden Mitgliedstaates ab, sondern muss auch vom Rat auf der Grundlage eines Berichts über die angespannte Lage auf dem Arbeitsmarkt genehmigt werden (vgl. z. B. Europäische Kommission 2006b, Arbeiterkammer Österreich 2005).

Im Zuge der letzten Erweiterungsrunde um Rumänien und Bulgarien wurde das gleiche System wie für die Erweiterungsrunde um die EU10, also ebenso eine siebenjährige Übergangsfrist in drei Phasen, festgelegt. Angesichts des erheblichen Wohlstandsgefälles und der immensen Bevölkerungszahlen zögerten aber nicht nur fast alle Staaten der EU15, sondern mit Ungarn und Malta auch zwei Staaten der EU10, ihre Arbeitsmärkte umgehend zu öffnen. Selbst Irland und das Vereinigte Königreich beschlossen nunmehr, ihre Arbeitsmärkte abzuschotten. Die einzigen Staaten der EU15, die sich gegen jegliche Form der Beschränkung entschieden, sind Schweden (wie bereits 2004) und Finnland. Italien kündigte an, eine Öffnung in Betracht zu ziehen, wenn man sich auf europäischer Ebene auf ein Paket zur Bekämpfung der organisierten Kriminalität geeinigt hätte (vgl. EuraActiv 2004/2007). Frankreich zieht eine branchenweise Öffnung des Arbeitsmarktes für die neuen EU-Bürger in Erwägung (Drew/Sriskandarajah 2007).

Dienstleistungsfreiheit

Die Regelungen zur Erbringung von inhaltlich und zeitlich begrenzten Tätigkeiten im Gastgeberland von selbständigen Unternehmern werden in Art. 50 EGV spezifiziert. Darin enthalten ist auch die Erbringung von Dienstleistungen mit Arbeitnehmern des Heimatlandes.[13] Anders als im Falle der Arbeitnehmerfreizügigkeit sahen die Beitrittsverträge prinzipiell keine Beschränkungen der Dienstleistungsfreiheit vor.[14]

13 Die Dienstleistungsfreiheit wird durch die Dauer und Häufigkeit der Tätigkeit von der Niederlassungsfreiheit abgegrenzt. Sie umfasst prinzipiell alle grenzüberschreitenden Leistungen, die von selbständigen Erwerbspersonen aus einem Mitgliedstaat gegen Entgelt in einem anderen Mitgliedstaat erbracht werden. Mit dem Urteil „Rush Portuguesa" vom 27.03.1990 definierte der EuGH, dass auch die grenzüberschreitende Entsendung und Verleihung von Arbeitnehmern von der sogenannten aktiven Dienstleistungsfreiheit umfasst ist. (vgl. Die Linke im Europaparlament 2007)

14 Die einzige Ausnahme betrifft die „Entsendung durch Unternehmen mit Sitz in der Tschechischen Republik, Estland, Ungarn, Lettland, Litauen, Polen, der Slowakei und Slowenien nach Deutschland und Österreich sowie im Gegenzug auf die Entsendung aus Deutschland und Österreich in diese Länder. Allerdings wenden nur Ungarn, Slowenien und Polen den Grundsatz der Gegenseitigkeit an. (Europäische Kommission 2006a 9-10).

Tab. 1: Sektoren, die vorübergehend von der Dienstleistungsfreiheit ausgeschlossen sind

Deutschland	Österreich
• Baugewerbe und verwandte Wirtschaftszweige • Tätigkeiten von Innendekorateuren und • Reinigung von Gebäuden, Inventar und Verkehrsmitteln.	• landwirtschaftliche Dienstleistungen • Be- und Verarbeitung von Natursteinen • Herstellung von Stahl- und Leichtmetallkonstruktionen • Baugewerbe einschließlich verwandter Wirtschaftszweige • Sicherheitsdienste • Gebäudereinigung • häusliche Pflege und • Sozialwesen.

Quelle: Europäische Kommission 2006a:9-10

Unabhängig von der Diskussion über die Dienstleistungsrichtlinie[15] eröffneten sich mithin bereits mit dem Beitritt der neuen Mitgliedsländer folgende Möglichkeiten, auf dem Territorium der EU15 aktiv zu werden: Einerseits können unter dem Titel der Entsendung vorübergehend Auftragsarbeiten im Ausland mit eigenem Personal ausgeführt werden. Andererseits können Einzelpersonen mit Firmenstatus in ihren Herkunftsländern Aufträge in den EU15 annehmen, in Deutschland beispielsweise in Form einer Ich-AG. Aufgrund dieser Möglichkeiten befürchtete man insbesondere in jenen Staaten der EU15, die direkte Grenzen mit den neuen Mitgliedstaaten aufweisen, dass es zur Umgehung der beschränkten Arbeitnehmerfreizügigkeit einerseits zu einem Anstieg der Scheinselbständigkeit von Staatsangehörigen der EU10 kommen könnte (vgl. unten), andererseits aber auch zur grenzüberschreitenden Entsendung von billigen Arbeitskräften (Pendlern) (vgl. LabourNet.de Germany 2007).

Deutschland und Österreich nutzten daher im Zuge der großen Erweiterungsrunde im Jahr 2004 die Möglichkeit, für einige sensible Bereiche die grenzüberschreitende Erbringung von Dienstleistungen mit Arbeitnehmer des Herkunftslandes einzuschränken (siehe Tabelle 1). Für diese sensiblen Bereiche sind nunmehr in Österreich Beschäftigungsbewilligungen oder Entsendebewilligungen erforderlich (Wirtschaftskammern Österreichs 2005). In Deutschland besteht demgegenüber für

15 Der Entwurf zur Dienstleistungsrichtlinie wurde Anfang 2004 vom damaligen Wettbewerbskommissar Bolkestein vorgelegt. Mit ihrer Umsetzung sollten Dienstleistungsunternehmen aus sämtlichen Mitgliedstaaten ihre Leistungen zukünftig zu den Bedingungen des Herkunftslandes anbieten können. Das führte von Anfang an zu heftigen Kontroversen. Kritiker befürchteten, dass damit in der Sozial- und Umweltgesetzgebung ein race to the bottom einsetzen würde. Die Dienstleistungsrichtlinie wurde schließlich in modifizierter Form vom Rat und vom Europäischen Parlament angenommen (siehe ABl. L376 vom 27.12.2006, S. 36–68). Für weiterführende Literatur, insbesondere seitens der Kritiker, siehe Höferl/ Hollos 2005; Lindner 2005; Felber u. a. 2006.

Unternehmer aus den neuen Mitgliedsstaaten, die in diesen Sektoren ihre Dienste anbieten möchten, weiterhin die Verpflichtung, ihre einheimischen Mitarbeiter gemäß den Bestimmungen bilateraler Werkvertragsvereinbarungen einzusetzen. Diese bilateralen Vereinbarungen bestehen seitens Deutschlands mit sämtlichen Mitgliedstaaten, mit der Ausnahme Estlands und Litauens. In Regierungsabkommen werden jedes Jahr Kontingente pro Mitgliedsland festgelegt, die jährlich an den deutschen Arbeitsmarkt angepasst werden. Mit der Osterweiterung wurden jedoch sämtliche Kontingente gesenkt (Buscher/Stüber 2005:22-23).

In diesem Zusammenhang ist aber zu bedenken, dass aufgrund der Erfahrungen, die bereits in den frühen 1990er Jahren in der Baubranche mit den ruinösen Bedingungen des freien Wettbewerbs gemacht werden konnten, 1996 die sogenannte Entsenderichtlinie verabschiedet wurde[16]. Mit der Entsenderichtlinie sollte der später auch in der Diskussion über die Dienstleistungsrichtlinie heftig debattierte Aspekt des unfairen Wettbewerbs zwischen Mitgliedstaaten ausgeschlossen werden. Sie ermächtigte die Mitgliedstaaten, einen Kern von Mindeststandards der Arbeitsbedingungen für bestimmte Branchen festzulegen, insbesondere in Bezug auf Mindestlohn, Arbeitszeiten, Arbeitssicherheit, Gesundheitsschutz und Urlaubsansprüche (vgl. Die Linke im Europaparlament 2007).[17] Darüber hinaus ist die Erbringung von Dienstleistungen mit eigenen Arbeitnehmern in Sektoren, die bereits vollständig liberalisiert sind, prinzipiell nicht mehr beschränkungsfähig (vgl. Maiß 2005:353). Erforderlich sind lediglich EU-Entsendebestätigungen. Dennoch waren die Mitgliedstaaten in der Nutzung dieses Rechts äußerst zurückhaltend und erließen meist nur für das Bauhaupt- und Nebengewerbe entsprechende Vorschriften.

Auswirkungen der Osterweiterung auf die Arbeitsmärkte der EU15

Erwartungen vor der Erweiterung und Haltung der Europäischen Kommission

Vor der Erweiterung wurden mehr als 30 Studien über die Effekte der Erweiterung und deren Auswirkungen auf die Arbeitsmärkte der EU15 erstellt. Darin wurden die langfristigen Migrationspotenziale von den EU10 in die EU15 im Durchschnitt auf zwei bis vier Prozent der Bevölkerung in den mittel- und osteuropäischen Ländern geschätzt. In absoluten Zahlen wären demnach bis 2020 zwei bis drei Millionen Menschen aus den EU10 in die EU15 ausgewandert, rund die Hälfte davon als Erwerbspersonen. Diese

16 Richtlinie 96/71/EG des Europäischen Parlaments und des Rates über die Entsendung von Arbeitnehmern im Rahmen der Erbringung von Dienstleistungen.

17 zur Diskussion in Deutschland siehe Kasten/Prinz 2006

Zahl entspricht einem Anteil von rund 1,2 Prozent der Bevölkerung im arbeitsfähigen Alter in den EU15. Bei vollkommener Freizügigkeit der Arbeitnehmer wären diesen Schätzungen zufolge in den ersten Jahren nach der Osterweiterung jährlich rund 300.000 bis 350.000 Menschen von Osteuropa in den Westen ausgewandert (vgl. Brücker 2004, European Commission 2006c). Nach Meinung der Europäischen Kommission konnten aus diesen Zahlen jedoch keine signifikanten Auswirkungen auf den europäischen Arbeitsmarkt im Ganzen abgeleitet werden. Weder Arbeitsplätze noch Löhne wären von dieser erwarteten Migration negativ betroffen gewesen.[18]

Die Verzögerung der vollkommenen Liberalisierung des Arbeitsmarktzugangs für Staatsangehörige aus den EU10 wird von der Europäischen Kommission daher nur innerhalb enger Grenzen als notwendig erachtet. Da sich bis zum Ende der Übergangsfristen voraussichtlich zwar die bestehenden Lohnunterschiede annähern, die Anreize zur Migration insgesamt aber kaum abgeschwächt werden, müsse davon ausgegangen werden, dass das gesamte Migrationspotenzial nicht bedeutend sinken wird. Es würde also primär zur Verzögerung der Migrationströme sowie zwischenzeitlich zu verzerrten Migrationsmustern kommen, die aber die Mobilität auch langfristig umlenken könnten (European Commission 2006c:80). Diese Überlegungen werden von Büscher (2004) unterstützt. Demzufolge würde eine Verschiebung der Einführung der Freizügigkeit um sieben Jahre die anfängliche Migration nur um wenige 1.000 Personen verringern, wobei von der differenzierten Öffnung der Arbeitsmärkte eine Umlenkung der Migration erwartet wird.

Aus dieser Argumentation lässt sich ableiten, dass unter Berücksichtigung von *immigration networks* und räumlicher Distanz eine vorübergehende Abschottung der Arbeitsmärkte für bestimmte Länder durchaus Sinn machen kann. Insbesondere in Deutschland und Österreich hätte es nach Einschätzung der Kommission aufgrund der räumlichen Nähe zu den EU10 zu hoher Anfangsmigration und damit auch zu kurzfristigen Anpassungsproblemen auf den Arbeitsmärkten kommen können (European Commission 2006c:79). In diesem Kontext ist auch die unterschiedliche Struktur der Migrationsabsichten zu berücksichtigen. Gerade in den Nachbarländern Deutschlands und Österreichs, also in Ungarn, Polen und Tschechien, besteht zwar eine verhältnismäßig geringe Neigung zu langfristiger Emigration. Demgegenüber zeigen die

18 Diese Schätzungen stützen sich im Regelfall auf Erfahrungen, die in einem anderen raum- und zeitspezifischen Kontext gemacht wurden. Dabei kann nur unzureichend berücksichtigt werden, dass Faktoren wie geographische Lage, Sprache oder Kultur einen bedeutenden langfristigen Einfluss auf das Migrationsverhalten haben (Brücker 2004). Weitere wesentliche Unsicherheitsfaktoren betreffen die Geschwindigkeit der Einkommensanpassung und die Entwicklung der Einkommen in den neuen Mitgliedstaaten.

Angehörigen dieser Staaten aber eine hohe Bereitschaft zu grenzüberschreitendem Pendeln sowie zur Aufnahme von Saison- und Gelegenheitsarbeit. Diese Formen unvollständiger Migration waren bereits vor der Erweiterung sowohl auf regulärer als auch irregulärer Ebene weit verbreitet, eine Beibehaltung dieses Migrationsmusters schien daher wahrscheinlich. Für die österreichischen Grenzregionen wurde beispielsweise schon vor der Osterweiterung das Potenzial an Tages- und Wochenpendlern auf 40.000 bis 200.000 geschätzt (Europäische Kommission 2006c:82-83).

Empirie in den ersten beiden Jahren nach der Osterweiterung 2004

In den ersten beiden Jahren nach der großen Erweiterungsrunde 2004 zeigte sich, dass schließlich die Kriterien räumliche Nähe und Liberalisierung der Arbeitsmärkte auch ex-post für das Migrationsverhalten entscheidend waren. Während in den meisten Staaten der EU15 auch nach dem 1. Mai 2004 die Wohnbevölkerung aus den EU10 relativ konstant blieb, wiesen insbesondere Österreich und abgeschwächt auch das Vereinigte Königreich doch beachtlichen Zuzug auf: In beiden Ländern hat sich der Anteil der Wohnbevölkerung aus den EU10 seit 2003 verdoppelt, wobei Österreich bereits im Jahr 2003 den bei weitem höchsten Anteil von Staatsbürgern aus den EU10 an der Wohnbevölkerung aufwies. Doch auch in Deutschland und Irland war der Anteil von Staatsbürgern aus den EU10 an der Wohnbevölkerung im Jahr 2005 überdurchschnittlich hoch.[19] Dass Schweden trotz vollkommener Liberalisierung des Zugangs zum Arbeitsmarkt keinen wesentlichen Anstieg des Zuzugs verzeichnete, dürfte an der Kombination aus sprachlichen Barrieren mit geographischer Distanz liegen (vgl. Drew/ Sriskandarajah 2007).

Über die Auswirkungen dieser offiziell vermerkten Mobilitätsströme auf die Arbeitsmärkte der EU15 lassen sich aber nur Vermutungen anstellen. Dabei muss einerseits berücksichtigt werden, dass die Beschränkung des Arbeitsmarktzugangs die Wahrscheinlichkeit informeller Formen der Erwerbstätigkeit erhöht. Dazu bestehen jedoch bisher keine verlässlichen Studien. Andererseits ist zu beachten, dass die offiziellen Daten zur Arbeitsaufnahme von Staatsbürgern der EU10 in den EU15 mit Vorsicht zu interpretieren sind, da die Aufenthaltsdauer im jeweiligen Gastgeberland stark variieren kann. So zeigte sich beispielsweise im Falle Österreichs, dass von den Arbeitsgenehmigungen, die im Jahr 2004 für Bürger aus den EU8 erteilt wurden, 87 Prozent (2004) bzw. 85 Prozent (2005) für eine Dauer von weniger als sechs Monaten ausgestellt wurden, 12 Prozent (2004) bzw. 14 Prozent (2005) für eine Dauer von sechs Monaten bis zu

19 Für diese Länder ist mangels verlässlicher Daten kein Zeitreihenvergleich möglich.

Tab. 2: Wohnbevölkerung im erwerbsfähigen Alter nach Staatsangehörigkeit (2003-2005), Prozentsätze je Zeile

Bestimmungsland	EU15			EU10		
	2003	2004	2005	2003	2004	2005
Belgien	5,4	5,8	5,8	0,2	0,2	0,2
Dänemark	1,0	1,1	1,1			
Deutschland	2,7	2,6	2,8			0,7
Griechenland	0,2	0,4	0,3	0,3	0,4	0,4
Spanien	1,1	1,2	1,2	0,2	0,2	0,2
Frankreich	1,9	2,1	1,9	0,1	0,1	0,1
Irland	3,4	3,3	3,0			0,2
Luxemburg	37,2	37,6	37,6	0,3	0,3	0,3
Niederlande	1,5	1,5	1,4	0,1	0,1	0,1
Österreich	1,7	1,8	1,9	0,7	0,8	1,4
Portugal	0,3	0,4	0,4			
Finnland	0,3	0,3	0,4	0,3	0,3	0,3
Schweden	2,2	2,2	2,3	0,2	0,2	0,2
Vereinigtes Königreich	1,8	1,8	1,7	0,2	0,3	0,4
EU15	**2,0**	**2,1**	**2,1**	**0,2**	**0,2**	**0,4**
EU10		**0,2**	**0,2**		**0,1**	**0,2**
EU25	**1,9**	**1,7**	**1,7**	**0,1**	**0,1**	**0,3**

Leere Felder geben an, dass die Daten nicht verfügbar oder nicht zuverlässig sind.

Quelle: Europäische Kommission 2006b:9

einem Jahr und nur ein verschwindend kleiner Anteil von zwei Prozent (2004) bis nahezu null Prozent (2005) für einen Zeitraum von mehr als einem Jahr. Ebenso wurden in Deutschland 95 Prozent der Arbeitsgenehmigungen mit zeitlichen oder sonstigen Einschränkungen erteilt (Europäische Kommission 2006b). Daran zeigt sich, dass Arbeitnehmer aus den EU10 primär zum Ausgleich von Spitzenbelastungen eingesetzt und daher als Saisonkräfte geholt werden.

Detailbetrachtung der vier Mitgliedstaaten mit dem stärksten Zuzug

Im **Vereinigten Königreich** sah man sich 2004 mit anhaltenden Knappheiten beim Arbeitskräfteangebot für einfache Tätigkeiten konfrontiert. Um dem Druck zu illegaler Beschäftigung entgegenzuwirken, entschied man sich im Zuge der Erweiterung für einen unbeschränkten Arbeitsmarktzugang für Staatsangehörige aus den EU8. Allerdings wurden von der britischen Regierung schnell Befürchtungen laut, dass die Arbeitsmigranten das britische Wohlfahrtssystem ausnutzen könnten und so beschloss man, ein „Worker Registration Scheme (WRS)“ für die Angehörigen der EU8 einzuführen (Drew/Sriskandarajah 2007). Bei diesem WRS sind zwischen Mai 2004 und Juni 2006 447.000 Bewerbungen eingegangen (Office Department for Communities and Local Government u. a. 2006). Anhand dieser Zahl lässt sich jedoch nicht feststellen, wie stark die Zahl der Arbeitnehmer aus den neuen Mitgliedstaaten tatsächlich angestiegen ist, weil Mehrfachmeldungen nicht berücksichtigt wurden, der Abgang vom Arbeitsmarkt nicht erfasst wird und gleichzeitig ein hoher Prozentsatz der Bewerber bereits vor der Osterweiterung im Vereinigten Königreich war.

Es ist davon auszugehen, dass der relativ große Andrang von Staatsangehörigen aus den EU8 auch daraus resultierte, dass viele ehemals illegal Beschäftigte nach dem Beitritt ihres Heimatlandes nunmehr legal im Vereinigten Königreich arbeiten konnten (Drew/Sriskandarajah 2007). Die Zahlen zum tatsächlichen Neuzugang auf dem britischen Arbeitsmarkt variieren signifikant: Während das britische Innenministerium auf Grundlage der Anmeldungen beim WRS beispielsweise für den Zeitraum zwischen Mai 2004 und März 2005 einen Neuzugang von 175.000 Arbeitnehmern feststellte, errechnete das Deutsche Institut für Wirtschaftsforschung eine Zahl von bloß 50.000 (vgl. Traser u. a. 2005:10-11; EUbusiness 2006).

Irland stellt insofern einen Sonderfall dar, als bereits seit 1999 gezielt Zuwanderung aus Osteuropa nach Irland gefördert wurde. So stieg bereits zwischen 1999 und 2004 die Anzahl der erteilten Arbeitsgenehmigungen von 6.250 auf 47.551. Diese Zuwanderung war erforderlich, um das starke irische Wirtschaftswachstum mit einer ausreichenden Zahl an Arbeitskräften abzufedern. Zahlen der irischen Regierung zufolge ist die Anzahl der an Migranten aus Osteuropa vergebenen Sozialversicherungsnummern innerhalb des Jahres 2005 auf 85.000 gestiegen (Traser u. a. 2005:12-13).

Für **Deutschland** wurde vor der Osterweiterung nur von einem moderaten Arbeitskräftezufluss ausgegangen, wobei die Schätzungen der jährlichen Zuwanderung eine große Spannweite aufwiesen: Diese reichten von 50.000 bis zu 240.000 Menschen (Knogler 2005:52). Obwohl, wie erwähnt, für die Zeit seit 2004 keine zuverlässigen Zeitreihen-Daten für das Bundesgebiet verfügbar sind, lassen sich Aussagen aus der längerfristigen Entwicklung der Zuwanderung ableiten. Diese zeigt, dass in den ersten beiden Jahren nach der politischen Wende in den osteuropäischen Staaten der Anteil der Angehörigen aus diesen Staaten an der Wohnbevölkerung deutlich zugenommen hat, um sich ab dem Jahr 1993 auf einen einigermaßen ausgeglichenen Saldo aus Zu- und Abwanderung einzupendeln (Knogler 2005:50). Im Zuge der Osterweiterung kam es schließlich sogar insgesamt zu einer Abnahme der ausländischen Wohnbevölkerung in Deutschland: So ist von 2003 auf 2004 die Zahl der in Deutschland lebenden EU- und nicht-EU-Ausländer von 7,34 Mio. auf 7,29 Mio. gesunken und seither stabil geblieben (Destatis 2006).

Auch bei regionaler Betrachtung zeigt sich, dass umfangreiche grenzüberschreitende Migrationsbewegungen ebenso ausgeblieben sind wie starke Beeinträchtigungen der Arbeitsmärkte in den ostdeutschen Grenzbundesländern. Trotz der bestehenden Einkommensunterschiede zwischen den ostdeutschen Grenzregionen und den Grenzregionen Polens und Tschechiens erreicht der Anteil der Beschäftigten aus den EU10 in diesen Ländern nur ein Drittel des bundesdeutschen Durchschnitts. Diese Daten können durch ein Stimmungsbild unter sächsischen Unternehmen untermauert werden. Bei einer Unternehmensbefragung, die die sächsische Industrie- und Handelskammer im Frühjahr 2002 durchführte, antworteten 50 Prozent der sächsischen Unternehmen auf die Frage, ob sie Arbeitnehmer aus den neuen Mitgliedstaaten einstellen würden, mit einem klaren „nein" (Buscher/Stüber 2005:27-29). Anders stellt sich die Situation an der bayerischen Grenze zu Tschechien dar. Dort ist aufgrund der großen Bedeutung ausländischer Beschäftigter in der Tourismuswirtschaft der Anteil an Beschäftigten aus den EU10 dreimal so hoch wie im bundesdeutschen Durchschnitt (Knogler 2005:49).

Die Arbeitnehmerfreizügigkeit und die Entsenderichtlinie kamen in Deutschland daher vor allem ins Blickfeld der Öffentlichkeit, als bei Fliesenlegern und im Fleischerhandwerk illegale Beschäftigung und Scheinselbständigkeit aufgedeckt wurden (Buscher/ Stüber 2005:45). In zahlreichen Artikeln wurde berichtet, dass osteuropäische Arbeitnehmer zu Niedrigstlöhnen bis zu 16 Stunden am Tag für deutsche Unternehmer arbeiten würden (Maiß 2005:353). Da jedoch das Auslaufen der Übergangsregelungen zur Freizügigkeit der Arbeitnehmer mit der beginnenden Schrumpfung der inländischen Bevölkerung zusammenfällt, wird von der Zuwanderung kein anhaltender Lohndruck nach unten erwartet. Bereits im Jahr 2020 werden Schätzungen zufolge in Deutschland mehr als 2,5 Millionen Personen mit abgeschlossener Berufsausbildung als qualifizierte Facharbeitskräfte fehlen (Knogler 2005:54). Eine „gesteuerte Zuwanderung von Hochqualifizierten" wird daher schon heute als geeignetes Mittel betrachtet, um mögliche Engpässe auf dem Arbeitmarkt abzuwenden. (Pohl 2006:31)[20]

In **Österreich** kam es nach der Osterweiterung zu einer spürbaren Einwanderung, die sich auch in den Bevölkerungszahlen und der Struktur der ausländischen Bevölkerung nach Staatszugehörigkeit bemerkbar machte. So wurde in Österreich innerhalb des Jahres 2005 ein Anstieg der Bevölkerung aus den EU10 von 69.502 auf 77.399 verbucht. Hohe Zuwachsraten ergaben sich insbesondere für die entlang der EU-Außengrenze liegenden Bundesländer Steiermark (+12 Prozent), Niederösterreich (+11 Prozent),

20 Qualifizierte Staatsangehörige aus den neuen Mitgliedstaaten können auch nach aktueller Rechtslage von der Bundesagentur für Arbeit für den gesamten Arbeitsmarkt zugelassen werden, wenn für die entsprechende Beschäftigung keine inländischen Arbeitskräfte gefunden werden (Andres 2006:9).

Oberösterreich (+11 Prozent) und Burgenland (+9 Prozent), sowie Wien (+15 Prozent) (Statistik Austria 2006a).

Die Entwicklung der Arbeitslosigkeit in Österreich zeigt demgegenüber kein eindeutiges Bild. Zwar ist es im Zeitraum 2003-2005 zu einem kontinuierlichen Anstieg der Arbeitslosigkeit von 7,0 Prozent im Jahr 2003 auf 7,3 Prozent im Jahr 2005 gekommen. Dieser Anstieg ist aber gleichermaßen in den östlichen Grenzbundesländern wie in den westlichen Bundesländern verzeichnet worden. In der Bundeshauptstadt Wien ist die Arbeitslosenquote, nachdem sie im Jahr 2004 den Spitzenwert von 9,8 Prozent erreichte, anschließend sogar wieder leicht gesunken (Statistik Austria 2006b). Ein ebenso zwiespältiges Bild ergibt sich aus der Entwicklung der Anteile ausländischer Arbeitskräfte nach Herkunftsländern. Zwar gab es über den gesamten Zeitraum einen Anstieg an Arbeitnehmern aus sämtlichen Nachbarländern Österreichs. Die Gruppe mit den bei weitem größten jährlichen Steigerungsraten von über 20 Prozent waren dabei jedoch nicht Beschäftigte aus den Staaten der EU10, sondern deutsche Staatsbürger. Weit abgeschlagen folgten Angehörige der Staaten Schweiz, Tschechien und Slowakei mit Steigerungsraten von jeweils acht bis elf Prozent sowie Ungarn mit 7,5 bis 8 Prozent (Statistik Austria 2006b).

Es stellt sich also die Frage, inwiefern eine sofortige Liberalisierung des Arbeitsmarktes signifikant unterschiedliche Ergebnisse gebracht hätte. So gaben bei einer Untersuchung, die die Paul Lazarsfeld-Gesellschaft für Sozialforschung Ende 2004/Anfang 2005 in den angrenzenden Regionen der östlichen Nachbarländer Österreichs durchführte, nur jeweils 12 Prozent der befragten Beschäftigten in den ungarischen und slowakischen Grenzregionen sowie nur fünf Prozent der befragten tschechischen Erwerbstätigen an, sich prinzipiell vorstellen zu können, aufgrund der höheren Einkommen in Österreich zu arbeiten[21]. Und weniger als ein Viertel der an Arbeit in Österreich Interessierten wäre bereit, auch in Österreich zu leben. Konkrete Pläne, in naher Zukunft Arbeit in Österreich aufzunehmen, hegte nur ein Prozent der Befragten. (Strohmer 2005). Es zeigt sich also, dass in den Grenzräumen weiterhin das vorrangige Potenzial der Arbeitsmigration im Pendeln liegt, unabhängig davon, ob formelle oder informelle Beschäftigungsverhältnisse gesucht werden. Dieses Potenzial dürfte sich im Vergleich zur Situation vor der EU-Osterweiterung (siehe oben) nicht maßgeblich verändert haben.

Die Arbeiterkammer Österreich (2005) hat in einer Analyse die Auswirkungen des ersten Erweiterungsjahres auf die österreichische Wirtschaft dargestellt und in die-

21 Diese sind größtenteils Männer (60 Prozent) und überdurchschnittlich jung (ein Drittel ist unter 25 Jahre alt). Ebenso sind Studierende mit Werten zwischen 14 Prozent in Ungarn und 22 Prozent in der Slowakei überrepräsentiert.

sem Zusammenhang auch die Lage auf den Teilarbeitsmärkten in den einzelnen Bundesländern detailliert besprochen. Darin wird beispielsweise von einem massiven Nachfrageausfall und Preisverfall in der steirischen Baubranche nach der Erweiterung berichtet (Arbeiterkammer Österreich 2005:15-17), was die Vermutung nahelegt, dass ein gewisser Anteil der Wertschöpfung zu vereinfachten Bedingungen in den informellen Sektor ausgewichen ist. In Oberösterreich gab es im Speditions- und Transportwesen Fälle, wo Unternehmer ihre Standorte ins osteuropäische Ausland verlagerten, um Arbeitnehmer zu den dort gültigen Konditionen beschäftigen zu können. Diese Praxis ist jedoch auch innerhalb der geltenden Übergangsbestimmungen legal. Die Ablehnungsquote der von Unternehmen eingereichten Bewilligungsanträge zur Arbeitsaufnahme von Staatsangehörigen der EU10 lag demgegenüber bei unter 5 Prozent (Arbeiterkammer Österreich 2005:22-23).[22] Es scheint also, als wäre der oberösterreichische Arbeitsmarkt gut ergänzt worden.

In Niederösterreich basierte der wahrnehmbare Anstieg der Arbeitslosenquote laut Analyse auf dem bereits vor der Erweiterung gestiegenen Zuzug aus den neuen Mitgliedstaaten. Die allgemein geschwächte Position der Arbeitnehmer würde aber durch den verbesserten Austausch sowie die florierende Sachgüterproduktion und die boomende Baubranche gemildert werden (Arbeiterkammer Österreich 2005:25-27). Auch im Burgenland kam es bereits im Vorfeld der Erweiterung zu fundamentalen Umwälzungen auf dem Ar-beitsmarkt: In den Jahren 2003 und 2004 waren jeweils ein Drittel der burgenländischen Arbeitnehmer zumindest einmal arbeitslos, gleichzeitig ist die Beschäftigungsdauer spürbar gesunken. Dem wird aber entgegengehalten, dass Teile des Einzelhandels vom grenzüberschreitenden Konsum profitieren, weil beispielsweise Lebensmittel und Baustoffe in Österreich preiswerter sind als in Ungarn (Arbeiterkammer Österreich 2005:29-30).

In Wien zeigte sich die Osterweiterung schnell an der steigenden Anzahl von Ein-Personen-Unternehmen in bestimmten Bereichen der Baubranche. So wurden bei der Landesinnung Wien der Bauhilfsgewerbe im Zeitraum von Mai 2004 bis September 2005 75 Prozent der 4.611 neuen Gewerbeberechtigungen an polnische Staatsbürger vergeben. Der Großteil wurde dabei für die Gewerbe „Verspachteln von bereits montierten Gipskartonplatten" und für das „Aufstellen von mobilen Sichtschutzwänden" erteilt, was den Verdacht nahelegte, dass es sich zu einem beachtlichen Teil um Scheinselbständige handelte. Dieser Verdacht wurde bestätigt, als im Zeitraum Januar bis September 2005 bei der Überprüfung von 50.430 Personen neben 4.500 ausländischen Staatsbürgern,

22 Die primären Berufssparten der neuen Arbeitskräfte waren land- und forstwirtschaftliche Berufe, Produktionsberufe in den Bereichen Textil, Holz und Metall-Elektro sowie Tourismus, Reinigung und die Baubranche.

die ohne die erforderlichen Bewilligungen tätig waren, auch 350 Scheinselbständige festgestellt wurden (Wirtschaftskammer Österreich 2005).

Informelle grenzüberschreitende Dienstleistungserbringung – Das Beispiel Pflege

Organisation der informellen Pflege in Österreich

Ein Beispiel für den Zusammenhang zwischen den Übergangsbestimmungen auf dem Arbeitsmarkt und der informellen Erbringung grenzüberschreitender Dienstleistungen, das in der österreichischen Öffentlichkeit ausführlich besprochen wurde, stellt der private Pflegesektor dar. Unmittelbar nach dem Fall des „eisernen Vorhangs" begann die Anwerbung tschechischer und slowakischer Pflegekräfte in Österreich. Vorreiterin war die Stadt Wien, die sich bereits 1989 in der noch bestehenden Tschechoslowakei um Personal für die städtischen Krankenhäuser bemühte. Ab Anfang der 1990er Jahre wurden die ersten Agenturen sichtbar, die für österreichische Privathaushalte 24-Stunden-Pflege anboten. Heute sind diese Vermittlungsagenturen mit Sitz in Tschechien, der Slowakei aber auch Österreich meist als Vereine bzw. in selteneren Fällen als Stiftungen organisiert. Waren Anfang 2006 erst 22 derartige Agenturen bekannt, sind es heute bereits 37. Zusätzlich weiß man von selbständigen Dienstleistern, die in den osteuropäischen Nachbarstaaten als reguläre Gewerbetreibende angemeldet sind, sowie von Fällen direkter Vermittlung von Pflegekräften (Schmid/ Prochazkova 2006).

Für die von den Agenturen vermittelte 24-Stunden-Pflege zahlen die Familien zwischen 1.120 und 1.680 Euro pro Monat. Zusätzlich werden den Familien Fahrtkosten und die Leistungen der Agentur, wie Vermittlungsgebühren, einmalige Eintrittsgebühren oder auch jährliche Mitgliedsgebühren in Rechnung gestellt. Zwei Pflegerinnen, die sich im Regelfall die Betreuung eines Patienten teilen, verdienen so jeweils zwischen 560-840 Euro für 14 Tage, in denen sie sieben Tage pro Woche 24 Stunden am Tag zur Verfügung stehen. Da die Bruttogehälter für diplomierte Krankenschwestern in den Heimatländern im Durchschnitt unter diesen Beträgen liegen, sind die Schichtdienste in Österreich trotz der prekären Arbeitsbedingungen attraktiv (Schmid/ Prochazkova 2006).

Mit der EU-Osterweiterung wurde allerdings eine Veränderung in der Qualifikationsstruktur des osteuropäischen Pflegepersonals festgestellt. Qualifiziertes Personal zieht nun verstärkt in jene Länder der EU15, die ihre Arbeitsmärkte bereits geöffnet haben. Daneben werden Dienste in Österreich aber auch unattraktiver, weil immer öfter informelle Pflegekräfte auch für schwer pflegebedürftige Personen gesucht werden. Obwohl derzeit kein Pflegenotstand diagnostiziert wird, ist doch ersichtlich, dass der Sektor mittelfristig einer Neuordnung bedarf. Spätestens nach einer vollständigen Öffnung des österreichischen Arbeitsmarktes werden viele der heutigen Pflegerinnen in die reguläre Wirtschaft und damit auch in andere Branchen ausweichen. Eine rechtlich und sozialpolitisch zufriedenstellende Lösung wird also, wenn Pflegedienste nicht wieder verstärkt in die Familien rückverlagert werden sollen, jedenfalls zu einer deutlichen Kostensteigerung sowohl für die öffentliche Hand als auch für die privaten Haushalte führen. (Schmid/ Prochazkova 2006).

Politische Diskussion zur Neuordnung des Pflegesektors in Österreich

Anfang August 2006 wurde in den großen österreichischen Tageszeitungen berichtet, dass spätestens ab 2011 der Pflegenotstand ausgerufen werden müsse, weil mit dem Wegfall der Übergangsbestimmungen auf dem österreichischen Arbeitsmarkt die zahlreichen Pflegerinnen aus den osteuropäischen Nachbarländern, die derzeit informell in österreichischen Haushalten arbeiten, regulär bezahlt werden müssten. Dadurch würden auf die bis zu 20.000 Familien mit pflegebedürftigen Angehörigen im schlimmsten Fall Zusatzkosten in Höhe von bis zu 350 Millionen Euro pro Jahr zukommen. Da viele Familien diese Kosten kaum selbst tragen könnten, müsste spätestens ab 2011 die öffentliche Hand für die Kosten einspringen. Diese würde sich die Kosten durch den langen Übergangszeitraum derzeit gewissermaßen ersparen (vgl. z. B. derStandard.at 2006a).

Seitens der Interessensvertretungen entbrannte daraufhin eine breite Debatte über Probleme des informellen Pflegesektors. Das Hilfswerk Österreich, einer der größten österreichischen Anbieter im Bereich der gesundheitlichen, sozialen und familiären Pflege, wies auf die negativen sozialen Auswirkungen hin, die für die illegal Beschäftigten ebenso wie für das gesamte Pflegesystem entstünden. So mangelt es im Bereich informeller Pflege nicht nur an Qualitätskontrolle, es würde auch zuwenig Aufklärungsarbeit geleistet, in welchen Fällen 24-Stunden-Pflege tatsächlich nötig ist und wann auch weniger intensive Betreuungsformen ausreichen. Als Konsequenz würden nicht nur die Löhne der legal arbeitenden Pflegekräfte unter Druck geraten, sondern auch Anreize zur Schaffung alternativer, integrierter Betreuungsangebote verloren gehen. Demgegenüber wies die österreichische Ärztekammer auf die gut funktionierenden Strukturen der informellen Pflege hin und forderte die Regierung auf, die Arbeit der ausländischen Pflegerinnen schnellstmöglich zu legalisieren. Dass die Gewerkschaftsseite ihr bekannte Fälle informeller Pflege zur Anzeige gebracht hatte, wurde scharf kritisiert (vgl. derStandard.at 2006b).

Im Laufe der Diskussion wurden auch Zahlen zum Umfang des informellen Pflegesektors veröffentlicht. Die Zahl der illegal beschäftigten Pflegekräfte in Österreich wurde auf bis zu 40.000 geschätzt, denen mit 43.000 nur geringfügig mehr reguläre Pflegekräfte gegenüberstünden (vgl. derStandard.at 2006c). Damit zeigte sich die starke Abhängigkeit des gesamten Sektors von der informellen Wirtschaft. Gleichzeitig musste sich die Bundesregierung zu der Frage positionieren, wie im Fall der Aufdeckung von illegalen Pflegeaktivitäten mit den Arbeitgebern und Arbeitnehmern verfahren werden sollte. Der Wirtschafts- und Arbeitsminister gab umgehend an die zuständigen Behörden die Empfehlung aus, anstelle von Strafen nur Ermahnungen auszusprechen.[23] Um das Moratorium zu befristen, schlug er vor, die Einkommensuntergrenze für legal beschäftigte ausländische Pflegekräfte zu senken. Eine Erhöhung des staatlichen Pflegegeldes kam jedoch aus Sicht des Ministers zu diesem Zeitpunkt nicht in Frage (vgl. derStandard.at 2006e).

In der Zwischenzeit wurde von der Bundesregierung ein Arbeitskreis zum Thema Pflege eingerichtet (vgl. ORF.at 2006a). Parallel dazu wurde durch einen Leserbrief an die österreichische Tageszeitung „Der Standard" aufgedeckt, dass auch in der Familie der Ehefrau des damaligen österreichischen Bundeskanzlers informelle Pflegekräfte beschäftigt wurden. Das Thema wurde damit nicht nur ein Wahlkampfthema in den bevorstehenden Wahlen zum österreichischen Nationalrat, sondern auch ein Politikum abseits der Frage, wie der Pflegesektor zukünftig besser organisiert werden könnte. Seitens der Partei des Bundeskanzlers stellte man klar, dass die Inanspruchnahme informeller Pflegeleistungen für die meisten Familien die einzige Möglichkeit sei, ihre Angehörigen professionell versorgen zu lassen. Das eigene Einkommen der Pflegepatienten würde in Verbindung mit dem Pflegegeld oftmals nicht ausreichen, um den gesetzlichen Lohn in Höhe von 1.500 Euro pro Pflegerin zu bezahlen. Überdies würden die Pflegerinnen auch von zahlreichen Krankenhäusern vermittelt. Vom Bestehen eines Pflegenotstands könne aufgrund der ausreichenden Versorgungslage nicht gesprochen werden (vgl. ORF.at 20006b).

Die Grünen forderten in der Folge als erste Kraft im österreichischen Parteienspektrum offensiv die Aufhebung der Übergangsfristen auf dem Arbeitsmarkt, Straffreiheit für die betroffenen Familien und die Übernahme der Zusatzkosten durch die öffentliche Hand (vgl. derStandard.at 2006f). Mit Ausnahme des Juniorpartners in der damaligen Bundesregierung befürworteten sämtliche Parteien eine Legalisierung der illegal Beschäftigten. Dies spiegelte das Stimmungsbild der österreichischen Bevölkerung

23 Zu diesem Zeitpunkt war bereits die erste Strafe gegen einen Mann verhängt worden, der seine bettlägrige Mutter auf Vermittlung eines Vereins aus Bratislava von zwei Slowakinnen pflegen ließ (vgl. derStandard.at 2006d).

wider, von der sich ebenfalls 70 Prozent für eine Legalisierung aussprachen.[24] Der Österreichische Gewerkschaftsbund überraschte mit dem Vorschlag, sowohl die Pflegekräfte als auch deren Arbeitgeber zu amnestieren. Dies sollte allerdings mit einer allgemeinen Meldung der Betroffenen bei der Unfallversicherungsanstalt kombiniert werden, um den eigentlichen Bedarf an Pflegepersonal erheben zu können. Die sozialdemokratische Partei schlug unterdessen die Schaffung eines neuen, kollektivvertraglich abgesicherten Beschäftigungstyps vor, bei dem zwischen Betreuungsarbeit und bloßen Anwesenheitsverpflichtungen unterschieden werden sollte (vgl. ORF.at 2006c).

Aufgrund der breiten öffentlichen Diskussion und der zumindest in der Frage der Legalisierung bestehenden großen Einigkeit wurde bereits Anfang September 2006 ein Verordnungsentwurf erstellt, mit dem illegale Pflege durch ausländische Arbeitskräfte vorübergehend legalisiert werden sollte. Dieser Entwurf sollte bereits im November 2006 in Kraft treten (vgl. Wiener Zeitung 2006). Nachdem es nach den Nationalratswahlen in den Koalitionsverhandlungen zwischen den beiden angehenden Regierungsparteien zu einigem Tauziehen[25] in dieser Frage gekommen war, wurden die Legalisierung sowie die Amnestie bereits eingetretener Fälle schließlich einvernehmlich beschlossen (Wiener Zeitung 2006). Das Gesetz sieht allerdings ausschließlich eine Ausnahme vom Ausländerbeschäftigungsgesetz vor, die in Abhängigkeit von diversen Kriterien (Pflegegeldbezug, Höhe der Pflegestufe, Arbeitgeber ist Privathaushalt, volle Versicherungspflicht) gewährt wird.[26] Eine umfassendere Neuregelung des Pflegesektors und seiner Finanzierung wurde vorerst bis Mitte 2007 verschoben. Die von den Vorsitzenden des eingesetzten Arbeitskreises geforderte Valorisierung des Pflegegeldes wurde vom Wirtschafts- und Arbeitsminister weiterhin abgelehnt (vgl. Die Presse 2006).

2007 begannen schließlich regierungsinterne Diskussionen zur Frage, wie das Pflegesystem zukünftig organisiert und finanziert werden könnte. Bis spätestens 30. Juni 2007 sollte eine Einigung erzielt werden. Bereits Anfang Februar 2007 wurde vom Wirtschafts- und Arbeitsminister der Vorschlag unterbreitet, die arbeitsrechtliche Grundlage der Beschäftigung an die bestehenden Gesetze für Hausangestellte und Kran-

24 Dies wurde in einer Umfrage für das österreichische Nachrichtenmagazin profil festgestellt. (vgl. Wiener Zeitung vom 22.08.2006).

25 In der sozialdemokratischen Partei wollte man anfangs verhindern, dass die informell Pflegenden durch die Legalisierung nach einem Jahr automatisch Zugang zum gesamten österreichischen Arbeitsmarkt erhalten. Ebenso sprachen sich auch die wichtigsten Arbeitnehmervertreter gegen den Verordnungsentwurf zur Legalisierung aus, weil davon nur eine „zahlungskräftige Minderheit" profitieren würde (Wiener Zeitung vom 7.10.2006).

26 Bundesgesetz, mit dem Übergangsbestimmungen bis zur Neuregelung der Pflege erlassen werden, BGBl. I Nr. 164/2006.

kenhausbedienstete anzulehnen. Dadurch sollten legale 14-Tages-Schichten ermöglicht werden, die im Unterschied zur regulären 40-Stunden-Woche nur ein Viertel der Kosten verursachen würden (2.500-3.000 Euro pro Monat gegenüber 10.000 Euro) (vgl. Die Presse 2007). Auch der Sozialminister stimmte kurz darauf diesem Vorschlag zu. Nachdem das neue Pflegemodell bereits Ende April den Ministerrat passierte, kam die Einigung schließlich doch noch durch die Frage, ob zur Finanzierung der Pflege auf privates Vermögen der Pflegebedürftigen zurückgegriffen werden dürfe, ins Wanken. Der Sozialminister schlug vor, dass bei Inanspruchnahme des vorgesehenen Pflegezuschusses in Höhe von 800 Euro auch auf Vermögenswerte bis zu einer Grenze von 5.000 Euro (mit Ausnahme selbstgenutzter Eigentumswohnungen) zurückgegriffen werden dürfe. Gegen diesen Plan sprach sich nicht nur die Opposition aus, auch vom Regierungspartner wurde Kritik laut (Wiener Zeitung 2007).

Das neue Bundespflegegesetz wurde aber schließlich beschlossen. Wer nunmehr zwei Pflegekräfte für 24-Stunden-Betreuung anstellt, erhält (bei entsprechender Pflegebedürftigkeit und unter Einhaltung der Vermögensgrenzen) einen monatlichen Zuschuss von 800 Euro. Die Beauftragung selbständiger Pflegekräfte wird hingegen nur mit 225 Euro monatlich gefördert (vgl. derStandard.at 2007). Zusätzlich wurde die Verlängerung der Amnestieregelung bis Ende 2007 beschlossen.[27] Eine grundlegende Neuregelung der Pflegefinanzierung, unter Einbeziehung der Länder, soll 2008 erfolgen.

Migration, informelle Arbeit und prekäres Leben

Wie in den letzten Abschnitten gezeigt wurde, nehmen viele Menschen, trotz aller Unwägbarkeiten, die Mühsal "irregulärer Arbeitsmigration" auf sich. Lederer/ Nickel (1997) nähern sich dem Kalkül, dem irreguläre Migranten bei ihrer Entscheidung folgen, auf der Grundlage mikroökonomischer Theorie. Auf der Kostenseite verbuchen Arbeitsmigranten demzufolge Reisekosten, Wohnkosten, eventuelle Gebühren für die Vermittlung informeller Arbeitsplätze, Unterhaltskosten im Falle von Arbeitslosigkeit, mögliche Strafen, falls die illegale Beschäftigung aufgedeckt wird, sowie im Falle illegaler Einreise oft auch Schleusungsgebühren. Dem stehen das erzielbare Einkommen, Erfahrungen und Reiseerlebnisse gegenüber. Fraglich ist dabei, ob die Kostenseite realistisch antizipiert wird und daher die erhofften Ergebnisse wirklich erzielt werden (Lederer/ Nickel 1997:33).

27 vgl. Bundesgesetz, mit dem das Pflege-Übergangsgesetz geändert wird, BGBl. I Nr. 50/2007.

Im Vergleich mit der Mehrheitsgesellschaft in den Aufnahmeländern zählen Migranten im Allgemeinen zu jenen Bevölkerungsgruppen, die unter prekärsten Bedingungen arbeiten und leben. Wie die Friedrich-Ebert-Stiftung jüngst in einer Publikation über prekäre Arbeit hervorhebt, polarisiert sich die Beschäftigungslandschaft zunehmend zwischen den abgesicherten Steuerzahlern und den risikobeladenen Steuerfreien. Prekäre Beschäftigung bezeichnet in enger Definition ganz allgemein ein Erwerbsverhältnis, das „die Beschäftigten [...] deutlich unter ein Einkommens-, Schutz- oder soziales Integrationsniveau sinken [lässt], das in der Gegenwartsgesellschaft als Standard akzeptiert und mehrheitlich anerkannt wird." Es geht einher mit subjektiven „Sinnverlusten, Anerkennungsdefiziten und Planungsunsicherheit in einem Ausmaß [...], das gesellschaftliche Standards deutlich zuungunsten der Beschäftigten korrigiert." (Friedrich-Ebert-Stiftung 2006:17) Migranten erfüllen als Zeitarbeiter, Saisonarbeitskräfte, geringfügig Beschäftigte oder Entsandte auf dem Arbeitsmarkt häufig eine Pufferfunktion im Konjunkturzyklus und sind somit besonders von Prekarisierung betroffen. Das Armutsrisiko von Personen mit Migrationshintergrund liegt in Deutschland mittlerweile bei 24 Prozent (nach 19,6 Prozent im Jahr 1998) (Friedrich-Ebert-Stiftung 2006:42).[28] Informell beschäftigte Migranten bilden dabei ganz offensichtlich den äußeren Rand prekären Lebens.

Die verringerten Teilhabechancen von Personen mit Migrationshintergrund basieren einerseits auf Sprachproblemen und einem möglicherweise geringeren Ausbildungsniveau, andererseits aber auch auf den Bedingungen des Arbeitsmarktzugangs, wie einem unsicheren Aufenthaltsstatus oder gesetzlichen Zugangsschranken (Friedrich-Ebert-Stiftung 2006:42). Vor allem der letzte Punkt zeigt, dass die Arbeits- und Lebensbedingungen von Migranten maßgeblich von der Regulierung des Arbeitsmarktzugangs und den Voraussetzungen zum Bezug wohlfahrtsstaatlicher Leistungen abhängen. Sind die Zugangswege zum legalen Arbeitsmarkt und dem staatlichen Leistungsnetz versperrt, bleibt Migranten nur die Möglichkeit, sich über informelle Aktivitäten, also insbesondere Eigenarbeit und Schattenwirtschaft zu versorgen. Der Ausschluss von Leistungen, wie Bildungs- und Gesundheitsleistungen im Falle von statuslosen Migranten in Ländern wie Deutschland und Österreich, bestimmt aber auch die zukünftige Chancenverteilung in der Gesellschaft. [29]

---

28 zur Situation in Österreich siehe Ludwig Boltzmann Institute of Human Rights 2003

29 Für informell beschäftigte Arbeitnehmer stellt sich die Situation zwar de jure anders dar, weil das sozialversicherungsrechtliche Prinzip universell gilt. De facto bestehen jedoch meist Barrieren, diese Leistungen in Anspruch zu nehmen, weil die Informalität zu Geheimhaltung und Vorsicht zwingt. Das Risiko wird dann im besten Fall durch alternative Vorsorgemöglichkeiten abgesichert, andernfalls individualisiert. (Alscher u. a. 2001:83-84). In den USA ist demgegenüber die gesamte Notfallversorgung kostenlos. Und auch in Italien können sich statuslose Migranten für das Gesundheitssystem registrieren lassen. (Schönwalder u. a. 2004:67).

Neben diesen sozialrechtlichen Aspekten führt die umfassende Rechtlosigkeit informell arbeitender Migranten aber insbesondere dazu, dass sie sich den vom Markt diktierten Arbeitsbedingungen ausliefern müssen. Das einzig mögliche Regulativ zur Durchsetzung der Interessen der Arbeitnehmerseite stellen Formen der Selbstorganisation dar, die oft an mafiöse oder kriminelle Strukturen erinnern[30]. Informelle Beschäftigung von Migranten lässt sich zwar nicht prinzipiell mit Ausbeutung gleichsetzten. Die Gefahr ist aber real und hängt entscheidend von der Branche und damit dem Eigeninteresse der Arbeitgeber ab, für humane Arbeitsbedingungen zu sorgen. Die Akzeptanz flexibler Arbeitszeiten stellt dabei in der informellen Ökonomie wohl die Grundanforderung dar, ohne die keine Beschäftigung zustande kommt.[31] Dies schließt auch ein, dass im Krankheitsfalle oder nach Arbeitsunfällen das Arbeitsverhältnis umgehend gekündigt wird. Bei manchen Tätigkeiten. wie insbesondere in der Bauwirtschaft, wird darüber hinaus oft vorausgesetzt, dass Arbeitsmittel und Arbeitsschutzmittel selbst bereitgestellt werden (Alscher u. a. 2001:81).

Die prekäre Position der Arbeitnehmer spiegelt sich aber nicht nur in den Rahmenbedingungen des Arbeitsverhältnisses wider. Am stärksten zeigt sich die Machtlosigkeit vieler informell Beschäftigter, wenn es zur Auszahlung des vereinbarten Lohnes kommt. Dabei ist das Druckmittel verzögerter Lohnauszahlungen nur ein Aspekt.[32] Es wurden auch Fälle bekannt, in denen Migranten gänzlich um ihren Lohn gekommen sind, weil die Arbeitgeber nach ausreichend langer Verzögerung der Lohnauszahlung den Weg der anonymen Selbstanzeige bei Ordnungsämtern wählten, um statt der ausstehenden Lohnzahlung eine vergleichsweise niedrige Strafe zu entrichten[33]. Aus diesem Grund ist es auf dem informellen Arbeitsmarkt auch nicht ungewöhnlich, dass Frauen mehr verdienen als Männer. Durch das „wechselseitige Abhängigkeits- und Vertrauensverhältnis", das im Falle der Beschäftigung in den Privatwohnungen einheimischer Mittel- und Oberschichten entsteht, kommt es in diesen Bereichen viel eher zur regelmäßigen und angemessenen Entlohnung als beispielsweise in der Baubranche, wo

30 Während Osteuropäern oft nur ein Teil des Lohns ausgezahlt wird, setzen Russlanddeutsche durch den Schutz der Mafia ihre Ansprüche meist in voller Höhe durch (Erzbischöfliches Ordinariat Berlin 1999:44).

31 Für Pendelmigranten liegen lange tägliche Arbeitszeiten aber oft im eigenen Interesse, weil dadurch der Auslandsaufenthalt effektiv genutzt werden kann (Erzbischöfliches Ordinariat Berlin 1999:45;47).

32 Es wird berichtet, dass die Arbeitnehmer meist auf wöchentlicher Lohnauszahlung bestehen, im Regelfall aber nur alle 14 Tage oder jeden Monat gezahlt wird (Erzbischöfliches Ordinariat Berlin 1999:48).

33 Diese Praxis ist den Behörden allerdings bekannt, weshalb auch schon die Abschiebung von Arbeitnehmern verzögert wurde, um Lohnzahlungen zu erzwingen. (Erzbischöfliches Ordinariat Berlin 1999:59).

die Beschäftigten oftmals nicht wissen, für welchen Arbeitgeber sie letztlich tätig sind (Alscher u. a. 2001:80).[34]

Es ist allerdings davon auszugehen, dass sich die Arbeitsbedingungen nicht nur nach Branchen, sondern auch nach der Stellung der Migranten im Aufnahmeland maßgeblich unterscheiden. So kann man einerseits annehmen, dass Menschen mit legalem Aufenthaltsstatus, aber ohne Arbeitsgenehmigung prinzipiell gegenüber jenen ohne legalen Aufenthaltsstatus weniger Hemmnisse haben, abseits ihrer Erwerbstätigkeit den Schutz der Behörden zu suchen.[35] In dieser Gruppe kommt Pendelmigranten, die ihren Hauptwohnsitz im Ausland behalten und bloß temporär zur Verbesserung des Familieneinkommens im Ausland arbeiten, wiederum eine Sonderstellung zu, weil sie für den Fall, dass aus ihrem individuellen Kalkül die Vorteile des temporären Auslandseinsatzes die Nachteile nicht mehr überwiegen, besonders schnell den Rückzug antreten können (siehe auch Erzbischöfliches Ordinariat Berlin 1999:42).[36]

Schlussbemerkungen

Die unterschiedlichen Traditionen der Bekämpfung, Duldung und Förderung informeller Ökonomie, aber auch die zumindest temporäre Notwendigkeit von Komplementärproduktion in dieser zeigen, wie stark die informelle Ökonomie mit der regulären Wirtschaft und der konkreten Wirtschaftsordnung eines Wirtschaftsraums verflochten ist. In diesem Artikel wurde anhand der Übergangsbestimmungen des Arbeitsmarktzugangs in der erweiterten EU dargestellt, wie die Trennung zwischen regulärer und informeller Ökonomie für den (Wohlfahrts-)Staat nutzbar gemacht werden kann. Die Ratio der nationalstaatlichen Diskussion um die Öffnung versus Abschottung

---

34 In der Baubranche sind die Betrugsmöglichkeiten der Arbeitgeber durch die komplexe, anonyme Struktur mit zahlreichen Subunternehmen besonders groß. Demgegenüber werden „qualifizierte Perlen" für Dienste in Privathaushalten besonders pfleglich behandelt und gut bezahlt (Alt 2005:34-35).

35 Während illegale Beschäftigung eine Ordnungswidrigkeit darstellt, wird illegaler Aufenthalt als Straftat geahndet (Erzbischöfliches Ordinariat Berlin 1999:56). In Arbeitsbelangen erhoffen sich informell beschäftigte Migranten aber generell wenig Beistand von staatlichen Stellen. (Erzbischöfliches Ordinariat Berlin 1999:48)

36 Daneben werden auch Unterschiede nach nationaler Zugehörigkeit genannt. Dies hängt sowohl mit der aufenthaltsrechtlichen Stellung als auch mit dem Image im Aufnahmeland zusammen. Brasilianer, die sich oft mit gefälschten portugiesischen Papieren als EU-Bürger ausgeben, würden beispielsweise in Deutschland mit einem ganz anderen Selbstverständnis auftreten können als Migranten aus dem ehemaligen Jugoslawien (Erzbischöfliches Ordinariat Berlin 1999:49). Ethnische Zugehörigkeit und Sprachkenntnisse gelten darüber hinaus auch als wichtige Erfolgskriterien der Jobsuche und entscheiden mit über Arbeitsbranche und Lohnhöhe (Alt 2005:35).

der Arbeitsmärkte ist komplex. Am Beispiel des politischen Diskurses zum Pflegenotstand in Österreich sollten die grundlegenden Bruchlinien des Problems aufgezeigt werden. Dabei sieht man einerseits Handlungsbedarf, um die Kriminalisierung von informellen Arbeitnehmern und Arbeitgebern zu beenden und legale Beschäftigungsverhältnisse zu ermöglichen. Andererseits fürchtet man aber bei vollständiger Legalisierung steigende Arbeitslosenzahlen und eine Belastungswelle, die aufgrund der erwarteten finanziellen Überforderung der privaten Haushalte zumindest teilweise von der öffentlichen Hand zu tragen wäre.

Daneben ist ein weiterer Nachteil der bestehenden Lösung, dass die am besten qualifizierten Arbeitskräfte in jene Länder ziehen, in denen sie legal arbeiten können. (Berthold/ Neumann 2006:6) Dies spiegelt sich auch in den Migrationsströmen in den ersten beiden Jahren nach der Osterweiterung 2004 wider: Die Zuwanderung aus den EU8 wurde neben jenen Mitgliedstaaten, die geographisch und historisch ein enges Naheverhältnis mit Teilen der EU10 aufweisen (Deutschland und Österreich) insbesondere in jene gelenkt, deren Arbeitsmärkte bereits in der ersten Phase der Übergangsbestimmungen vollständig geöffnet waren (Großbritannien und Irland). Dennoch dürften auch in diesen Ländern Störungen auf den Arbeitsmärkten ausgeblieben sein. Dies liegt unter anderem daran, dass die Zuwanderer aus den EU8 trotz ihres hohen Bildungsniveaus und relativ gemäßigter Lohnansprüche im Vergleich mit einheimischen Stellenbewerbern keineswegs über Wettbewerbsvorteile verfügen (European Commission 2006c:83-84). Mit den Verdrängungseffekten auf den Arbeitsmärkten der EU15 lässt sich die Aufrechterhaltung der Zugangsbeschränkungen für Staatsangehörige der EU8 also nur bedingt rechtfertigen (vgl. Europäische Kommission 2006b). Wesentlich gewichtiger wirkt demgegenüber das Argument, dass die illegale Beschäftigung von Arbeitsmigranten aus den EU8 die Chance gleich qualifizierter einheimischer Arbeitsloser reduziert, sich wieder in den Arbeitsmarkt zu integrieren (Knogler 2005:55-56).

Auch Befürchtungen, die Arbeitsmigranten könnten zu einer Belastung für die Wohlfahrtsstaaten der EU15 werden, scheinen unbegründet: Im Vereinigten Königreich zeigte sich, dass in den ersten zwei Jahren nach der Osterweiterung nur 5.943 Staatsangehörige aus den neuen Mitgliedstaaten steuerfinanzierte Unterstützungszahlungen beantragt hatten, von denen lediglich 768 bewilligt worden waren (Department for Communities and Local Government u. a. 2006). Mit dem Beitritt von Bulgarien und Rumänien im Jahr 2007 dürfte sich die Situation allerdings in einem neuen Licht darstellen. Während angesichts des moderaten Wohlstandsgefälles zwischen den EU8 und den EU15 in den meisten Beitrittsländern des Jahres 2004 primär gut ausgebildete, junge Arbeitskräfte und Studenten konkrete Auswanderungspläne hegten, artikulieren in Rumänien und Bulgarien auch Arbeitskräfte mit geringerem Qualifikationsniveau konkrete Auswanderungsabsichten (Knogler 2005:56). Im Falle der EU8 bestand also mit dem Beitritt vielmehr die Gefahr, dass es in diesen Ländern zu einem „brain and youth drain" kommt, wovon die EU15 durchaus profitiert hätten (Knogler 2005:57, Europäische Kommission 2003:45). Demgegenüber sind die Effekte eines unbeschränkten Arbeitsmarktzugangs der Staatsangehörigen aus den EU2 wesentlich unklarer. Das veranlasste wohl auch die meisten Staaten dazu, ihre Arbeitsmärkte erneut abzuschotten.

In der Diskussion wird jedoch leicht übersehen, dass die Dienstleistungsfreiheit für eine ungesteuerte Intensivierung des Wettbewerbs eine größere Gefahr darstellt als die Arbeitnehmerfreizügigkeit. Diese konnte allerdings im Übergangszeitraum nach der Osterweiterung nur von Deutschland und Österreich beschränkt werden. Der massive Widerstand gegen den vom damaligen Wettbewerbskommissar Bolkestein vorgelegten Entwurf zur Dienstleistungsrichtlinie, mit dem die Schaffung eines formellen *level playing field* für die Erbringungen von Dienstleistungen auf europäischer Ebene angestrebt wurde, zeigte aber, dass die nationale Regulierung der Produktions- und Arbeitsbedingungen auch im geeinten Europa von großer Bedeutung bleibt. Dies manifestierte sich schlussendlich nicht nur in der Ablehnung des ursprünglichen Richtlinienentwurfs durch das Europäische Parlament und in breiten Protesten der Gewerkschaften und der Zivilgesellschaft, sondern letztlich auch in der französischen Absage an die europäische Verfassung.

Diese breite Öffentlichkeitswirkung der Dienstleistungsrichtlinie muss aber auch als Appell interpretiert werden, dass das oft hohe Niveau nationaler Schutzstandards auf den Arbeits- und Gütermärkten langfristig gewahrt werden muss. Umgelegt auf die Bestrebungen zu fortschreitender Integration bedeutet dies auch, dass sich die europäische Politik der Herausforderung stellen muss, einen europäischen Arbeitsmarkt mit verbindlichen und fairen Arbeitsbedingungen zu schaffen. Wie seitens der Europäischen Kommission, aber auch von der Mehrheit der EU-Parlamentarier betont wurde, führt die Abschottung der Märkte dazu, dass in jenen Ländern, wo der legale Zugang zum Arbeitsmarkt eingeschränkt wird, Schwarzarbeit und Scheinselbständigkeit steigen. Dadurch kommt es nicht nur zu Lohnwettbewerb unter unfairen Arbeitsbedingungen, sondern auch zur Ausbeutung der Arbeitnehmer aus den neuen Mitgliedstaaten (Europäische Kommission 2006b)[37]. Zukünftig gilt es also, der Abschottung ein Modell positiver Gestaltung gegenüberzustellen, das im Sinne aller Arbeitnehmer zu mehr Gleichberechtigung bei einem hohen Maß an Schutz in ganz Europa führt.

37 zur Position der Europäischen Parlamentarier siehe auch Schroedter 2006

In einem weiteren Schritt müsste schließlich auch die Gewährung sozialer Menschenrechte für informell beschäftigte Zuwanderer aus nicht-EU-Staaten in die politischen Überlegungen miteinbezogen werden. Dabei sollten insbesondere die Versorgung mit Gesundheits- und Bildungsleistungen sowie unabhängig vom Beschäftigungssektor die Garantie von Lohnzahlungen für geleistete Arbeit und der Schutz vor Ausbeutung Berücksichtigung finden (Alt 2005:48). Im Sinne der Bekämpfung von ausbeuterischer Schwarzarbeit sollte dies auch einen Abschiebeschutz für Arbeitnehmer beinhalten, die ihre Arbeitgeber anzeigen (Erzbischöfliches Ordinariat Berlin 1999:61).

Daneben stellt sich aber weiterhin die Frage, wie man mit dem Phänomen informeller Ökonomie politisch umgehen möchte. Unabhängig von der durch die Abschottung der Arbeitsmärkte „produzierten Informalität“ wird in den europäischen Ökonomien auch zukünftig Wohlstand nicht nur vom (regulären) Markt und vom Staat erschaffen werden. Akzeptiert man, dass auch zwischen diesen Sektoren ein großes Potenzial liegt und informell erbrachte Leistungen einen wesentlichen Beitrag zu Beschäftigung, sozialer Integration und zur Lebensqualität in einer Gesellschaft leisten, können deren aktive Gestaltung angedacht und Modelle für zielgerichtetes staatliches Handeln diskutiert werden (Anheier et al. 2000:126). Dies würde schließlich die ökonomische Struktur eines Staates verändern und sich damit auch auf die Einahmen und Ausgaben der öffentlichen Haushalte auswirken. Letztendlich bedürfen diese Fragen aber einer die Grenzen der ökonomisch-finanzwissenschaftlichen Analyse überschreitenden transdisziplinären Betrachtung, die neben der Wirtschaftsstruktur und den Beziehungen zwischen regulärer und informeller Ökonomie auch die Beziehungen zwischen Staat und Gesellschaft sowie Gemeinschafts- und Familientraditionen berücksichtigt (Anheier u. a. 2000:127). Schließlich wirken die Produktionsbesingungen in der informellen Ökonomie auf die gesellschaftlichen Reproduktionsbedingungen im Allgemeinen zurück.

Literatur

Alscher, S., R. Münz, V. Özcan (2001): Leben in der Illegalität, in: K. Bade (Hrsg.): Integration und Illegalität in Deutschland. Rat für Migration e. V. Grote Druck: Bad Iburg. S. 77-90

Alt, J. (2005): Leben in der Schattenwelt. Problemkomplex „illegale“ Migration. Eine Zusammenfassung der preisgekrönten Studie, in: Augsburger Universitätsreden 53. Universität Augsburg

Andres, G. (2006):"Der gesteuerte Zugang zum deutschen Arbeitsmarkt bleibt notwendig“, Beitrag zur Diskussion „Sollte an den Übergangsbestimmungen zur Arbeitnehmerfreizügigkeit festgehalten werden?“, in: Institut für Wirtschaftsforschung (ifo): ifo Schnelldienst. Jg. 59, Nr. 5. München. S. 7-10

Anheier, H., M. Hilpert, U. Hotopp, E. Kistler (2000): Forschungsprioritäten in den Bereichen Dritter Sektor, Schwarzarbeit und Informelle Ökonomie, in: Bundesministerium für Bildung und Forschung (BMBF) (Hrsg.): Informelle Ökonomie, Schattenwirtschaft und Zivilgesellschaft als Herausforderung für die Europäische Sozialforschung. Neue Herausforderungen für Forschung und Politik im Spannungsfeld zwischen Schwarzarbeit, Eigenarbeit, Ehrenamt und Drittem Sektor. Grundlagen für eine Europäische

Forschungsagenda. Bonn. S. 123-127
Arbeiterkammer Österreich (2005): Ein Jahr EU-Erweiterung: Trends und Fakten. Eine umfassende Analyse aus der Sicht der Bundesarbeiterkammer. Arbeiterkammer Wien
Berthold, N., M. Neumann (2006): „2+3+2=Mehr als nur 7 Jahre Wohlfahrtsverlust", Beitrag zur Diskussion „Sollte an den Übergangsbestimmungen zur Arbeitnehmerfreizügigkeit festgehalten werden?", in: Institut für Wirtschaftsforschung (ifo): ifo Schnelldienst. Jg. 59, Nr. 5. München. S. 3-6
Brücker, H. (2004): EU-Osterweiterung – Effekte der Migration, in: Deutsches Institut für Wirtschaftsforschung (DIW): Wochenbericht des DIW. Jg. 71, Nr. 17. Berlin. S. 223-228
Bundesagentur für Arbeit (2006): Der Arbeitsmarkt in Zahlen. Aktuelle Daten. Juli 2006. Nürnberg
Bundesministerium für Bildung und Forschung (BMBF) (Hrsg.) (2000): Informelle Ökonomie, Schattenwirtschaft und Zivilgesellschaft als Herausforderung für die Europäische Sozialforschung. Neue Herausforderungen für Forschung und Politik im Spannungsfeld zwischen Schwarzarbeit, Eigenarbeit, Ehrenamt und Drittem Sektor. Grundlagen für eine Europäische Forschungsagenda. Bonn
Buscher, H. S., H. Stüber (2005): Ein Jahr nach der EU-Osterweiterung. Erste Erfahrungen, Probleme, Aussichten. Zukunftsforum Politik Nr. 67. Konrad-Adenauer-Stiftung. Sankt Augustin
Department for Communities and local Government, Department for Work and pensions (DWP), HM Revenue & Customs, Home Office (2006): Accession Monitoring Report. May 2004-June 2006. London
Destatis (Statistisches Bundesamt Deutschland) (2007): (www.destatis.de/basis/d/bevoe/bevoetab 4.php, 31.08.2006)
Die Presse (2006): Berichterstattung in der Ausgabe vom 21.10.2006
Die Presse (2007): Berichterstattung in der Ausgabe vom 07.02.2007
derStandard.at (2006a): Pflegenotstand droht spätestens 2011, Artikel vom 10.08.2006 (http://derstandard.at/druck/?id=2543785, 22.08.2006)
derStandard.at (2006b): Schwarzmarkt von 486 Millionen Euro, Artikel vom 10.08.2006 (http://derstandard.at/druck/?id=2544769, 25.08.2006)
derStandard.at (2006c): 40.000 illegale und 43.000 legale Pflegekräfte, Artikel vom 11.08.2006 (http://derstandard.at/druck/?id=2549340, 25.08.2006)
derStandard.at (2006d): Erste Strafe rechtskräftig ausgesprochen, Artikel vom 11.08.2006 (http://derstandard.at/druck/?id=2548162, 25.08.2006)
derStandard.at (2006e): Bartenstein: Illegale Pflege vorerst nicht strafen, Artikel vom 21.08.2006 (http://derstandard.at/druck/?id=2546374, 25.08.2006)
derStandard.at (2006f): Kritik der Grünen an allen Parteien, Artikel vom 23.08.2006 (http://derstandard.at/druck/?id=2560791, 24.08.2006)
derStandard.at (2007): Füttern im Graubereich, Artikel vom 5.07.2007 (http://derstandard.at/druck/?id=2946701, 30.07.2007)
Die Linke im Europaparlament (2007): Hintergrundinfo Dienstleistungsfreiheit und Entsendung (www.dielinke-europa.eu/download/dlr/ Hintergrundinfo%20Dienstleistungsfreiheit%20und%20Entsendung.pdf, 30.07.2007)
Drew, C., D. Sriskandarajah (2007): EU Enlargement in 2007. No Warm Welcome for Labour Migrants (www.migrationinformation.org, 29.03.2007)
Erzbischöfliches Ordinariat Berlin (Hrsg.) (1999): Illegal in Berlin. Momentaufnahmen aus der Bundeshauptstadt, in: Betrifft: migration. Heft 4
EUbusiness (2006): Some 427.000 eastern Europeans come to Britain to work (www.eubusiness.com/East_Europe/060822110115.dcy06sme, 31.08.2006)
EurActiv (2004/2007): Freizügigkeit der Arbeitnehmer in EU-25 (www.euractiv.com/de/erweiterung/freizugigkeit-arbeitnehmer-eu-25/article-129654, 27.07.2007)
Europäische Kommission (2003): Die Auswirkungen der EU-Erweiterung auf europäische KMU. Beobachtungsnetz der europäischen KMU. Veröffentlichungen – GD Unternehmen 2003/6. Brüssel. S. 45
Europäische Kommission (2006a): Bericht der Kommissionsdienststellen zur Durchführung der Richtlinie 96/71/EG über die Entsendung von Arbeitnehmern im Rahmen der Erbringung von Dienstleistungen. SEK(2006) 439. Brüssel

Europäische Kommission (2006b): Bericht über die Anwendung der im Beitrittsvertrag 2003 festgelegten Übergangsregelungen (Zeitraum 1. Mai 2004-30. April 2006). Mitteilung der Europäischen Kommission an den Rat, das Europäische Parlament, den Europäischen Wirtschafts- und Sozialausschuss und den Ausschuss der Regionen. KOM(2006) 48 endgültig. Brüssel

Europäische Kommission (2006c): Enlargement, two years after: An economic evaluation. European Economy Nr. 24. Directorate-General for Economic and Financial affairs. Brüssel

Europäische Kommission (2006d): Erweiterung – Übergangsvorschriften (http://ec.europa.eu/ent_social/free_movement/ enlargement_de.htm, 24.08.2006)

Europäische Kommission (2006e): Übergangsbestimmungen für die Freizügigkeit der Arbeitnehmer im Beitrittsvertrag von 2003, MEMO/06/176 (http://europa.eu/.../06/176&format=PDF&aged=1&language=DE&gui Language=fr, 27.07.2007

Esping-Andersen, G. (1990): The three worlds of welfare capitalism. Princeton University Press: Princeton

Felber, C., C. Staritz, P. Ziegler (2006): Grenzenloser Wettbewerb. Die Dienstleistungsrichtlinie als höchste Stufe des Standortwettbewerbs, in: Attac (Hrsg.): Das kritische EU-Buch. Warum wir ein anderes Europa brauchen. Deuticke: Wien

Hilpert, M., U. Hotopp, E. Kistler, (2000): Schattenwirtschaft, Informelle Ökonomie und Dritter Sektor als Teile eines größeren Ganzen. Zusammenfassung des Workshops und Ansatzpunkte einer Europäischen Forschungsstrategie, in: Bundesministerium für Bildung und Forschung (BMBF) (Hrsg.): Informelle Ökonomie, Schattenwirtschaft und Zivilgesellschaft als Herausforderung für die Europäische Sozialforschung. Neue Herausforderungen für Forschung und Politik im Spannungsfeld zwischen Schwarzarbeit, Eigenarbeit, Ehrenamt und Drittem Sektor. Grundlagen für eine Europäische Forschungsagenda. Bonn. S. 69-111

Höferl, A., B. M. Hollos (2005): Die "EU-Dienstleistungsrichtlinie". Fakten und Argumente zu einer Rechtsnorm der EU, die jeden betreffen würde. Österreichische Gesellschaft für Politikberatung und Politikentwicklung. Wien

Industrie- und Handelskammer Frankfurt am Main (2007): (www.frankfurt-main.ihk.de/recht/themen/arbeitsrecht/scheinselbstaendigkeit/index.html, 27.03.2007)

Jessop, B. (1995): Post-Fordism and the State, in: Amin, Ash (Hrsg.): Post-Fordism. A Reader. Blackwell: Oxford

Kasten, T., A. Prinz (2006): Schützt die Umsetzung der europäischen Entsenderichtlinie vor Lohnkonkurrenz in der EU?, in: Wirtschaftswissenschaftliches Studium (WiSt). Nr. 35/2006. S. 221-225

Knogler, M. (2005): Auswirkungen der EU-Osterweiterung auf die Arbeitsmärkte der neuen Mitgliedstaaten und der EU-15, insbesondere Deutschland. Gutachten im Auftrag des Bundesministerium der Finanzen. Arbeiten aus dem Osteuropa-Institut München. Working Papers Nr. 257

LabourNet.de Germany (2007): Auswirkung der EU-Erweiterung vom 1. Mai 2004, Positionspapier der Gewerkschaft ver.di (www.labournet.de/diskussion/en/sopo/verdi-en.pdf, 29.03.2007)

Lederer, H. W., A. Nickel (1997): Illegale Ausländerbeschäftigung in der Bundesrepublik Deutschland. Friedrich-Ebert-Stiftung. Bonn

Lindner, S. (2005): Der Bolkestein-Hammer. Die EU macht Ernst mit der Dienstleistungsliberalisierung, in: Analyse & Kritik (AK) Nr. 493 vom 18.03.2005

Ludwig Boltzmann Institute of Human Rights (2003): Migrants, Minorities and Employment in Austria. Exclusion, Discrimination and Anti-Discrimination in 15 Member States of the European Union. RAXEN 3 Report to the European Monitoring Centre on Racism and Xenophobia (EUMC). Wien

Maiß, S. (2005): Einsatz osteuropäischer Subunternehmer nach der EU-Osterweiterung, in: Wirtschaft und Recht in Osteuropa. Nr. 12/2005. S. 353-358

Musiolek, B. (1999): Die Informalisierung der Textil- und Bekleidungserzeugung am osteuropäischen Beispiel, in: Prokla (117): Informalisierung: Transformationen und Überlebensstrategien. Jg. 29, Nr. 4. Westfälisches Dampfboot: Münster. S. 579-601

ORF.at (2006a): Erste Sitzung des Pflegearbeitskreises, Beitrag vom 17.08.2006 (http://oesterreich.orf.at/steiermark/stories/130228/, 30.07.2007)

ORF.at (2006b): Klasnic verteidigt Pflegefall um Schüssel, Beitrag vom 21.08.2006 (http://oesterreich.orf.at/steiermark/stories/131117/, 25.08.2006)

ORF.at (2006c): Pflegedebakel beherrscht den Wahlkampf, Beitrag vom 31.08.2006 (http://orf.at/060830-3330/?href=http%3A%2F%2Forf.at%2F060830-3330%2F3331 txt_story.html, 31.08.2006)

Peck, J., A. Tickell (1992): Local modes of social regulation? Regulation Theory, Thatchersim and uneven development. Geoforum 23: 347-363

Pohl, C. (2006): Zwei Jahre nach der EU-Osterweiterung: Geringe Mobilität von Arbeitskräften aus den neuen EU-Mitgliedsländern, in: Institut für Wirtschaftsforschung (ifo): ifo Dresden berichtet. Nr. 2/2006. Dresden. S. 26-32

Sassen, S. (1997): Metropolen des Weltmarkts. Die neue Rolle der Global Cities. Campus: Frankfurt a.M./ New York

Schmid, T., L. Prochazkova (2006): Pflege und Betreuung im Spannungsfeld zwischen Nötigem, Wünschenswertem und Finanzierbarem. Kurzfassung, in: Soziale Sicherheit. Onlineausgabe. November 2006 (www.sozialversicherung.at/esvapps/page/page. Jsp?pub_id=126199&p_pageid=110&p_menuid=63491&p_id=, 2, 25.04.2007)

Schneider, F. (2002): Schattenwirtschaft und illegale Beschäftigung in (Ober-)Österreich. Fluch oder Segen? (www.economics.uni-linz.ac.at/Schneider/SchattIllegBesch Oesterreich.PDF, 25.08.2007)

Schönwälder, K., D. Vogel, G. Sciortino (2004): Migration und Illegalität in Deutschland. AKI-Forschungsbilanz 1. Arbeitsstelle Interkulturelle Konflikte und gesellschaftliche Integration. Wissenschaftszentrum Berlin für Sozialforschung (WZB)

Schroedter, E. (2007): Sind die Übergangsregeln für die Freizügigkeit weiter notwendig? Soziales, Dossier: Freizügigkeit von Personen (www.elisabeth-schroedter.de/meine_themen/soziales/so-06-03-13. html, 27.03.2007)

Statistik Austria (2006a): (www.statistik.at/fachbereich_03/bevoelkerung_tab8.shtml, 31.08.2006)

Statistik Austria (2006b): Statistische Übersichten (www.statistik.at/statistische_ uebersichten/deutsch/start.shtml, 31.08.2006)

Stöckel, F. (2007): Europas Erfahrungen mit der Arbeitnehmerfreizügigkeit (www.eurotopics.net/de/magazin/arbeitnehmerfreizuegigkeit_2007_01/ueberblick_entwicklungen_erfahrungen/, 29.03.2007)

Strohmer, S. (2005): Potential for labour migration in border regions examined. (www.eiro.eurofound.eu.int/2005/07/inbrief/at0507201n.html, 18.08.2006)

Teichert, V. (2000): Die informelle Ökonomie als notwendiger Bestandteil der formellen Erwerbswirtschaft. Zu den ökonomischen, sozialen und ökologischen Konsequenzen informellen Arbeitens. WZB Papers Nr. P00-524. Wissenschaftszentrum Berlin für Sozialforschung (WZB)

Traser, J. (2005): Who's afraid of enlargement? Report on the free movement of workers in the EU 25. European Citizen Action Service. Brüssel

Wiener Zeitung (2006): diverse Berichterstattungen in den Ausgaben vom 22.08.2006, 7.10.2006 und 25.10.2006

Wiener Zeitung (2007): diverse Berichterstattungen in den Ausgaben vom 15.02.2007, 26.04.2007, 19.06.2007 und 20.06.2007

Wirtschaftskammern Österreichs (2005): Erbringung von Dienstleistungen von Unternehmern aus den Beitrittsstaaten in Österreich ab 1. Mai 2004. Wirtschaftsrecht Info. Wien

Wirtschaftskammer Österreich (2005): WKÖ-Mitterlehner und Heller/KIAB: Erste Erfolge im Kampf gegen Scheinselbständige. Aussendung der Wirtschaftskammer Österreich vom 12.10.2005 (http://portal.wko.at/portal.wk?CtxID=33&AngID=1&DstID=0&subcontentparam=scheinselbst%25E4ndig, 31.08.2006)

Gesetzestexte – EU

Richtlinie 96/71/EG des Europäischen Parlaments und des Rates über die Entsendung von Arbeitnehmern im Rahmen der Erbringung von Dienstleistungen (ABl. L 18 vom 21.01.1997. S. 1-6)

Richtlinie 2006/123/EG des Europäischen Parlaments und des Rates vom 12. Dezember 2006 über Dienstleistungen im Binnenmarkt (ABl. L 376 vom 27.12.2006. S. 36-68)

Verordnung (EWG) Nr. 1622/68 des Rates vom 15. Oktober 1968 über die Freizügigkeit der Arbeitnehmer innerhalb der Gemeinschaft (ABl. L 257 vom 19.10.1968)
Vertrag zur Gründung der Euopäischen Gemeinschaft, Artikel 39

Gesetzestexte – Österreich

Bundesgesetz, mit dem die Übergangsbestimmungen bis zur Neuregelung der Pflege erlassen werden (Pflege-Übergangsgesetz) (BGBl. I Nr. 164/2006)
Bundesgesetz, mit dem das Pflege-Übergangsgesetz geändert wird (BGBl. I Nr. 50/2007)

TEIL II

RÄUMLICHE VERORTUNG INFORMELLER ÖKONOMIE

Migrantenökonomien und die informelle Ökonomie: Strukturen, Zusammenhänge, Potenziale und Handlungsmöglichkeiten für Städte und Gemeinden

von Holger Floeting

Kommunalpolitische Bedeutung von Migrantenökonomien

In Deutschland sind heute etwa 300.000 Ausländer selbständig. Allein in den 1990er Jahren verdoppelte sich die Zahl ausländischer Selbständiger und Unternehmer in Deutschland (vgl. Schmidt 2000), die meisten davon stammen aus der Türkei, anteilig folgen Italiener und Griechen.

Die berufliche Selbständigkeit von Personen mit Migrationshintergrund ist häufig in spezifischen Migrantenmilieus verankert, die als ethnische Ökonomie bezeichnet werden. Unter ethnischer Ökonomie wird im Folgenden selbständige Erwerbstätigkeit von Migranten in Deutschland und abhängige Beschäftigung von Migranten in von Migranten geführten Betrieben verstanden, die in einem spezifischen Migrantenmilieu verwurzelt sind. Von der ethnischen Ökonomie zu unterscheiden sind ethnisch besetzte Arbeitsbereiche, die nicht durch „kulturalistisch zu erklärende Beziehungen zwischen bestimmten Ethnien und ihren angeblichen Arbeitspräferenzen" definiert sind, sondern „ökonomisch bedingte Umschichtungsphänomene" darstellen (Häußermann/Oswald 1997:24), das heißt Arbeitsbereiche, in denen Deutsche nicht mehr tätig sein wollen. Diese Bereiche zählen dennoch zur Migrantenökonomie.

Die Beschäftigung mit Struktur und Bedeutung von ethnischen Ökonomien und Migrantenökonomien in Deutschland ist ein aus kommunalwissenschaftlicher und -politischer Sicht noch junges Thema. Befassten sich bis in die zweite Hälfte der 1990er Jahre vor allem die Ausländerbeauftragten und Sozialverwaltungen, nicht aber die Wirtschaftsverwaltungen mit den Migrantenökonomien, so sind diese mittlerweile zu einem Thema der Arbeitsmarkt- und Beschäftigungspolitik und der kommunalen Wirtschaftsförderung geworden. Grundlage für den veränderten Umgang mit dem Thema ist auch ein verändertes Verständnis von Integration. Bis in die 1990er Jahre wurde Integration überwiegend als Arbeitsmarktintegration interpretiert (Hillmann 2001:189). Mit zunehmender struktureller Verfestigung der Arbeitslosigkeit und dem „Nachwachsen" der zweiten und dritten Generation haben sich die Handlungserfordernisse der Stadtpolitik im Bezug auf Einwanderer grundlegend gewandelt. „Es geht bei der künftigen Stadtentwicklung unter Einschluss der ausländischen Bürgerinnen und Bürger also nicht um ein idealistisches Konzept einer multikulturellen Stadtgesellschaft, sondern um die existenzielle Frage, wie wir die kulturellen und ökonomischen Potenziale der Stadt sichern können. Es geht damit um die Grundlagen unserer künftigen Prosperität" (Reiß-Schmidt/Tress 2002:o.S.). Die Rolle der Ausländer in den Städten wandelte sich folglich auch in der Wahrnehmung der Kommune von einer „wichtigen Zielgruppe für kulturelle und wirtschaftliche Integrationspolitik" zu „wesentlichen Akteuren und Partnern" (Reiß-Schmidt/Tress 2002:o.S.).

Entwicklung der informellen Ökonomie

Die Begriffe für den informellen Sektor sind vielfältig, nur teilweise synonym und in der Abgrenzung nicht trennscharf[1]: Schattenwirtschaft, Schwarzarbeit, Onkelwirtschaft usw. Um nicht nur die informellen Arbeitsstätten, sondern auch informelle Beschäftigung in formellen Arbeitsstätten zu erfassen, wird heute nicht mehr nur von informellem Sektor, sondern von informellen Ökonomien gesprochen und damit in der Betrachtung das Beschäftigungsverhältnis betont. Damit hat sich auch das Verhältnis zwischen formellem und informellem Sektor gewandelt, die nicht mehr eindeutig gegeneinander abgrenzbar sind. Sie können sich viel mehr sogar ergänzen, indem informelle Parallelökonomien entstehen, die dem formellen Sektor zuarbeiten. Dies gilt gerade unter den Bedingungen starker Zuwanderung von unqualifizierten und gering qualifizierten Arbeitskräften, die zu prekären Bedingungen (schlechte Bezahlung, längere

1 Zur informellen Ökonomie werden nach den – auf der internationalen Konferenz der Arbeitsstatistiker 2003 entwickelten – Richtlinien gerechnet „own-account workers employed in their own informal sector enterprises, employers employed in their own informal sector enterprises, contributing family workers, irrespective of whether they work in formal or informal sector enterprises, members of informal producers' cooperatives, employees holding informal jobs (i.e. if their employment relationship is, in law or in practice, not subject to national labour legislation, income taxation, social protection or entitlement to certain employment benefits, like advance notice of dismissal, severance pay, paid annual or sick leave, etc.), whether employed by formal sector enterprises, informal sector enterprises, or as domestic workers employed by households, own account workers engaged in the production of goods exclusively for own final use by their households" (Pape 2005).

Arbeitszeit, fehlende soziale Sicherung usw.) beschäftigt werden. Auch mit der Zunahme atypischer Beschäftigungsverhältnisse (Teilzeitarbeit, geringfügige Beschäftigung, befristete Beschäftigung und neue Selbständigkeit) wird die eindeutige Abgrenzung zwischen formeller und informeller Ökonomie zunehmend schwieriger. Mit dem Begriff „informelle Ökonomie" wird eine Vielfalt von Arbeitsverhältnissen erfasst, die von selbständiger Subsistenztätigkeit über verschleierte Lohnarbeit, „gemietete" Arbeitnehmer, mitarbeitende Familienangehörige bis zu „informellen" Auszubildenden reicht. Unter „informeller Beschäftigung" versteht man nach der Definition der International Labour Organization (ILO) ein Beschäftigungsverhältnis, das meist ohne regulären Vertrag, ohne soziale Sicherung und mit schlechten Arbeitsschutzbedingungen einhergeht. In den Entwicklungs- und Schwellenländern entstehen die meisten neuen Arbeitsplätze und Einkommensmöglichkeiten in den letzten Jahren in den informellen Ökonomien. Bis zu 70 Prozent der Beschäftigten arbeiten in informellen Arbeitsverhältnissen (Internationales Arbeitsamt 2004). Auch deren Bedeutung für die Volkswirtschaften gemessen am Bruttoinlandsprodukt nimmt erheblich zu. Machte der informelle Sektor zu Beginn der 1990er Jahre in den sich entwickelnden Ländern (ohne China) noch 28 Prozent des BIP aus, lag der Anteil 2003 schon bei 36 Prozent. In den entwickelten Ländern wuchs der informelle Sektor in der gleichen Zeit sogar etwas stärker als in den sich entwickelnden Ländern. Der Anteil des informellen Sektors ist dabei jedoch in den entwickelten Ländern deutlich geringer als in den Entwicklungs- und Schwellenländern. Im Jahr 2003 lag er bei 13 Prozent des BIP (World Bank 2005).

Es werden sowohl positive wie negative Effekte der informellen Ökonomie vermutet. Als positive Effekte werden beispielsweise angeführt, dass Arbeiten, die sonst nicht geleistet würden, ausgeführt werden, sowie, dass Löhne gezahlt werden und somit Kaufkraft entstehe. Als negative Effekte werden beispielsweise belastende und gefährliche Arbeitsbedingungen für die informell Beschäftigten, aber auch Gefahren für die Arbeitsplätze von formell Beschäftigten, Belastungen der öffentlichen Haushalte und des Sozialstaats, Wettbewerbsverzerrungen und Behinderung des ökonomischen Strukturwandels genannt (vgl. Schönwälder/Vogel/Sciortino 2004).

Während der Tenor der Aussagen über Effekte der informellen Ökonomien bisher meist negativ war, gibt es seit einigen Jahren jedoch auch Ökonomen, die über die Potenziale der informellen Ökonomie und deren Verknüpfung mit der formellen Ökonomie nachdenken, auch wenn deren Erkenntnisse nicht immer soweit gehen wie beispielsweise die Aussage, dass die wirtschaftliche Chance einer Stadt wie Berlin überhaupt nur in einer „Symbiose einer grundlegalen, hochseriösen modernen Wirtschaft mit einer von Immigranten vitalisierten wildwüchsigen Marginalökonomie" (Welzk 2002) liegen könne. Selbst die Stadtpolitik stellt mittlerweile die Frage, wo es im Umgang mit der informellen Ökonomie „auch eine Überregulierung gibt“.[2]

Migrantenökonomien und informelle Ökonomie

Das Schnittfeld zwischen Migranten, ihrer wirtschaftlichen Tätigkeit und der informellen Ökonomie wird seit den 1970er Jahren verstärkt untersucht. Im Mittelpunkt der Untersuchungen standen dabei zunächst vor allem informelle Ökonomien in den Entwicklungs- und Schwellenländern (vgl. Hart 1973). Seit Ende der 1970er Jahre wurden aber auch informelle Ökonomien in den entwickelten Ländern und die Rolle, die Migranten darin spielen, näher betrachtet (vgl. Castells/Portes 1989, Gershuny 1979). Die Rolle der städtischen informellen Ökonomien wurde dabei vor allem zunächst in den USA thematisiert (Castells/Portes 1989, Sassen-Koob 1989). Hier wurde auch die gegenseitige Bedingtheit von informellen und formellen Ökonomien konstatiert (Sassen-Koob 1989).[3] Teilweise wird auf die Ähnlichkeiten zwischen Strukturen der informellen Ökonomie in den Entwicklungsländern und in den Metropolen der Industriestaaten verwiesen (vgl. Butscher 1996).

Für Deutschland wird für das Jahr 2007 davon ausgegangen, dass die Schattenwirtschaft – also der illegale Bereich der informellen Ökonomie[4] – eine Größenordnung von etwa knapp 15 Prozent des „offiziellen“ Bruttoinlandsprodukts erreicht. Der Anteil war in den 1990er Jahren erheblich angewachsen. Er ist seit 2003 jedoch – unter anderem wegen der zu diesem Zeitpunkt eingeführten Mini-Job-Regelung – zurückgegangen. In der Zeit von 1997 bis 2003 war die Schattenwirtschaft damit der dynamischste Wirtschaftsbereich in Deutschland. Im Vergleich zu anderen europäischen Ländern nimmt Deutschland damit eine Position im Mittelfeld ein. In Österreich liegt der Anteil beispielsweise bei unter 10 Prozent, während er in Griechenland bei über einem Viertel des offiziel-

2 So der Berliner Wirtschaftsstaatssekretär Volkmar Strauch auf einer Tagung der Europäischen Akademie „Grenzstadt Berlin“ zit. n. Uwe Rada, Legal, illegal europäisch, die tageszeitung, 21.10.2002.

3 Für einen kurzen Abriss von Theorien und Konzepten zum Zusammenhang von Migrantenökonomien und informellen Ökonomien vgl. Schweizer 2004, S. 54-70, hier: S. 56-58.

4 Die Schattenwirtschaft umfasst nach Schneider „jene Tätigkeiten ..., die im Sinne der Konvention der volkswirtschaftlichen Gesamtrechnung eine Wertschöpfung darstellen, in den bestehenden amtlichen Statistiken aber nur zum Teil ausgewiesen werden“. Die Produktion in privaten Haushalten, freiwillige Arbeit für wohltätige Zwecke und finanzielle Transaktionen, die keine Wertschöpfung darstellen sind nicht eingeschlossen (Schneider 2007). Der Begriff wird meist als Synonym nur für die illegalen Bereiche der informellen Ökonomie (Schwarzarbeit) gebraucht, zum Teil wird er aber auch synonym zum Begriff „informelle Ökonomie“ verwendet.

len Bruttoinlandsprodukts liegt. Zwischen dem Wachstum der Schattenwirtschaft und dem der formellen Ökonomie gibt es einen positiven Zusammenhang. Schätzungen gehen davon aus, dass ein Wachstum von einem Prozentpunkt (bezogen auf das offizielle BSP) in der Schattenwirtschaft eine Zunahme des BIP um 0,4 Prozentpunkte nach sich zieht. Die Schattenwirtschaft stimuliert nach empirischen Untersuchungen die Ausgaben für langfristige Güter zusätzlich. Informell angebotene Arbeit trifft auf eine große Nachfrage. Nach einer repräsentativen Umfrage bei volljährigen Deutschen würden 48 Prozent der Befragten Tätigkeiten nicht mehr ausführen lassen, wenn es keine Schwarzarbeit mehr gäbe. 30 Prozent würden die Arbeiten selbst übernehmen, aber nur ein Fünftel der Befragten würde die Arbeiten offiziell vergeben (Schneider 2007).

Welche Rolle spielen Migranten in der informellen Ökonomie? Naturgemäß lassen sich aus der amtlichen Statistik keine Informationen zu dieser Frage gewinnen. Daher sollen im Folgenden einige grundsätzliche Überlegungen zur Rechtssituation von Migranten, die in Deutschland eine selbständige oder abhängige Erwerbstätigkeit aufnehmen wollen, angestellt und plausible Annahmen zu Anreizen zur Aufnahme einer informellen Beschäftigung, die den Rahmen für den Zusammenhang von Migrantenökonomien und informellen Ökonomien bilden, formuliert werden.

Illegale Beschäftigung von Ausländern liegt nach geltender Rechtsauffassung vor, wenn diese über keine Arbeitsgenehmigung verfügen, nicht Staatsangehörige eines EU- oder EWR-Mitgliedslandes sind und nicht von der Arbeitsgenehmigungspflicht ausgenommen sind (wie etwa Studenten). Naturgemäß entziehen sich illegale Beschäftigungen der Darstellung in der amtlichen Statistik. Schätzungen gehen davon aus, dass in Deutschland zwischen 500.000 und eine Million Menschen leben, die keine Aufenthalts- und/oder Arbeitsbewilligung haben oder eine Arbeitsbewilligung unrechtmäßig erworben haben (z.B. durch Nutzung fremder Papiere) (Elwert 2002:10f). Die Zahl der illegalen ausländischen Beschäftigten in Deutschland ist in der zweiten Hälfte der 1990er Jahre gestiegen und geht seit dem Jahr 2003 wieder zurück. Sie liegt im Jahr 2007 bei geschätzt 961.000 (Schneider 2007). Ethnische Ökonomien bieten zum Teil die Möglichkeit illegaler Beschäftigung. Der Umfang lässt sich nicht statistisch belegen, allenfalls schätzen, zumal eine breite „Grauzone" zwischen formeller und informeller Ökonomie existiert. So zeigt etwa die große Bedeutung familiärer Hilfe in der ethnischen Ökonomie eine enge Verzahnung von formeller und informeller Ökonomie, ohne die zahlreiche ethnische Gewerbe nicht existenzfähig wären. „Die ethnischen Ökonomien funktionieren für diese Unternehmen wie Drehtüren zwischen formellem und informellem Arbeitsmarktsegment" (Hillmann 2001:203). Dieser wichtigen Integrationsfunktion und ökonomischen Grundbedingung für kleingewerblich strukturierte ethnische Ökonomien stehen häufig in Deutschland vergleichsweise starre arbeits- wie unternehmensrechtliche Regelungen entgegen, die einen Übergang vom informellen in das formelle Arbeitssegment erschweren. Bisher gibt es aber auch nur wenige Kenntnisse über Dynamik und Interdependenzen zwischen formellem und informellem Arbeitsmarktsegment (Hillmann 2001:205). Vermutlich bewegt sich ein wachsender Teil der ausländischen Bevölkerung im Segment der informellen Beschäftigung (Hillmann 2001:206).

Der Umfang informeller Tätigkeit ist beeinflusst durch eine Reihe von Faktoren (vgl. Schneider 2007). Dazu zählen:

- der Lohnsatz für formelle und informelle Beschäftigung,
- Staatstätigkeit und Regulierung im Bezug auf Steuern und Abgaben und die Regulierungsintensität insgesamt,
- Strafe und Entdeckungsrisiko und
- die Arbeitsmarktsituation.

Der Anteil informell Beschäftigter Personen mit Migrationshintergrund, wird im Vergleich zu informell Beschäftigten ohne Migrationshintergrund in den Bereichen vermutlich höher liegen, in denen sich die Rahmenbedingungen für die jeweilige Person erheblich unterscheiden. Grundsätzlich nimmt die informelle Beschäftigung zu, je geringer der Lohnsatz für formelle Beschäftigung und je höher der Lohnsatz für informelle Beschäftigung ist. Nachteile bei der Bezahlung in der formellen Ökonomie für Personen mit Migrationshintergrund könnten einen Anreiz für informelle Beschäftigung bieten.

Steuer- und Abgabenbelastungen sind für Personen mit und ohne Migrationshintergrund gleich. Eine insgesamt hohe Regulierungsdichte könnte aber die Hürden für formale Tätigkeiten für Personen mit Migrationshintergrund erhöhen, weil sie formale Voraussetzungen (Qualifikation, ausländerrechtliche Regelungen usw.) möglicherweise nicht erfüllen oder im Umgang mit formalisierten Prozessen ungeübt sind.

Die Strafandrohung für informelle Tätigkeit ist für Personen mit und ohne Migrationshintergrund grundsätzlich gleich. Für Ausländer kommen aber spezifische ausländerrechtliche Straftatbestände dazu, die das Strafrisiko erhöhen, also von der Aufnahme einer strafbaren informellen Beschäftigung eher abschrecken müssten. Möglicherweise bestehen Unterschiede in den Aufdeckungsmöglichkeiten zwischen Migranten und Nicht-Migranten. Eine Rolle könnte dabei spielen, dass sich Pendelmigranten einer Strafverfolgung einfacher entziehen können als Ortsansässige. Auch wird darüber spekuliert, dass in ethnischen Netzwerken eine Verschleierung informeller Tätigkeit u. U. erleichtert werde. Wie die Bilanz zwischen Ertrag aus informeller Tätigkeit, Strafrisiko und Entdeckungswahrscheinlichkeit für Migranten und Nicht-Migranten ausfällt, ist vermutlich individuell sehr unterschiedlich.

Ausschlaggebend für die Verteilung zwischen informeller und formeller Ökonomie bleibt jedoch die Arbeitsmarktsituation. Je kürzer die offizielle Arbeitszeit und je höher der Anteil der Frühverrentungen, desto höher fällt der Anteil an informeller Beschäftigung aus. Bei den Wochen- und Lebensarbeitszeitregelungen gibt es keine grundsätzlichen Unterschiede zwischen Personen mit und ohne Migrationshintergrund, wenn man von branchenspezifischen und unternehmensspezifischen Unterschieden absieht, die sich aufgrund unterschiedlicher Präferenzen von Migranten und Nicht-Migranten auswirken können, sodass die Arbeitsmarktsituation den Anteil informeller und formeller Beschäftigung bei den beiden Gruppen kaum unterschiedlich beeinflussen wird. Der Anteil informeller Tätigkeit steigt aber auch, je höher die offizielle Arbeitslosenquote ist. Diese unterscheidet sich zwischen Personen mit und ohne Migrationshintergrund erheblich und liegt bei Migranten deutlich höher, wobei deutliche Unterschiede auch zwischen den Migranten (z. B. abhängig von der Qualifikation, dem Alter, der Migrantengeneration, dem Herkunftsland usw.) bestehen. Dies könnte auch mit unterschiedlichen Anreizen zur Aufnahme informeller Beschäftigung verbunden sein.

Da die einzelnen Faktoren individuell sehr unterschiedlich bewertet werden können, kann man davon ausgehen, dass es vermutlich weniger die systematischen Unterschiede zwischen formeller und informeller Beschäftigung zwischen der „deutschen" Ökonomie und den Migrantenökonomien oder ethnischen Ökonomien sind, die eine Rolle spielen, sondern eher individuelle Ansatzpunkte.

Entstehungsbedingungen von Migrantenökonomien

In der Migrationsforschung gibt es unterschiedliche Erklärungsansätze für das Entstehen ethnischer Ökonomien, die sich gegenseitig nicht ausschließen. Die Entstehungssituation und die Rahmenbedingungen wirken sich auch hinsichtlich der Bedeutung der informellen Beschäftigung für die Geschäftstätigkeit aus. Die Entstehungsprozesse ethnischer Ökonomien lassen sich zu drei Modellen zusammenfassen: das Nischenmodell, das Kulturmodell und das Reaktionsmodell (Schutkin 2000:126ff).

Nischenmodell

Die Einwanderer der ersten Generation decken mit ihren Geschäften vor allem die Bedürfnisse der eigenen ethnischen Gruppe ab. Wenn der Bedarf nach speziellen Waren und Dienstleistungen für bestimmte Einwanderergruppen groß genug ist, werden aus ihrer Mitte Gewerbe gegründet, die diesen Bedarf decken. Die Betriebe ergänzen die deutsche Wirtschaft und stehen zunächst kaum mit ihr in Konkurrenz (Blaschke/Ersöz 1986:64). Beispiele dafür sind die von Ausländern geführten Ex- und Importläden, Gastronomiebetriebe, Lebensmittelgeschäfte, spezialisierte Reisebüros usw. Einige dieser Gewerbe orientieren sich später auch auf die deutsche Kundschaft. Ausländische Gastronomie, Lebensmittelhandel oder Änderungsschneidereien sind Beispiele für Teile der ethnischen Ökonomien, die sich verstärkt an die Konsumgewohnheiten der deutschen Kundschaft angepasst haben. In bestimmten Bereichen werden inzwischen Gewerbe nahezu ausschließlich von Ausländern betrieben (z. B. Änderungsschneidereien oder Obst- und Gemüsehandel als kleine Einzelgeschäfte). Diese Geschäfte sind heute wichtiger Bestandteil der Nahversorgung aller Bürger in bestimmten Stadtteilen. Das Nischenmodell erklärt vor allem die Existenzgründungen der ersten Einwanderergeneration. Im späteren Verlauf stehen auch in ethnischen Nischen gegründete Geschäfte in Konkurrenz zu Betrieben, die von Deutschen geführt werden, und auch innerhalb und zwischen den Ethnien entwickeln sich Konkurrenzsituationen. Darüber hinaus verändert sich die Nischenökonomie, indem sie auf die veränderten Konsumbedürfnisse einer schon jahrelang in Deutschland lebenden Migrantenbevölkerung eingeht. Zur „gereiften" ethnischen Nischenökonomie gehören dann nicht mehr nur Gastronomiebetriebe oder Lebensmittelhändler, sondern auch Medienunternehmen (Verlage, Druckereien, Fernsehsender), die Unterhaltungsindustrie (Diskotheken, Videotheken usw.), Banken und Versicherungen, Immobilienmakler usw. Der Erklärungsansatz wird heute deshalb kritisch beurteilt, weil er individuelle Motive (Streben nach höherem Einkommen, wirtschaftlicher Unabhängigkeit, höherem sozialem Status) kaum mit einbezieht (Schutkin 2000:129). Die Vermutung liegt nah, dass informelle Arbeitsverhältnisse sich vor allem in „abgeschotteten" Nischen entwickeln können und sich leichter in Gewerben oder Arbeitsbereichen von Gewerben, die keinen direkten Kundenkontakt haben, kaschieren lassen. Verlässliche statistische Angaben dazu gibt es aber dafür – naturgemäß – nicht.

Kulturmodell

Das Kulturmodell erklärt die Entstehung ethnischer Ökonomien als Ergebnis kultureller Einflussgrößen des Herkunftslandes der Einwanderer (Wirtschaftsordnung,

Herkunftsmilieu, Tradition usw.), die die Ausprägung bestimmter Präferenzen für die selbständige Tätigkeit beeinflussen. Tatsächlich scheint eine „Mentalität der Selbständigkeit" in einigen europäischen Ländern stärker verbreitet als in Deutschland: Die Selbständigenquote lag in Griechenland und der Türkei Ende der 1990er Jahre bei über 30 Prozent, in Italien bei 25 Prozent, während sie in Deutschland bei rund zehn Prozent lag (Schmidt 2000:5). Dieser kulturelle Unterschied wirkt sich möglicherweise auch bei Unternehmensgründern aus diesen Ländern aus: Die Selbständigenquote von Migranten, die aus Herkunftsländern mit marktwirtschaftlichem System und „Handelsmentalität" nach Deutschland gekommen sind, ist höher (Blaschke/Ersöz 1987:55). Möglicherweise werden auch eher informelle Verfahrensweisen aus dem Herkunftsland übernommen. Die unterschiedliche Bedeutung informeller Geschäftstätigkeiten wird zum Teil an der unterschiedlichen Bedeutung der Schattenwirtschaft in den Herkunftsländern von Migranten deutlich. So liegt der Anteil der Schattenwirtschaft in der Türkei geschätzt bei rund 40 Prozent der wirtschaftlichen Leistung (BDI 2007), in Griechenland bei rund einem Viertel des offiziellen BIP, in Italien bei rund 22 Prozent, in Portugal und Spanien bei jeweils rund 19 Prozent und ist damit höher als in Deutschland, wo er bei knapp 15 Prozent liegt (Schneider 2007)[5]. Dies kann einen Hinweis auf unterschiedliche Geschäftskulturen sein, sollte aber keinesfalls den Kurzschluss nach sich ziehen, Migranten aus bestimmten Herkunftsländern seien in Deutschland mehr oder weniger stark an der informellen Ökonomie beteiligt, wofür keine statistische Evidenz vorliegt. Zu berücksichtigen ist dabei auch, dass auch beim Kulturmodell die ungenügende Berücksichtigung individueller Motive kritisiert wird. Einwanderer der zweiten Generation werden nur mittelbar in den Erklärungsansatz mit einbezogen.

Reaktionsmodell

Neuere Untersuchungen erklären die Entstehung ethnischer Ökonomien häufig als Reaktion der Migranten auf ihre spezifische Lebenslage in Deutschland. Wesentliches Motiv für den Entschluss zur Selbständigkeit wären damit die oft vergleichsweise schlechteren Chancen von Migranten auf dem deutschen Arbeitsmarkt und die größeren Marktchancen von Migrantenunternehmen in bestimmten Wirtschaftsbereichen. Tatsächlich trägt die ausländische Bevölkerung höhere Arbeitsmarktrisiken: So hat der Anteil der Ausländer an den sozialversicherungspflichtig Beschäftigten seit 1990 abgenommen, der Ausländeranteil bei den Arbeitslosen hat sich erhöht, arbeitslose Ausländer sind jünger und schlechter qualifiziert als deutsche Stellenbewerber (Hillmann 2001:195). Deutlich wird auch, dass mit der Migration meist eine „formale

5 Die Angabe für die Türkei basiert auf einer Schätzung für das Jahr 2006, die anderen Angaben basieren auf einer Berechnung für 21 OECD-Staaten für das Jahr 2007.

Dequalifizierung der Zuwanderer" verbunden ist (Kapphan 1997:126). Die Entstehung ethnischer Ökonomien als Reaktion auf die fehlende Arbeitsmarktintegration kann im Einzelfall auch mit dem „Abtauchen" in informelle Beschäftigungsverhältnisse verbunden sein, besonders dann wenn die individuellen Zugangshürden besonders hoch sind wie z. B. bei gering qualifizierten Arbeitslosen aus dem Nicht-EU-Ausland. Das Reaktionsmodell berücksichtigt individuelle Motive der Unternehmensgründer am stärksten. Dieser Ansatz wird meist zur Erklärung der Entstehung von Migrantenunternehmen der zweiten Gründergeneration herangezogen (Schutkin 2000:131).

Allerdings lassen sich die Erklärungsmodelle nicht eindeutig voneinander abgrenzen. Die Genese ethnischer Ökonomien lässt sich meist aus einer Mischung der genannten Erklärungsansätze begründen, wenngleich die einzelnen Erklärungsansätze typisch für bestimmte Phasen der Migration erscheinen.

Struktur der Migrantenökonomien

Selbständigkeit von Ausländern

1970 waren etwa zwei Prozent der erwerbstätigen Ausländer in Deutschland selbständig. Seit Beginn der 1980er-Jahre haben die Zahl ausländischer Selbständiger und auch der Selbständigenanteil von Ausländern in Deutschland deutlich stärker zugenommen als bei der deutschen Bevölkerung (Leicht u. a. 2001). Von 1989 bis zum Jahr 2001 ist die Zahl deutscher Selbständiger um 22 Prozent gewachsen, die ausländischer Selbständiger aber um 69 Prozent. Der stärkste Zuwachs war in der ersten Hälfte der 1990er Jahre zu verzeichnen. Die meisten der ausländischen Selbständigen stammen aus der Türkei, gefolgt von Italienern und Griechen (DtA 1999:1).

In dieser Entwicklung spiegelt sich einerseits ein Generationswechsel wider, andererseits macht sie die verschlechterte Beschäftigungssituation deutlich. Die erste Einwanderergeneration wurde als Arbeitnehmer angeworben und blieb abhängig beschäftigt. Die ökonomischen Rahmenbedingungen haben sich für die zweite und dritte Generation der Zuwanderer verändert. Die Gründungen von in Deutschland lebenden Ausländern nahmen in einer Zeit zu, in der sich die Beschäftigungsmöglichkeiten für Arbeitnehmer – vor allem im industriellen Bereich – erheblich verschlechterten. In Deutschland lebende Ausländer haben in stärkerem Maß als Deutsche auf diese Entwicklung mit dem Weg in die Selbständigkeit reagiert.

Unternehmensgründungen von Ausländern

Unternehmensgründungen von in Deutschland lebenden Ausländern unterscheiden sich in einigen Bereichen strukturell von den Gründungen Deutscher:

- Ausländische Gründer sind im Durchschnitt jünger als deutsche (DtA 2002).
- Ausländische Selbständige gründen häufiger Nebenerwerbsunternehmen als deutsche (DtA 2002).
- Anders als Deutsche leihen sich ausländische Gründer das nötige Gründungskapital häufig von Freunden und von der Familie, nicht von Banken und Förderinstitutionen (Täuber 2003:31).
- Das durchschnittliche Investitionsvolumen ausländischer Existenzgründer (die eine Förderung durch die Deutsche Ausgleichsbank in Anspruch nahmen) lag erheblich unter dem deutscher Existenzgründer(Täuber 2003:31).

Ausbildung in Migrantenunternehmen

In Migrantenunternehmen bestehen nach wie vor Vorbehalte, als Anbieter von Ausbildungsplätzen im Rahmen der dualen Berufsausbildung aufzutreten. Häufig liegen keine Kenntnisse über die Möglichkeiten, Auszubildende zu beschäftigen, vor, zum Teil werden auch die formalen Voraussetzungen zur Ausbildung nicht erfüllt. Die Kammern bieten daher auch für Migrantenunternehmer die Möglichkeit, die Ausbildungsvoraussetzungen individuell zu prüfen – Ausbildungsringe sollen den Einstieg als ausbildender Betrieb erleichtern. Sie unterstützen die Betriebe bei den „Formalien“ eines Ausbildungsbetriebes. Damit ist es zum Teil gelungen, auch kleine Migrantenunternehmen als ausbildende Betriebe zu gewinnen.

Vorbehalte bestehen andererseits zum Teil bei den jugendlichen Migranten. Ausbildungsanwärter mit guten Schulabschlüssen befürchten, bei einem Ausbildungsplatz in von Migranten geführten Unternehmen langfristig in die Nische der Migrantenökonomie gedrängt zu werden. Dies hängt vor allem damit zusammen, dass sie vermuten, Berufsabschlüsse, die in Migrantenunternehmen erworben wurden, seien auf dem deutschen Arbeitsmarkt weniger anerkannt als Abschlüsse bei „deutschen“ Unternehmen.

Neben der formalen Ausbildung im Rahmen des dualen Systems findet in zahlreichen Migrantenunternehmen „On-the-job-training“ statt. Auf diesem Wege werden zum Teil an sonst schwer vermittelbare Jugendliche einfache Fertigkeiten weitergegeben, die genutzt werden könnten, um sie langfristig in eine formale Berufsausbildung zu integrieren. Zur Umgehung von Formalien der dualen Ausbildung bieten zahlreiche Migrantenunternehmen Praktika an. Diese Angebote werden einerseits von schwer vermittelbaren Jugendlichen – meist auch Migranten, häufig aus der gleichen Migrantengruppe wie der Migrantenunternehmer – genutzt, andererseits dienen sie als Sprungbrett in die eigene Selbständigkeit. Personen, die selber ein Gewerbe gründen wollen, lernen auf diesem Wege grundlegende Geschäftsabläufe kennen, erwerben erste kaufmännische Grundkenntnisse und sind in der Lage, ein Netzwerk späterer Zulieferer und Kooperationspartner kennen zu lernen. Schließlich werden Familienangehörigen, Verwandten und Bekannten Qualifikationsmöglichkeiten durch die informelle Mitarbeit in Unternehmen geboten. Die Überschneidungsbereiche zwischen formeller und informeller Ökonomie sind in diesem Bereich groß.

Unabhängig vom Ausbildungsbetrieb innerhalb oder außerhalb der Migrantenökonomie sind die Chancen, nach abgeschlossener Ausbildung einen Arbeitsplatz in der formellen Ökonomie zu erhalten, für unterschiedliche Migrantengruppen sehr ungleich. Türkische Jugendliche mit abgeschlossener Ausbildung haben beispielsweise eine deutlich geringere Chance (65 Prozent), auf dem ersten Arbeitsmarkt „unterzukommen", als deutsche Jugendliche (72 Prozent) und Jugendliche aus den anderen EU15-Staaten (71 Prozent). Deutlich wird an den Zahlen aber auch, dass vergleichsweise große Chancen für Jugendliche mit abgeschlossener Berufsausbildung bestehen, einen Arbeitsplatz in der formellen Ökonomie zu finden. Daraus lässt sich folgern, dass vor allem Migranten ohne abgeschlossene Ausbildung auf Tätigkeiten in der informellen Ökonomie angewiesen sind (Damelang/Haas 2007).

Arbeitssuche von Migranten

Ein möglicher weiterer Anhaltspunkt für die Bedeutung der informellen Ökonomie für Migranten, die eine Beschäftigung suchen, sind Erkenntnisse über die „Suchwege" nach Arbeit, die sich zwischen Deutschen und Migranten deutlich unterscheiden. So spielen persönliche Netzwerke bei der Arbeitssuche von Migranten eine deutlich größere Rolle als bei Deutschen. Auf Basis der Daten des Sozio-ökonomischen Panels zeigt sich, dass fast die Hälfte der Migranten, die ihre Stelle gewechselt haben, persönliche Netzwerke zur Stellenfindung genutzt haben, bei den Deutschen waren es nur etwa ein Drittel. Der Anteil persönliche Netzwerke nutzender Migranten ist dabei bei Migranten, die nach 1988 nach Deutschland gekommen sind, am höchsten (51 Prozent). Vor allem jüngere und schlechter ausgebildete Migranten haben durch persönliche Kontakte von ihrer neuen Stelle erfahren (Drever/Spieß 2006). Durch persönliche Netzwerke kann man auch eher auf informelle Möglichkeiten der Beschäftigung aufmerksam werden, andere Wege der Stellenvermittlung (Arbeitsagentur, Zeitung) beschäftigen sich dagegen nur oder überwiegend mit der formellen Ökonomie. Wegen der häufigeren Nutzung persönlicher Netzwerke bei der Stellenfindung haben Migranten vermutlich häufiger Gelegenheit auch in der informellen Ökonomie eine Beschäftigung zu finden. Dies sagt jedoch nichts darüber aus wie häufig diese Gelegenheit auch tatsächlich genutzt wird.

Entwicklungshindernisse ethnischer Ökonomien

Strukturelle Probleme

Unternehmen der ethnischen Ökonomie unterscheiden sich von Unternehmen ohne ethnischen Hintergrund zum Teil erheblich:

- Ethnische Unternehmen sind häufig Klein- und Kleinstunternehmen, die vergleichsweise selten wachsen (vgl. Liikanen 2003). Einerseits ergibt sich diese Struktur aus der Aufenthaltsdauer von ausländischen Selbständigen, die zum Teil bisher für umfassende Wachstumsprozesse noch nicht ausgereicht hat, andererseits bilden sich die Branchenstrukturen ethnischer Unternehmen darin ab.
- Der Geschäftsbetrieb von ethnischen Unternehmen führt häufig nur zu geringen Erwerbseinkommen für die Selbständigen (Leiß 2001). Es besteht ein Anreiz, Kosten durch die Nutzung informeller Beschäftigung oder andere informelle Verfahren (z. B. Geschäftsvorfälle z. T. nicht zu verbuchen) zu senken.[6] Das Risiko formalisierter Beschäftigungsverhältnisse und damit einzuhaltender Arbeitschutzregelungen, Kündigungsfristen usw. kann von derartigen Unternehmen häufig (tatsächlich oder vermeintlich) nicht getragen werden.
- Ethnische Unternehmen konzentrieren sich in Märkten mit niedrigen Eintrittsschwellen (z. B. so genannten handwerksähnlichen Bereichen) und besetzen eher selten anspruchsvollere Geschäftsfelder (vgl. Liikanen 2003; Buschmann 2003:5). Teilt man die Schattenwirtschaft in Deutschland auf die Wirtschaftsbereiche auf, so entfallen geschätzt 38 Prozent auf das Baugewerbe und Handwerksbetriebe, 17 Prozent auf Dienstleistungsbetriebe (Hotel- und Gaststättengewerbe usw.) (Schneider 2007). Gerade in diesen Wirtschaftsbereichen sind auch Migrantenunternehmen aktiv. Dort ergeben sich informelle Beschäftigungspotenziale, da die qualifikatorischen Voraussetzungen, die von den Beschäftigten erwartet werden, häufig gering sind und schnell angelernt werden können oder Migranten über Qualifikationen verfügen, die aber formal nicht anerkannt werden, also zur Tätigkeit befähigt sind, diese aber aus

---

6 Für eine ausführliche Darstellung der informellen Maßnahmen zur Senkung von Geschäftskosten in der ethnischen Ökonomie von ehemaligen vietnamesischen Vertragsarbeitnehmern, die heute als Selbständige in Berlin tätig sind, vgl. Schweizer 2004.

formalen Gründen nicht ausführen dürfen. Inwieweit diese Potenziale tatsächlich ausgeschöpft werden, ist nicht bekannt.

- Ethnische Unternehmen weisen hohe Insolvenzraten auf (DtA Existenzgründung multikulturell o.J.). Migrantengruppen mit einer hohen Gründungsintensität zeichnen sich auch durch besonders viele Marktaustritte von Unternehmen aus.
- Ethnische Unternehmen sind häufig nur innerhalb des eigenen ethnischen Netzwerks aktiv und weisen starke Tendenzen zur Abgeschlossenheit auf, die im Laufe der Unternehmensentwicklung mit erheblichen Wettbewerbsnachteilen verbunden sein können. Diese Abgeschlossenheit begünstigt das Entstehen informeller Beschäftigungsverhältnisse und anderer informeller geschäftlicher Verpflichtungen (Finanzierung, Belieferung usw.).
- Ethnische Unternehmen finden darüber hinaus kaum Zugang zu Unterstützungsdiensten (hochwertige öffentliche und private Beratungsangebote). Mangelnde Kenntnisse der deutschen Sprache erhöhen die Schwelle zum Informationszugang. Sie begünstigen informelle Regelungen, die den Umgang mit der deutschen Schriftsprache (z. B. in Arbeitsverträgen) ersparen.

Rechtliche Hindernisse

Die selbständige Erwerbstätigkeit von Ausländern kann in erster Linie durch Auflagen zur Aufenthaltsgenehmigung eingeschränkt werden. Ein im Besitz einer Aufenthaltsberechtigung befindlicher Ausländer kann allerdings nach den für Deutsche geltenden allgemeinen Voraussetzungen nach dem Berufs- oder Gewerberecht tätig sein. Grundsätzlich kann jedoch durch Auflagen die Art und der Umfang der gewerblichen Betätigung von Ausländern erheblich eingeschränkt werden. Sogar ein vollständiges Verbot gewerblicher Betätigung ist auf diesem Weg möglich. Die Erteilung der Auflagen steht im pflichtgemäßen Ermessen der zuständigen Ausländerbehörde. In der Regel wird die Aufenthaltsgenehmigung mit der Auflage „Selbständige Erwerbstätigkeit oder vergleichbare unselbständige Erwerbstätigkeit nicht gestattet“ versehen. Besteht ein übergeordnetes wirtschaftliches Interesse an der Ausübung einer bestimmten selbständigen Erwerbstätigkeit durch Ausländer oder ein besonderes örtliches Bedürfnis, kann der so genannte Gewerbesperrvermerk geändert oder aufgehoben werden.

Spezifische Vergünstigungen genießen Angehörige solcher Staaten, mit denen die Bundesrepublik zwischenstaatliche Vereinbarungen geschlossen hat (z .B. Niederlassungsverträge). Diese völkerrechtlichen Verträge bleiben von den Vorschriften des Ausländergesetzes unberührt. Sie schließen aber, selbst wenn in ihnen den Angehörigen von Vertragsstaaten Inländergleichbehandlung bei der Zulassung zu Erwerbstätigkeit zugesichert wurde, das Ermessen der Ausländerbehörden nicht aus.

Nicht betroffen von dieser ausländerrechtlichen Einschränkung selbständiger Tätigkeit sind Staatsangehörige von EU-Mitgliedsstaaten sowie deren Familienangehörige, deren gemeinschaftsrechtliche Niederlassungsfreiheit im EG-Vertrag gewährt wird und ausländerrechtlich nicht einschränkbar ist. Die selbständige Erwerbstätigkeit dieser Personen kann allerdings aus Gründen der öffentlichen Ordnung, Sicherheit und Gesundheit begrenzt werden. Auch heimatlose Ausländer unterliegen keiner Beschränkung, da sie nach dem Gesetz über die Rechtsstellung heimatloser Ausländer im Bundesgebiet im Wesentlichen den deutschen Staatsangehörigen gleichgestellt sind.

Ausländerrechtliche Regelungen können damit zur Folge haben, dass eine selbständige oder abhängige Beschäftigung in der formellen Ökonomie rechtlich nicht zulässig ist und damit Anlass für die Aufnahme einer informellen Beschäftigung oder informellen Selbständigkeit sein.

In gewerberechtlichen Vorschriften finden sich keine ausländerspezifischen Einschränkungen, dagegen sind in den Spezialgesetzen zur Regelung der freiberuflichen Tätigkeit teilweise erhebliche Zulassungsbeschränkungen für Nichtdeutsche normiert. Die selbständige Tätigkeit von Migranten wurde durch die bisherige Handwerksordnung vor allem dadurch erschwert, dass eine im Nicht-EU-Ausland absolvierte Ausbildung oft nicht anerkannt wurde und der Meisterbrief als Zugangsbeschränkung die Gründung eines Handwerksbetriebes verhinderte. Seit dem 1. Januar 2004 sind umfassende Neuregelungen im Handwerksrecht in Kraft, die diese Beschränkungen für Migranten weitgehend beseitigen.

Finanzierungshindernisse

Neben grundsätzlichen Finanzierungshindernissen von Unternehmensgründungen, ergeben sich für Migranten spezifische Probleme:

- Die „Besicherung" von Krediten ist für Migranten in besonderer Weise erschwert, da ausländische Vermögenswerte zumeist nicht als Besicherung anerkannt werden.
- Neue Hürden für Migranten ergeben sich aus den Empfehlungen und Vereinbarungen, die unter dem Stichwort „Basel II" zusammengefasst werden. Die Kreditinstitute sollen zukünftig umso mehr Eigenkapital vorhalten, je höher das Risiko des Kreditnehmers ist, an den sie einen Kredit vergeben. Für kleinere und mittlere

Unternehmen kann dies mit einem höheren Besicherungsaufwand von Krediten, höheren Kreditkosten, zum Teil auch mit der Versagung von Krediten, z. B. in so genannten Risikobranchen, verbunden sein. Da zahlreiche Existenzgründungen von Migranten auf solche Risikobranchen entfallen (z. B. Gastronomie oder Teile des Lebensmitteleinzelhandels), sind diese in besonderer Weise von den mit Basel II im Zusammenhang stehenden Veränderungen der Geschäftspolitik von Banken und Kreditinstituten betroffen.

- Ausländische Unternehmer nehmen vergleichsweise selten öffentliche Programme zur Unternehmensförderung oder Existenzgründungsförderung in Anspruch. In der überwiegenden Zahl der Fälle liegt die Nichtnutzung vorhandener Angebote in der Unkenntnis der Fördermöglichkeiten begründet. Die Komplexität der Verfahren schreckt viele Migranten von der Beantragung von Fördermitteln ab.
- Die oft lange Dauer bankinterner Prüfungsverfahren wird von Migranten bemängelt. Diese Kritik verschärft sich noch dadurch, dass sich Migrantenunternehmer häufig in schnell verändernden Märkten engagieren – zum Teil Vorbilder kopieren und mit jeder weiteren Kopie des Geschäftskonzepts die Konkurrenzsituation größer wird – und sie deshalb möglichst schnell ihre Gewerbe gründen wollen und wenig Verständnis für längere Prüfverfahren aufbringen. Dies sei einerseits der Mentalität der Migrantengründer geschuldet, andererseits erklärt es sich aus dem Druck, dem gerade solche Personen unterliegen, die aus der Arbeitslosigkeit heraus eine Existenzgründung planen.
- Bei den Geschäftsbanken fehlt es häufig an interkultureller Kompetenz.
- Migranten greifen als Gründer häufig auf die finanzielle Unterstützung durch Verwandte zurück. Ein Problem dieser Finanzierungsform liegt darin, dass den Unternehmen damit häufig die stabile Finanzgrundlage fehlt, weil die geliehenen Mittel nicht dauerhaft zur Verfügung stehen (Crone-Erdmann/Yilmaz 2003:21).

Die genannten spezifischen Bedingungen für Migranten können damit verbunden sein, dass eher informelle Möglichkeiten der Finanzierung (von Gründungskosten, Warenlieferungen usw.) genutzt werden und damit Abhängigkeiten, ggf. auch engere Verbindungen zur informellen Ökonomie entstehen.

Kommunale Handlungsmöglichkeiten

Potenziale für die Gemeinden

Die selbständige wirtschaftliche Tätigkeit von Migranten hat bereits heute für einige deutsche Städte einen hohen Stellenwert bei der Entwicklung der lokalen

Wirtschaft. Zukünftig ist mit einem weiteren Bedeutungsgewinn zu rechnen. Der Umgang mit Migrantenökonomien entwickelt sich von einem Integrationsthema zu einem Wirtschaftsförderungsthema, ohne dabei die Bedeutung für die Integration von Migranten zu verlieren. Bei der Entwicklung und Umsetzung von Maßnahmen – dies zeigen bereits zahlreiche Aktivitäten in den Städten – sollten zukünftig beide Politikfelder stärker verknüpft werden. Gerade unter Berücksichtigung des Stadtteilbezugs wächst die Notwendigkeit eines integrierten Ansatzes. Die strafrechtliche Verfolgung von Teilen der informellen Ökonomie allein und das negative Image, das für informelle Beschäftigung jedweder Art damit verbunden ist, sind nur eine Seite der Medaille. Strafwürdiges Verhalten muss geahndet werden, gleichzeitig müssen aber auch die Potenziale der informellen Ökonomie gehoben werden und Konzepte zur Integration informeller Beschäftigung müssen entwickelt werden, die eher die Ermöglichung wertschöpfender Tätigkeiten als deren Verhinderung im Blick haben. Dabei muss es darum gehen, den Drehtüreffekt zwischen formellen und informellen Ökonomien zumindest teilweise zu durchbrechen und den Weg in die formelle Ökonomie zu erleichtern. Dafür gibt es zahlreiche Ansatzpunkte. Migrantenökonomien können dabei ein Weg in die formelle Ökonomie sein. Auf lokaler Ebene sind leistungsfähige Migrantenökonomien vor allem mit folgenden Vorteilen verbunden:

- Nutzung der endogenen Entwicklungspotentiale (von Stadtteilen),
- Schaffung von Arbeitsplätzen und Ausbildungsplätzen gerade auch für sonst schwer vermittelbare Arbeitskräfte und Auszubildende (z. B. jugendliche Migranten),
- soziale und wirtschaftliche Integration von Migranten,
- Verbesserung der Nahversorgung nicht nur für die Migrantenbevölkerung,
- Erschließung von Spezialisierungspotenzialen (in Großhandel, Einzelhandel, im Dienstleistungsbereich z. B. bei Reisebüros usw.) die durch transkulturelle Erfahrungen der Migranten unterstützt werden,
- Erschließung neuer Wachstumspotenziale (Nischenunternehmen mit gut durchdachten Geschäftskonzepten z. B. im Großhandel, im Bereich Medien und Werbung usw. können über die lokale Ökonomie hinaus expandieren),
- Belebung von Stadtteilen mit Entwicklungsproblemen durch die Förderung von Kleinunternehmen,
- Beitrag zur Imagekorrektur gerade von benachteiligten Stadtteilen (Migranten werden nicht mehr nur als Problem, sondern auch als Entwicklungschance wahrgenommen).

Erste Schritte zu einer integrierten Förderung von Migrantenökonomien

Es gibt nicht das eine Patentrezept dafür, wie die Entwicklung von Migrantenökonomien unterstützt werden kann. Zu unterschiedlich sind die Ausgangssituationen in den einzelnen Städten und Gemeinden (z. B. im Bezug auf die Zahl der Migranten, die Größe einzelner Migrantengruppen, die Aktivität von Migrantenunternehmern usw.).

Bausteine einer kommunalen Strategie, die die Potenziale von Migrantenökonomien für die Städte und Gemeinden besser nutzen, könnten sein:

- Identifizierung vorhandener Migrantenunternehmen (Welche Migrantengruppen sind in welchen Gewerben an welchen Orten tätig?),
- Kennenlernen der Migrantenunternehmen (Verbesserung der Informationsgrundlage für die Kommune und Aufbau von Vertrauen zwischen kommunalen Einrichtungen und Migranten),
- Unterstützung von aktiven oder aktivierbaren Migrantenunternehmern (Welche Migrantenunternehmer sind bereit und in der Lage, neben der eigenen Geschäftstätigkeit auch Belange der Quartiersentwicklung und Integrationsaufgaben zu unterstützen?),
- Gemeinsame Stärken-Schwächen-Analyse (Welche Potenziale, aber auch welche Entwicklungshemmnisse bestehen vor Ort?),
- Identifizierung der kommunalen Politikfelder, die für die Entwicklung von Migrantenökonomien wichtig sind (Welche Ideen, Konzepte, Maßnahmen bestehen bereits, die für Migrantenunternehmer wichtig sein könnten und wie werden sie bisher in Anspruch genommen? Welche Konzepte könnten gemeinsam entwickelt werden?),
- Vernetzung von Politikfeldern und Akteuren (Wie können Konzepte und Maßnahmen besser aufeinander abgestimmt werden, um Synergiepotenziale zu erschließen? Welche Akteure müssen in welcher Form miteinander zusammenarbeiten?).
- Sichtbarmachung von Potenzialen der Migrantenökonomien (z. B. durch Einbeziehung in Stadtmarketingmaßnahmen, Organisation spezieller Events usw.).

Verbesserung von Förderstrukturen, Beratungs- und Finanzierungsangeboten

Selbständige Tätigkeit wird grundsätzlich bereits von einer Reihe von Akteuren in den Städten und Gemeinden gefördert. Zu nennen sind hier beispielsweise die kommunalen Wirtschaftsförderungseinrichtungen, die Industrie- und Handelskammern sowie die Handwerkskammern. Darüber hinaus haben sich in vielen Städten und Gemeinden spezifische Ansätze zur Förderung der Selbständigkeit von Migranten entwickelt, die als gute Beispiele für Aktivitäten in der eigenen Kommune genutzt werden können:

- zielgruppenspezifische Gründer- und Dienstleistungszentren, die Existenzgründer und junge Unternehmen mit Räumen, Beratung und Qualifizierungsangeboten unterstützen wollen,
- Ausbildungsverbünde, die zum Abbau der Arbeitslosigkeit bei jugendlichen Migranten beitragen und die Ausbildungsfähigkeit ausländischer Betriebe fördern sollen,
- Beratungsangebote zur Existenzgründung von Migranten,
- stadtteilbezogene Gründerförderung,
- Transferstellen zur Förderung selbständiger Migranten als Anlauf- und Vermittlungsstelle zwischen Migranten und den institutionellen Akteuren,
- Modellprojekte zur Förderung von Migrantengründern,
- Unternehmensvereine und -verbände von Migrantenunternehmern.
- Städte und Gemeinden können dabei initiierend, beratend, moderierend und unterstützend tätig werden.

Mittlerweile gibt es eine Vielzahl von Beratungsangeboten in größeren Städten. Selbst in kleineren Kommunen werden Gründer mit Beratungsangeboten versorgt. Häufig sind dort die institutionellen Wege auch „kürzer“. Standardisierte Beratungsangebote sollten allerdings – dort wo Bedarf besteht – durch spezifische Coaching-Angebote für Migrantengründer ergänzt werden. Beratungsangebote wenden sich häufig an Personen, die im Umgang mit „deutschen“ Behörden und Institutionen geübt sind. Die Gründerberatung sollte gerade für Migranten besonders umfassend erfolgen und den spezifischen Erfahrungshintergrund der Gründer stärker berücksichtigen. An dieser Stelle kann sich auch entscheiden, ob formelle Verfahren akzeptiert werden oder der informelle Weg gesucht wird.

Die Geschäftstätigkeit ethnischer Unternehmen kann nur verbessert werden, wenn es gelingt, die teilweise vorhandene Beratungsresistenz aufzuweichen. Dabei ist der Aufbau einer vertrauensvollen Beziehung zwischen Berater und Gründer von besonderer Bedeutung. Zugehörigkeit zur gleichen Migrantengruppe oder zumindest eigener Migrationshintergrund können für die Berater in diesem Zusammenhang von Vorteil sein. Muttersprachliche Beratungsleistungen können dieses Vertrauensverhältnis verbessern. Zum Teil reicht es auch aus, dass Migranten Sachverhalte vereinfacht umgangssprachlich in deutscher Sprache erklären können und damit auch für Migranten mit anderer Muttersprache verständlicher sind als im „Geschäfts- und Verwaltungsdeutsch“ verhaftete Berater. Das Angebot niedrigschwelliger Beratungsangebote im Stadtteil sollte erweitert werden.

Gründungen von Migranten werden erleichtert, wenn eine Vielfalt von Finanzierungsformen und -beratung angeboten werden kann. Geschäftsideen von Migranten konzentrieren sich häufig auf so genannte Risikobranchen. Migranten sind oft nicht in der Lage, beantragte Kredite ausreichend oder in der von den Banken vorgesehenen Form (also z. B. ohne ausländischen Besitz) zu besichern. Zur Finanzierung von Gründungen von Migranten wird in vielen Fällen nur wenig Startkapital benötigt. Kleinstkreditprogramme, revolvierende Gründerfonds oder auch nur eine höhere Risikofreudigkeit bei der Bewilligung von Krediten verbunden mit einer Prüfung der Geschäftskonzepte, die die spezifischen ethnischen Ressourcen der Gründer (wie z. B. ethnisches Netzwerk, Flexibilität, familiäre Unterstützung, kulturelle Ressourcen, zum Teil geringes Anspruchsniveau) stärker berücksichtigen, könnten die Finanzierung von Gründungen in der ethnischen Ökonomie erheblich erleichtern. Mit der Sicherstellung von Finanzierungsverfahren der formellen Ökonomie, könnte die teilweise bestehende Abhängigkeit von Gründern mit Migrationshintergrund von informellen Finanzierungsmöglichkeiten verringert und damit der Weg in die formelle Ökonomie erleichtert werden. Besonders die Förderung von Kleinstbetrieben sollte verbessert werden. Die Förderung von Migranten- und lokaler Ökonomie sollte verknüpft werden. Kommunen können in diesem Zusammenhang vor allem Image prägend wirken, in dem sie die Bedeutung von Migrantenunternehmen für ihre Gemeinden gegenüber der Kreditwirtschaft verdeutlichen.

Förderung der lokalen Ökonomie

Während der letzten Jahre haben die Migrantenökonomien vor allem für die Entwicklung der lokalen wirtschaftlichen Situation an Bedeutung zugenommen und häufig die Nahversorgung (Einzelhandel, Gastronomie) in benachteiligten Stadtteilen sichergestellt, nicht mehr nur für die eigenen Ethnien, sondern auch für die Gebietsbevölkerung.

Damit übernehmen sie eine notwendige Stabilisierungsfunktion im Stadtteil: Migrantenunternehmen bieten Ansätze für strukturelle Verbesserungen in benachteiligten Stadtteilen. Der Branchenmix und auch die ethnische Zusammensetzung der lokalen Migrantenökonomien können von entscheidender Bedeutung dafür sein, Stadtteile auf einen positiven Entwicklungspfad zu führen. Entstehen viele gleichartige Geschäfte an einem Standort, wachsen die Auswahlmöglichkeiten für die Kunden; die Lebensqualität im Stadtteil wird durch gute Einkaufsmöglichkeiten gesteigert. Konzentrieren sich viele Geschäfte einer Migrantengruppe, kann das von den Kunden als attraktivitätssteigernd bewertet werden. Gleichzeitig ist mit dem Kopieren gleicher Geschäftsideen in unmittelbarer räumlicher Nähe allerdings eine wachsende Konkurrenz verbunden.

In Gewerben, die häufig ohnehin geringe Gewinnmargen erzielen, besteht damit die Gefahr, dass viele Geschäfte scheitern, wodurch sich ein negatives Standortimage verfestigt. Darüber hinaus kann die Dominanz einer Migrantengruppe von anderen Gruppen und der Gebietsbevölkerung als Bedrohung wahrgenommen werden. Die Mischung der Migrantenökonomien fördert demgegenüber beispielsweise die Nutzung der deutschen Sprache als lingua franca auch zwischen den Migrantengruppen.

Bislang besteht häufig nur ein geringer Bezug der Gewerbetreibenden zum Stadtteil. Migrantenunternehmen sind unzureichend in die Netzwerke der lokalen Ökonomie einbezogen. Öffentlichkeitswirksame Aktionen im Stadtteil, die Gewerbetreibende mit Migrationshintergrund als aktiv Handelnde im Stadtquartier präsent erscheinen lassen, können hierbei Abhilfe schaffen. Darüber hinaus sollte die Vernetzung der Gewerbetreibenden auf Gebietsebene verbessert werden. Gemeinsame Projekte und Aktivitäten können diese Vernetzung unterstützen. Kommunen können diese Vernetzungsaktivitäten anstoßen und unterstützen. Sie können ausländische Gewerbetreibende aktiv in die Quartiersentwicklung einbeziehen. Vorhandene Potenziale der Migrantenökonomien sollten gezielt zur Verbesserung des Stadtteilimages genutzt werden, z. B. über die gezielte Präsentation auf Stadtteilfesten, im Rahmen von Gewerbeinitiativen usw. In den Fällen, in denen Kommunen oder kommunale Einrichtungen als Vermieter oder Bereitsteller von Gewerbeflächen auftreten, sollten die Potenziale der Migrantenökonomie besser einbezogen werden.

Einbeziehung von Migrantenverbänden

Migrantenunternehmer haben sich teilweise in eigenen Unternehmensverbänden oder -vereinen organisiert, die an der Schnittstelle zwischen bestehenden Institutionen und wirtschaftlich tätigen Migranten auftreten. Häufig organisieren sich diese Unternehmer nach unterschiedlichen Migrantengruppen (z .B. Arbeitsgemeinschaft türkischer Unternehmer und Existenzgründer e.V.) und nach Branchen (z. B. türkische Dönerhersteller, italienische Eishersteller) in eigenen Vereinen und Verbänden, zum Teil gibt es auch Vereine und Verbände, die die Transkulturalität betonen (z. B. die Türkisch-Deutsche Industrie- und Handelskammer, Deutsch-Italienische Wirtschaftsvereinigung). Eher die Ausnahme sind bisher Verbände, die sich ausdrücklich an unterschiedliche Migrantengruppen wenden (z. B. Unternehmer ohne Grenzen).

Häufig sind die Verbände und Vereine der Migrantenunternehmer eng mit den Kammern und Verbänden verbunden. Die Migrantenverbände können eine wichtige Schnittstellenfunktion zwischen den Migrantenunternehmern- und -gründern und den Förderinstitutionen übernehmen. Kommunen sollten die Selbstorganisation von Migrantenunternehmern fördern. Die Verbände und Vereine haben ein Interesse daran die formelle Ökonomie weiterzuentwickeln. Sie sollten in die Entwicklung von Konzepten zur Integration von informeller Beschäftigung in die formelle Ökonomie aktiv einbezogen werden.

Fazit

Die Weiterentwicklung der Migrantenökonomien und ihr Stellenwert bei der Integration der Migrantenbevölkerung hängen zwar nicht nur von den Kommunen ab, da z. B. die rechtlichen Rahmenbedingungen, die Förderprogramme und die gesellschaftliche Akzeptanz von Migranten – alles Faktoren, die auf die Entwicklung von Migrantenökonomien einwirken – nur bedingt von den Städten beeinflusst werden können. Kommunen können aber durch interkulturelles Engagement und integrierte Förderung viel dazu beitragen, Hemmnisse und Gründungsschwierigkeiten abzubauen. Wenn es gelingt, die Migrantenökonomien in den Städten und Gemeinden aufzuwerten und ihre Bedeutung zu erkennen, können sie eine wichtige Integrationsfunktion übernehmen und das Zusammenleben fördern. Die Übergänge zwischen der formellen und der informellen Ökonomie sind auch in den Migrantenökonomien – wie in nahezu allen Wirtschaftsbereichen – fließend. In dem Maß wie die Arbeitsmarktentwicklung, die ausländerrechtliche Situation und der Integrationsfortschritt (oder -stillstand) den Zugang zur formellen Ökonomie behindern, wird der Zugang zur informellen Ökonomie von abhängig Beschäftigten und Selbständigen gesucht werden. Beim Umgang mit dem Thema informelle Ökonomie geht es zunächst meist um die Verfolgung und Verhinderung strafwürdigen Verhaltens. Darüber hinaus sollten aber auch die Potenziale erkannt und Wege zur Integration in die formelle Ökonomie entwickelt werden. Das Beispiel der Mini-Job-Regelung beweist, dass es gelingen kann, die Schattenwirtschaft deutlich zu verringern, wenn nur attraktive Angebote für den Einstieg in die formelle Ökonomie bestehen. Den Weg der Ermöglichung statt der Verhinderung sollte man häufiger beschreiten. Migrantenökonomien können ein wichtiges Bindeglied auf diesem Weg sein.

Literatur

Blaschke, J., A. Ersöz (1987): Herkunft und Geschäftsaufnahme türkischer Kleingewerbetreibender in Berlin. Reihe Forschungsmaterialien Migration. M3. Berlin

Blaschke, J., A. Ersöz (1986): Die Türkische Ökonomie in Berlin, in: Forum. Heft 1. S. 58-69

Bundesverband der deutschen Industrie e. V. (BDI) (Hrsg.) (2007): BDI-Außenwirtschafts-Report Special. Ausgabe 14. Berlin

Buschmann, B. (2003): Ausländische Selbständige und ihre soziale und wirtschaftliche Bedeutung. Vortrag beim DtA-Forum „Wirtschaftsdynamik durch Existenzgründungen von Migranten?" 17.06.2003. Institut für Mittelstandsforschung der Universität Mannheim

Butscher, S. (1996): Informelle Überlebensökonomie in Berlin. Klaus Schwarz Verlag: Berlin

Castells, M., A. Portes (1989): World underneath: The origins, dynamics, and effects of the informal economy, in: L. A. Benton, M. Castells, A. Portes (Hrsg.): The Informal Economy: Studies in advanced and less developed countries. The Johns Hopkins University Press: Baltimore/London. S. 11-39

Crone-Erdmann, G., S. Yilmaz (2003): Projekt FATIMA. Abschlußbericht. Düsseldorf

Damelang, A., A. Haas (2007): Labor Market Entry of Migrants in Germany. Does cultural diversity matter? IAB Discussion Paper. Nr. 18/2007. Institut für Arbeitsmarkt- und Berufsforschung (IAB). Nürnberg

Drever, A., C. K. Spieß (2006): Netzwerke sind bei der Stellenfindung von Migranten bedeutend, in: Deutsches Institut für Wirtschaftsforschung (DIW): DIW-Wochenbericht Nr. 22. S. 327-331

Deutsche Ausgleichsbank (DtA) (1999): Ausländische Unternehmer in Deutschland. (Hörfunkmanuskript) (http://www.dta.de/dtaportal/Ressourcen/Presseclub/pdf/d010Audio service/Auslaender.pdf, 20.03.2003)

Deutsche Ausgleichsbank (DtA) (2002): Gründungsaktivität ausländischer Mitbürger. Ergebnisse der Markt- und Mittelstandsforschung der DtA (http://www.dta.de/dtaportal/Presseclub/d030ThemaM/Arch02/Auslaender/Kurz_notiert_Auslaender.jsp, 20.03.2003)

Deutsche Ausgleichsbank (DtA): Existenzgründung multikulturell. Beratung für ausländische Gründerinnen und Gründer (http://www.gruenderfreundliche-kommune.de/pb06/hannover.html, 20.03.2003)

Ellwert, G. (2002): Unternehmerische Illegale. Ziele und Organisationen eines unterschätzten Typs illegaler Einwanderer, in: Institut für Migrationsforschung und Interkulturelle Studien (IMIS) (Hrsg.): IMIS-Beiträge. Heft 19. Osnabrück. S. 7-20

Gershuny, J. I. (1979): The Informal Economy. Its role in the post-industrial economy, in: Futures. Jg. 11. S. 3-15

Häußermann, H., I. Oswald (Hrsg.) (1997): Zuwanderung und Stadtentwicklung, Sonderheft 17. Verlag für Sozialwissenschaften (VS): Wiesbaden. S. 9-29

Hart, K. (1973): Informal Income Opportunities and Urban Employment in Ghana, in: Journal of Modern African Studies. Jg. 11, Nr. 1. S. 62-89

Hillmann, F. (2001): Struktur und Dynamik der Arbeitsmigration der ausländischen Bevölkerung in Berlin, in: F. Gesemann (Hrsg.): Migration und Integration. Wissenschaftliche Analysen und politische Perspektiven. Opladen: Wiesbaden. S. 185-208

Internationales Arbeitsamt (2004): Bericht des Generaldirektors. Sich Zusammenschließen für soziale Gerechtigkeit. Gesamtbericht im Rahmen der Folgemaßnahmen zur Erklärung der IAO über grundlegende Prinzipien und Rechte bei der Arbeit. Internationale Arbeitskonferenz. 92. Tagung. Genf

Kapphan, A. (1997): Russisches Gewerbe in Berlin, in: H. Häußermann, I. Oswald (Hrsg.): Zuwanderung und Stadtentwicklung. Sonderheft 17. Verlag für Sozialwissenschaften (VS): Wiesbaden. S. 121-137

Leicht, R., M. Leiß, R. Strohmeyer (2001): Ausländische Selbständige in Baden-Württemberg. Grüne Reihe Nr. 43. Institut für Mittelstandsforschung. Mannheim

Leiß, M. (2001): Selbständige Ausländer in Deutschland. Strukturen, Entwicklungen und Determinanten. Diplomarbeit. Universität Mannheim

Liikanen, E. (2003): Entrepreneurs from Ethnic Minorities. An opportunity for a more entrepreneurial Europe. Pressemitteilung der EU-Kommission. 08.07.2003. Brüssel (http://europa.eu.int/rapid/start/cgi/guesten.ksh?p_action.gettxt=gt&doc=SPEECH/03/353|0|RAPID&lg=EN&display=, 24.03.2004)

Pape, K. (2005): Informelle Ökonomie und Gewerkschaften in Deutschland. Global Labour Institute. Genf

Rada, U.: Schwarzarbeit als Chance (http://www.uwe-rada.de/themen/pol12.html, 31.07.2007)

Reiß-Schmidt, S., J. Tress (2002): München – Stadtentwicklung mit Ausländern in einer prosperierenden Stadt, in: Deutsche Akademie für Städtebau und Landesplanung (DASL) (Hrsg.): Stadtentwicklung durch Zuwanderung. Integration von Migration. Vorbereitende Berichte zur Jahrestagung 2002. Berlin

Sassen-Koob, S. (1989): New York City's informal economy, in: L. A. Benton, M. Castells, A. Portes (Hrsg.): The Informal Economy: Studies in advanced and less developed countries. The Johns Hopkins University Press: Baltimore/London. S. 60-77

Schmidt, E. (2000): Vom Arbeiter zum Unternehmer, in: Ausländer in Deutschland. Jg. 16, Nr. 1 (http://www.isoplan.de/aid/2000-1/schwerpunkt.htm, 20.03.2003)

Schneider, F. (2007): Erstmals wieder steigende Schattenwirtschaft in Deutschland im Jahr 2007. Fluch oder Segen? Vortrag. April 2007

Schönwälder, K., G. Sciortino, D. Vogel (2004): Migration und Illegalität in Deutschland. AKI-Forschungsbilanz 1. Arbeitsstelle interkulturelle Konflikte und gesellschaftliche Integration. Wissenschaftszentrum Berlin für Sozialforschung (WZB)

Schutkin, A. (2000): Die berufliche Positionierung ausländischer Erwerbspersonen in Bayern. Zu den Auswirkungen der Arbeitsmigration in der Zeit von 1955 bis 1973 auf die heutigen Arbeitsmarktstrukturen. Dissertation. Wirtschaftswissenschaftliche Fakultät der Universität Regensburg.

Schweizer, J. (2004): The informal behind the formal. The unofficial workers supporting the Vietnamese-owned retail businesses in Berlin, in: S. Manning, M. Mayer (Hrsg.): Praktiken informeller Ökonomie. Explorative Studien aus Berlin und nordamerikanischen Städten. Arbeitspapier Nr. 2. Abteilung Politik des John-F.-Kennedy-Instituts der Freien Universität Berlin. S. 54-70

Täuber, M. (2003): Förderung ausländischer Existenzgründer durch die Deutsche Ausgleichsbank. Eine Förderbilanz der Jahre 1990-2002. Bonn/Berlin

Berlins vietnamesischer Blumenhandel und New York's Iron Triangle: Praktiken informeller Ökonomie aus strukturationstheoretischer Sicht

von Stephan Manning und Philippe Schmidt

Einführung

Berlin und New York sind bekannte und häufig beforschte Schauplätze informeller Ökonomie (vgl. z. B. Sassen 1989; Snyder 2004; Huning 1998; Butscher 1998; Manning und Mayer 2004b). Unter informeller Ökonomie verstehen wir nach Feige (1990) jene ökonomischen Aktivitäten „that fail to adhere to the established rules, or are denied their protection" (Feige 1990:990). Das heißt, informelle Unternehmer und Beschäftigte – ob im Einzelhandel, der Gastronomie, Bauwirtschaft oder privaten Haushaltswirtschaft – „profitieren" zwar einerseits davon, dass sie formale Regularien teilweise umgehen oder ignorieren (Steuern, Arbeitserlaubnis, Gewerbeanmeldung, Zertifikate, ...), genießen aber andererseits oft nicht den rechtlichen Schutz der formellen Ökonomie (Arbeits- und Vertragsrecht, Eigentumsschutz, ...). Vor allem in Städten wie New York und Berlin, in denen ein hoher Bedarf an sogenannten „einfachen" Dienstleistungen besteht und in denen viele Arbeitskräfte – nicht zuletzt Migranten – mit geringen Qualifikationen und teils ohne Arbeitserlaubnis „verfügbar" sind, können sich informelle Ökonomien herausbilden (vgl. dazu Portes/Haller 2005; Sassen 1994).

Trotz der Bedeutung informeller Ökonomie im urbanen Raum sind deren Entstehung und Funktionsweise bis heute nur ansatzweise verstanden (vgl. dazu Sassen 1994; Portes/Haller 2005). Ein Großteil bisheriger Forschungsarbeiten lässt sich individualistischen oder systemfunktionalistischen Perspektiven zuordnen. Aus *individualistischer* Sicht ist informelle Ökonomie ein aggregiertes Ergebnis der Entscheidungen einzelner Wirtschaftssubjekte, bestimmte Leistungen in einem gegebenen institutionellen und ökonomischen Kontext vor dem Hintergrund ihrer eigenen Möglichkeiten informell anzubieten und nachzufragen (vgl. etwa Maloney 2004; Snyder 2004). In solche Entscheidungen fließen verschiedene Faktoren ein, z. B. Einkommensoptionen durch informell und formell erbrachte Leistungen, notwendige Investitionen, damit verbundene Risiken usw. Individuen lassen sich aber auch von Wertvorstellungen und Identitäten leiten, etwa der eines „Freelancers" gegenüber der eines „abhängig Beschäftigten" (Snyder 2004). *Systemfunktionalistische* Ansätze schauen auf informelle Ökonomien dagegen als reproduktive Systeme von Leistungen und Beziehungen, die sich in einem bestimmten institutionellen und ökonomischen Kontext herausbilden – unabhängig von den Entscheidungen Einzelner (vgl. etwa Gershuny 1979; Tokman 1978; Sassen 1994). Sie erklären nicht nur Leistungs- und Beziehungszusammenhänge „innerhalb" eines solchen Systems – etwa einer informell geregelten lokalen Ökonomie (vgl. Portes u. a. 1986) – sondern auch die komplexe Verflechtung formeller und informeller, erwerbswirtschaftlicher und nicht-erwerbswirtschaftlicher Wertschöpfung (vgl. etwa Gershuny 1979; zu dieser Unterscheidung auch Manning und Mayer 2004a). Manche sehen die informelle Ökonomie gar als funktionales Komplement der formellen Erwerbswirtschaft an (vgl. z. B. Tokman 1978; Sassen 1994; Teichert 2003; Altvater/Mahnkopf 2002). Dieser Logik zufolge sind z. B. viele formell erwerbstätige „Dual Career Couples" darauf angewiesen, Haushaltshilfen und Babysitter – oft informell – zu beschäftigen, um sich (Erwerbs-)Arbeitszeit zu „erkaufen" (vgl. Ehrenreich/Hochschild 2003).

Beide Ansätze haben allerdings spezifische Schwächen: Individualistische Ansätze übersehen zumeist die strukturellen Bedingungen, in die individuelle Entscheidungen eingebettet sind. Systemfunktionalistische Ansätze messen dagegen dem strategischen Handeln in Bezug auf die Herausbildung informeller Ökonomien geringe bis keine Bedeutung zu. Dieser Beitrag nimmt eine vermittelnde Position zwischen individualistischen (oder akteursbezogenen) und systemfunktionalistischen (oder strukturbezogenen) Ansätzen ein. Mit Hilfe der Strukturationstheorie wird eine dynamische Mehrebenenperspektive auf informelle Ökonomie vorgestellt, die sowohl dem strategischen Handeln von Akteuren als auch systemischen Strukturen und institutionellen Kontexten Rechnung trägt. Informelle Ökonomie wird dabei als Gefüge sozialer Praktiken verstanden, auf die sich Beteiligte in ihrem Handeln beziehen und die sie dadurch gleichsam reproduzieren. Weder individuelles Handeln noch systemische Strukturen werden dabei als gegeben oder zwangsläufig betrachtet. Vielmehr wird informelle Ökonomie als fortlaufendes Ergebnis von Prozessen der Konstitution und Strukturation aufgefasst, an denen sich Akteure mehr oder weniger reflexiv und machtvoll beteiligen. Wie sie das tun, soll anhand zweier Beispiele deutlich gemacht werden: dem Blumenhandel vietnamesischer Migranten in Berlin und dem Autoersatzteilmarkt im Iron Triangle in New York. Diese illustrativen Beispiele gehen auf ein Studienprojekt zu Praktiken informeller Ökonomie unter Leitung von Stephan Manning und Margit

Mayer am JFK-Institut der Freien Universität Berlin zurück, zu dem ein gleichnamiger Sammelband (Manning/Mayer 2004b) erschienen ist.

Praktiken informeller Ökonomie aus strukturationstheoretischer Sicht

Die Strukturationstheorie ist eine Sozialtheorie, die sich mit dem rekursiven Zusammenspiel von Handlung und Struktur befasst. Sie wurde hauptsächlich von Anthony Giddens (1979, 1984) entwickelt. In den letzten Jahren hat sie in der Organisations-, Markt- und Netzwerkforschung breite Anwendung gefunden (z. B. Barley/Tolbert 1997; Sydow und Windeler 1998; Beckert 1997; Kilduff u. a. 2006). Ihre Stärke liegt in der Analyse sozialer Prozesse und Praktiken, z. B. Praktiken informeller Ökonomie, wobei sie auf die Rolle und das Zusammenwirken sozialer Institutionen, systemischer Strukturen und Handlungsstrategien individueller und kollektiver Akteure gleichermaßen Wert legt. Sie dient als „sensitizing device" (Giddens 1984) für die Analyse empirischer Phänomene und die Entwicklung substanzieller Theorien mittlerer Reichweite – hier etwa: für die Entwicklung einer Theorie informeller ökonomischer Praxis auf Grundlage empirischen Materials.[1]

In Abbildung 1 sind die Hauptelemente der strukturationstheoretischen Analyse dargestellt (ausführlicher vgl. Windeler 2001), die im Folgenden auf informelle Ökonomie angewandt werden sollen. Den Kern strukturationstheoretischen Denkens bilden *soziale Praktiken*. Sie bezeichnen in Raum und Zeit geordnete Interaktionsmuster, die durch Akteure wechselseitig unter Anwendung von Regeln und Ressourcen (siehe unten) hervorgebracht und reproduziert werden. Sie sind mehr oder weniger institutionalisiert und routinisiert, werden situativ angewendet und nur selten – etwa in Konfliktfällen – diskursiv hinterfragt. Auf ihrer wiederholten Anwendung beruhen sowohl die Erwartbarkeit sozialer Interaktion als auch die ontologische Sicherheit des oder der Einzelnen (Giddens 1984:282). Praktiken informeller Ökonomie, wie etwa das Anbieten von Kinderbetreuung oder Haushaltshilfe jenseits gesetzlicher Regelung, sind besondere soziale Praktiken, die durch Anwendung

Abb. 1: Analyseelemente und -ebenen der Strukturationstheorie

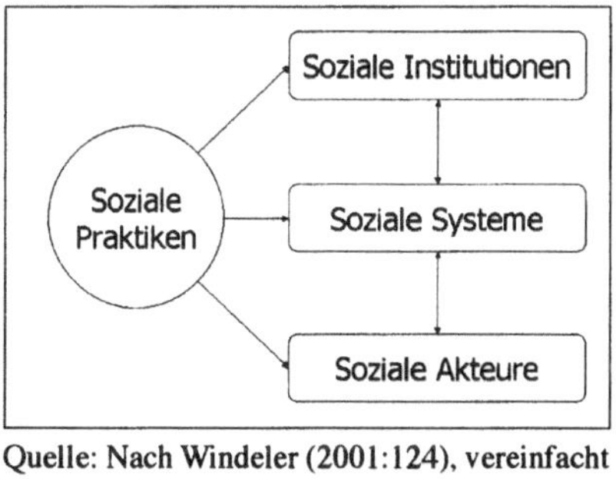

Quelle: Nach Windeler (2001:124), vereinfacht

1 Eine solche Theorie zu entwickeln, ist nicht Ziel dieses Beitrages. Dieser kann jedoch Anregungen für ein solches längerfristiges Projekt geben.

spezifischer Sets von Regeln und Ressourcen – also: „Strukturen" informeller ökonomischer Organisation – in sozialen Kontexten hervorgebracht und reproduziert werden.

Wichtig für das Verständnis sozialer Praktiken ist das Zusammenwirken von Handlung und Struktur. Giddens (1984:28ff) begreift Strukturen als Sets von Regeln und Ressourcen, die von Akteuren als Handlungsbedingungen wahrgenommen werden und die ihr Handeln sowohl ermöglichen als auch beschränken. Analytisch trennt Giddens zwischen Regeln der Signifikation und Legitimation und Ressourcen der Domination. Regeln der *Signifikation* verweisen auf Muster der Bezeichnung und Zuweisung von Bedeutung im Handeln, Regeln der *Legitimation* auf Muster der normativen Bewertung und Sanktionierung; und Ressourcen der *Domination* auf Prinzipien und Mittel der Machtausübung – bezogen auf Objekte/Artefakte (Allokation) oder Akteure (Autorisation). Alle drei Dimensionen sind stets gemeinsam wirksam. In sozialen Praktiken wenden Akteure Regeln und Ressourcen an und (re)produzieren sie damit gleichsam (duality of structure). Deren Anwendung gelingt über Modalitäten von Struktur, d. h. Akteure kommunizieren *mittels* interpretativer Schemata (Signifikation), üben autoritative und allokative Macht aus *mittels* materieller und immaterieller Ressourcen (Domination) und sanktionieren ihr eigenes und das Handeln anderer *mittels* Normen (Legitimation) (vgl. Abbildung 2). Praktiken informeller Ökonomie sind aus dieser Perspektive demnach ein Ergebnis der wiederholten kombinierten Anwendung symbolischer und normativer Regeln und autoritativer und allokativer Ressourcen informellen ökonomischen Handelns.

Abb. 2: Dimensionen der Dualität von Handlung und Struktur

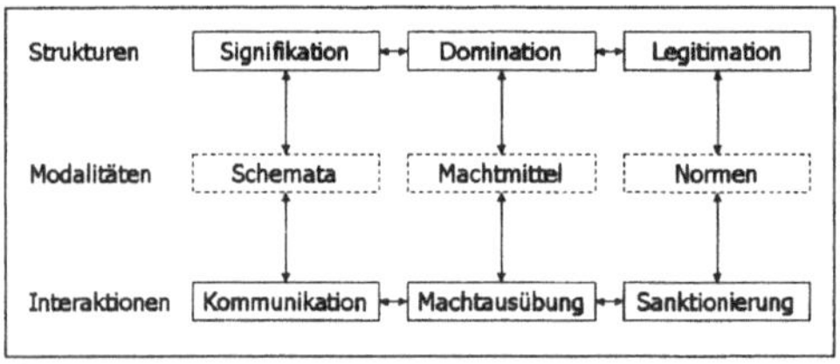

Quelle: Nach Giddens (1984: 29), leicht modifiziert

Welche Sets an Regeln und Ressourcen in informeller ökonomischer Praxis besonders bedeutsam sind, erschließt sich jedoch erst durch die Betrachtung der drei zentralen Ebenen sozialer Interaktion – Institutionen, Systeme und Akteure. *Soziale Institutionen* sind nach Giddens tief sedimentierte, schwer veränderliche Prinzipien sozialer Interaktion, die sich kontextbezogen in den konkreten Regeln und Ressourcen, die Akteure mehr oder weniger bewusst anwenden, widerspiegeln. In einer kapitalistischen Wirtschaftsordnung sind beispielsweise das Konkurrenzprinzip, der Einsatz von Geld als Tauschmittel, das Eigentum und der Vertrag solche Institutionen. Im Falle informeller Ökonomie scheint es zunächst schwierig, *Institutionen* zu identifizieren, die das Handeln der beteiligten Wirtschaftssubjekte leiten. Nach Feige (1990) ist ja gerade das *Fehlen* bzw. die fehlende Durchsetzbarkeit institutioneller Regelungen – etwa Vertrags- und Arbeitsrecht – ein Kennzeichen informeller Ökonomie. Dieser Umstand sei wiederum ein Grund dafür, warum einerseits Prinzipien des Marktes in der informellen Ökonomie so „ungehemmt" Anwendung finden (vgl. etwa Altvater/ Mahnkopf 2002). Andererseits komme daher sozialen Mechanismen, wie persönlichem Vertrauen und Reziprozität, eine solch hohe Bedeutung für das Zustandekommen von Transaktionen und die Entstehung von Geschäftsbeziehungen zu (z. B. Portes/ Haller 2005). Im Umkehrschluss ließe sich behaupten, dass die fehlende rechtliche, dafür jedoch die starke marktliche und soziale Einbettung informeller Ökonomie ihr *institutionelles* – also: handlungsleitendes – Merkmal ist (vgl. auch Centeno/Portes 2003).

Soziale Institutionen sind jedoch nicht unmittelbar handlungswirksam. Vielmehr bilden sie einen strukturellen Hintergrund bei der Konstitution und Aufrechterhaltung raum-zeitlich geordneter *sozialer Systeme*. Diese versteht Giddens als rekursiv koordinierte Beziehungszusammenhänge, in denen sich soziale Praktiken herausbilden können. Beispiele dafür sind Nachbarschaften, Communities, Organisationen, Märkte oder Netzwerke oder eben auch informelle Ökonomien, in deren Kontext Akteure handeln (vgl. auch Windeler 2001). Soziale Systeme sind durch „strukturelle Eigenschaften", also spezifische Regel-Ressourcen-Sets, gekennzeichnet, die Akteure im Handeln heranziehen bzw. an denen sie sich orientieren. Konkrete Interaktionen werden in systemische Beziehungszusammenhänge integriert, also auf bestimmte Regeln und Ressourcen bezogen, und erlangen auf diese Weise kontextuelle Bedeutung. In lokal begrenzten Ökonomien etwa bilden sich bestimmte Angebots- und Nachfragestrukturen sowie bestimmte Nischen heraus, die von Akteuren besetzt und verteidigt werden. Informelle Ökonomien sind demnach als soziale Beziehungszusammenhänge organisiert, die sich einerseits zeit-räumlich idiosynkratisch herausbilden, andererseits jedoch auch allgemeinen Organisationsprinzipien entsprechen, wie die Analyse der beiden Beispiele im empirischen Teil zeigen wird. Besonders interessiert hier, wie lokale Praktiken beteiligter Akteure mit institutionellen Prinzipien informeller Ökonomie zusammenhängen und wie letztere sich in Regel-Ressourcen-Sets äußern, die Akteure lokal anwenden und reproduzieren.

Soziale Beziehungszusammenhänge und Institutionen sind schließlich Medium und Resultat des Handelns *sozialer Akteure*, die in ihrem Handeln Regeln und Ressourcen heranziehen und damit – mehr oder weniger intendiert – die Strukturen, die ihr Handeln ermöglichen und beschränken, reproduzieren. Im Bedürfnis nach ontologischer Sicherheit (vgl. Giddens 1984:375) sind Akteure dabei stets bemüht, ihr Handeln und das Handeln anderer kontinuierlich zu beobachten, zu rationalisieren und sich ihrer Identität im Handeln zu vergewissern. Dieser Prozess wird auch als „reflexive monitoring" bezeichnet (vgi. Giddens 1984:5ff). Davon zunächst unabhängig behandelt Giddens die Macht eines Akteurs, auf das soziale Geschehen Einfluss zu nehmen, die einerseits daraus resultiert, dass dieser im eigenen Handeln mehr oder weniger bewusst Ressourcen mobilisiert, andererseits daraus, dass er stets auch anders handeln könnte und dies einen Unterschied ausmachen würde (vgl. Giddens 1979:56). Im folgenden Kapitel werden Akteure vorgestellt, die an informellen Ökonomien teilhaben und diese durch ihr Wirken mitprägen. Indem sie das tun, reproduzieren sie soziale Strukturen und Beziehungszusammenhänge informeller Ökonomie. Wie sie das tun und was jene Strukturen und Beziehungszusammenhänge kennzeichnet, soll nun näher anhand der zwei Fallbeispiele erläutert werden.

Um dies zu tun, wird die Strukturationstheorie als „Analysemethode" eingesetzt. Giddens (1984) unterscheidet zwei Formen der Analyse, die auf die vorher vorgestellten Ebenen sozialer Praxis Bezug nehmen: die „institutional analysis" und die „analysis of strategic conduct". Erstere behandelt Strukturen „as chronically reproduced features of social systems" (Giddens 1984:288), zunächst unabhängig vom Handeln einzelner Akteure. Bezogen auf informelle Ökonomie interessieren im Rahmen dieser Analyse die allgemeinen und spezifischen Bedingungen, unter denen Akteure sich an informellen ökonomischen Praktiken beteiligen. Die zweite – strategische – Analyse stellt dagegen Akteure in den Mittelpunkt, genauer: „mode[s] in which actors draw upon structural elements in their social relations" (Giddens 1984:288). Hierbei geht es also um die Art und Weise, wie Akteure unter bestimmten Bedingungen agieren, wie sie Ressourcen mobilisieren und transformieren und schließlich zur Reproduktion, aber auch zur Veränderung von Strukturen beitragen. Diese beiden Analysen lassen sich – entsprechend dem bereits vorgestellten Mehrebenenschema – um eine relational-systemische Analyse ergänzen. Denn um informelle ökonomische Praktiken in *Beziehungs*zusammenhängen zu verstehen, lohnt sich eine eigenständige Analyse der systemischen Positionen und Beziehungen von Akteuren und den Prozessen der Konstitution und Reproduktion dieser Beziehungen durch das strategische Handeln der Akteure unter jeweiligen institutionellen Bedingungen.

Berlins vietnamesischer Blumenhandel und New York's Iron Triangle

Die beiden empirischen Fälle sind dem Sammelband von Manning und Mayer (2004b) zu Praktiken informeller Ökonomie entnommen. Es handelt sich daher um eine Sekundäranalyse – oder besser: Reinterpretation – empirischen Materials. Ziel ist es zu zeigen, wie eine strukturationstheoretische Perspektive das Verständnis informeller ökonomischer Praxis erhellen kann. Besonderes Augenmerk liegt dabei auf den „institutionellen" Besonderheiten informeller Ökonomie sowie auf den Beziehungen zwischen informeller und formeller Praxis sowie der erwerbswirtschaftlichen und nicht-erwerbswirtschaftlichen Sphäre (vgl. auch Manning/Mayer 2004a). Anders als bei vielen systemfunktionalistischen Arbeiten richtet die Strukturationstheorie den Blick dabei auf die kontinuierliche Konstitution dieser Praktiken und Beziehungen durch strategisch handelnde Akteure, die die Bedingungen und Folgen ihres Handelns zu einem gewissen Teil, jedoch niemals vollständig verstehen.

Berlins vietnamesischer Blumenhandel

Will man in Berlin eine Blume kaufen, so ist es nicht unwahrscheinlich, dass man sich unverhofft in einem „vietnamesischen Blumenladen" wiederfindet. Seit einigen Jahren ist ein beachtlicher Teil des Blumeneinzelhandels in Berlin in vietnamesischer Hand. Der „vietnamesische Blumenhandel in Berlin" ist Teil einer „ethnischen Ökonomie" (Light 2005), das heißt einer häufig räumlich konzentrierten Ansammlung von Geschäften und Branchen, die von einer – meist zugewanderten – ethnischen Gruppe dominiert wird (vgl. auch Bonacich 1973). VietnamesEn gehören zu den größten nicht-europäischen ethnischen Gruppen in Deutschland. Insgesamt leben hier ca. 90.000 Vietnamesen, davon 10.000 in Berlin (vgl. Hillmann 2005). Ein großer Teil der vietnamesischen Migranten lebt im Osten der Stadt und stammt aus ehemaligen „Gastarbeiter"-Familien. Seit Anfang der 1990er Jahre sind viele Vietnamesen im Restaurant- oder Blumengeschäft als Kleinselbständige oder als deren Beschäftigte tätig. Julia Schweizer (2004) hat den „vietnamesischen Blumenhandel" in Hinblick auf die Verflechtung formeller und informeller Ökonomie untersucht. An ihren Beobachtungen orientiert sich die folgende Fallstudie.

Eine *institutionelle Analyse* kann zunächst aufdecken, unter welchen Bedingungen vietnamesische Migranten – insbesondere aus der ehemaligen DDR – nach 1990 ihre wirtschaftliche Existenz zu sichern suchten. Vor der Wende wurden ca. 60.000 Vietnamesen in der DDR als Vertragsarbeiter beschäftigt, um den Mangel an Arbeitskräften in der Konsumgüterproduktion zu kompensieren. Eine Integration der Migranten in das Gastland wurde dagegen von staatlicher Seite weder ermöglicht noch angestrebt. Einen Großteil ihres Einkommens sandten die Gastarbeiter an ihre Familien in Vietnam. Nach Anschluss der DDR an die Bundesrepublik wurden schlagartig 70 Prozent der in der ehemaligen DDR lebenden Vietnamesen arbeitslos (Hillmann 2005). Ein erheblicher Teil ging daraufhin im Laufe der 1990er Jahre zurück nach Vietnam, viele blieben jedoch im neuen Deutschland, weil sie sich wirtschaftliche Vorteile versprachen oder weil ihnen die Rückkehr in ihr Heimatland erschwert oder gar verweigert wurde. Von ihnen beantragten viele Asyl, jedoch meist ohne Erfolg. Ihr legaler Status in Deutschland nach der

Wende lässt sich am ehesten mit „unklar“ beschreiben. Sie werden zwar geduldet, ihre Einkommensmöglichkeiten sind jedoch sehr begrenzt. Fehlende Deutschkenntnisse, zum Teil sehr geringe berufliche Qualifikationen sowie ihr prekärer Aufenthaltsstatus begrenzen ihren Zugang zum formellen Arbeitsmarkt (vgl. Hillmann 2005).

Deshalb sahen viele dieser Migranten Anfang der 1990er Jahre die Chance, sich über illegalen Zigarettenhandel eine Einnahmequelle zu erschließen. Bis heute werden Vietnamesen in Deutschland häufig mit diesem Geschäft assoziiert. Felicitas Hillmann (2005) argumentiert, dass der prekäre ökonomische und legale Status der vietnamesischen Migranten zu dieser Zeit eine Legitimationsgrundlage für die Entscheidung vieler gewesen sein könnte „[not] to play by the rules of the host society“ (Hillmann 2005:98). Mittlerweile sind jedoch andere – legale – Geschäftsfelder weit bedeutender für die vietnamesische Community, wobei ein überwiegender Teil der ImMigranten selbstständig oder bei Landsleuten abhängig beschäftigt ist. Hauptbranchen sind die Gastronomie, der Lebensmittel- und der Blumeneinzelhandel. Wie lässt sich aber die Konzentration auf diese Branchen aus dem Blickwinkel einer institutionellen Analyse erklären?

Hier scheinen zumindest zwei Faktoren zusammenzuwirken: Zum einen hängt in Deutschland die Aufenthaltserlaubnis u. a. davon ab, ob die Betroffenen in der Lage sind, eine wirtschaftliche Existenz aufzubauen und zu sichern. Selbständigkeit ist angesichts des begrenzten Zugangs zum formellen Arbeitsmarkt und zu regulärer Beschäftigung ein naheliegender Weg zur Existenzsicherung. Dabei kommen weiterhin jene Geschäfte in Frage, die ein vergleichsweise geringes Gründungskapital erfordern und deren Eröffnung und Betrieb nicht oder nur gering durch Berufsgenossenschaften und Branchenverbände reguliert werden. Restaurants und Blumenläden fallen in diese Kategorie. Zum anderen aber spielen soziale Strukturen der vietnamesischen Community eine wichtige Rolle. Der Betrieb eines Blumenladens ist arbeitsintensiv und steht unter einem hohen Kostendruck. Blumen gehören zu so genannten „commodity goods“, d. h. Massenwaren, deren Verkauf nur dann gewinnträchtig ist, wenn die Betriebskosten relativ gering gehalten werden können. Die Einkaufspreise werden im Wesentlichen durch Großhändler – in Berlin ca. 14 – reguliert (vgl. Höge 2006). Die Bezahlung der Beschäftigten im Blumenladen steht dagegen sehr wohl zur Disposition der Unternehmer. Wie weiter unten gezeigt wird, profitieren vietnamesische Blumenhändler von der Möglichkeit, so genannte „co-ethnic workers“ einzustellen (Bonacich 1973; Portes/Haller 2005) – also Landsleute, deren Qualifikation und deutschen Sprachkenntnisse oft gering sind und die u. a. daher bereit sind, zu geringen Löhnen – meist informell – für „co-ethnic entrepreneurs“ zu arbeiten. Dieses Zusammenwirken rechtlicher, ökonomischer und sozialer Bedingungen macht plausibel, warum es die„ethnische Ökonomie“ der Vietnamesen in Berlin gibt.

Genauer lässt sich der „vietnamesische Blumenhandel" mit Blick auf die *systemischen Beziehungsstrukturen* erfassen, in die Vietnamesen im Blumengeschäft typischer Weise eingebunden sind. Julia Schweizer macht in ihrer Fallstudie deutlich, wie eng formelle und informelle Praktiken in Beziehungsstrukturen der beteiligten Akteure zusammenhängen. So lässt sich zunächst das Blumengeschäft mit seinen Beziehungen zur Kundschaft und zum Großhandel der formellen Ökonomie zuordnen. Das heißt, das Geschäft ist in der Regel formal angemeldet, Transaktionen werden formal abgerechnet und ausgewiesen. Das Geschäft wird also nach symbolischen und normativen Regeln der formellen Ökonomie im Gastland betrieben. Die internen Beziehungen werden dagegen zu einem großen Teil informell reguliert. Das heißt, neben wenigen formal Angestellten wird der Betrieb durch Familienmitglieder und „co-ethnic workers" direkt und indirekt unterstützt, deren Beschäftigung nicht formal ausgewiesen ist. So werden etwa neue Migranten informell angestellt, um Kinder der Unternehmer zu betreuen oder im Laden bei Bedarf auszuhelfen. Etliche von ihnen haben keine Arbeitserlaubnis in Deutschland und daher einen ähnlich prekären Status wie viele Vietnamesen nach 1990. Ihre Beschäftigung bei „ethnic entrepreneurs" (Light 2005) gründet vor allem auf Reziprozität, also dem Prinzip der Gegenseitigkeit: Für ihre Arbeit im Geschäft oder als Babysitter werden sie, für eine gewisse Zeit, in die „Familie" aufgenommen, erhalten also Unterkunft und Verpflegung.

Bei genauerem Hinsehen bedingen sich formelle und informelle Strukturen wechselseitig. Formal eingetragene Blumenhändler machen von informellen Beschäftigten – aus der eigenen Familie und der ethnischen Community – als Ressourcen Gebrauch, können dies aber nur, *weil* sie formal selbständig sind, also nach formalen Regeln der Signifikation und Legitimation am Markt auftreten. Das heißt, die formale Absicherung nach außen stellt für „ethnic entrepreneurs" eine Ressource dar, die sie gegenüber informellen – meist prekär situierten und sozial abhängigen – Beschäftigten geltend machen. Umgekehrt hängt die wirtschaftliche Existenz in der formellen Ökonomie von der Nutzung „informeller Ressourcen" ab. Das heißt, Blumenhändler beschäftigen „coethnics" nach Regeln der informellen Sphäre – etwa nach Prinzipien der Reziprozität und Diskretion – um das Geschäft und damit ihren eigenen legalen Status als selbständige Unternehmer (nach außen) aufrecht zu erhalten. Häufig gibt es zudem informelle Geschäftsabsprachen zwischen Ladenbesitzer einer ethnischen Community, etwa in Hinblick auf die Aufteilung von „Territorien", die Preissetzung und die Nutzung von Arbeitskräften außerhalb der Familie (vgl. allg. Light 2005). Deshalb konzentrieren sich ethnische Ökonomien häufig auf einzelne Branchen – wie hier: die vietnamesische Community auf den Blumeneinzelhandel.

An dieser Stelle sei jedoch Vorsicht geboten: Viele der genannten „informellen" Strukturen sind keineswegs auf „ethnische Ökonomien" beschränkt. So sind auch viele deutsche Restaurant- und Ladenbesitzer auf die häufig unbezahlte Unterstützung ihrer Familien angewiesen, um das Geschäft am Laufen zu halten. Preisabsprachen oder gemeinsame Arbeitskräftepools zwischen Unternehmen einer Branche – ganz gleich in welcher „ethnischen Verbindung" – sind ebenso keine Seltenheit. Mit anderen Worten ist die Einordnung ökonomischer Aktivitäten als „informell" auch stets ein diskursives Erzeugnis, wobei Migranten eher zugeschrieben oder auch angekreidet wird, „informell" – also an den (vermeintlichen) Regeln des Gastlandes vorbei – zu handeln. Dieser Bias hat jedoch nicht nur theoretische Bedeutung, sondern ist von sehr praktischer Relevanz. Denn vielen vietnamesischen Unternehmer ist sehr wohl bewusst, dass ein sichtbares Abweichen von formalen Regeln des Gastlandes – eher als für einheimische Unternehmer – existenzbedrohend sein kann. Die daraus resultierende Vorsicht ist wiederum ein Motor für die Herausbildung eines informellen – und für Außenstehende schwer ersichtlichen – Systems von Praktiken und Beziehungen, die zwar helfen, die formale Existenz zu sichern, aber gleichzeitig das Bild einer vietnamesischen Ökonomie „im Schatten" prägen und so den institutionellen Druck verstärken.

Systemische Strukturen informeller Ökonomie bilden sich jedoch niemals zwangsläufig heraus, sondern sind ein fortlaufendes Ergebnis des *strategischen Handelns* von Akteuren in miteinander verwobenen Beziehungszusammenhängen: Geschäft, Familie, lokale Community und Migrationsnetzwerken. Das heißt, einzelne Unternehmer und Beschäftigte handeln unter zum Teil sehr individuellen Bedingungen, die mit ihren jeweils besonderen Migrations- und Erwerbsbiographien, ihrer Familien- und Einkommenssituation, aber auch den eigenen Geschäftserfahrungen zusammenhängen. So hat Julia Schweizer verschiedene Blumenläden untersucht, die sich u. a. darin unterscheiden, wer als Unterstützungskraft eingestellt wird. Ein Ladenbesitzer hat beispielsweise schlechte Erfahrungen mit der Zuverlässigkeit einheimischer Arbeitskräfte gemacht. „Wenn ich sie nicht gut kenne, wenn sie keine Freunde sind, dann betrügen sie dich, sie sind unehrlich. Wenn ich könnte, würde ich lieber Deutsche einstellen." (Schweizer 2004:66). Das Vertrauen, das dieser Ladenbezitzer co-ethnics entgegenbringt ist, ist also gering, so dass er versucht, vietnamesische Arbeitskräfte zu finden, die er bereits privat kennt. Das heißt, Regeln wonach er von Ressourcen seiner ethnischen Community Gebrauch macht, haben sich mit eigenen und geteilten Erfahrungen über die Zeit geändert. Ein anderer (männlicher) Ladenbesitzer ist dazu übergegangen, nur junge vietnamesische Frauen zu beschäftigen. Er sieht damit offenbar die Möglichkeit, seine Autorität gegenüber seinen „Angestellten" in seiner – kulturell geprägten – Machtposition als Mann zusätzlich zu stärken.

Strategisches Handeln ist somit nie losgelöst von Beziehungszusammenhängen und verschiedentlichen – lokalen, kulturellen und institutionellen – Kontexten zu sehen, in denen Akteure agieren. Jedoch sind Akteure stets auch mit einer individuellen Kreativität und Transformationsfähigkeit ausgestattet, die es ihnen erlaubt, multiple, teils widersprüchliche strukturelle Bedingungen für sich nutzbar zu machen. Entscheidend ist etwa die Fähigkeit, multiplexe Beziehungen, d. h. etwa Beziehungen, die teils geschäftlicher, teils privater, teils formeller, teils informeller, Natur sind, kontextbezogen als Ressource heranzuziehen. Diese Fähigkeit darf man natürlich nicht überschätzen – wie die obigen Zitate zeigt, ist der strategische Handlungsspielraum für viele vietnamesische Unternehmer erheblich begrenzt. Dennoch ist es erst das konkrete Handeln, wie etwa das Einstellen vietnamesischer Migranten als Aushilfskräfte, das eben jene Strukturen reproduziert, die das Handeln der Akteure leiten. Über die Zeit haben sich auf diese Weise vielfältige Praktiken informellen ökonomischen Handelns im „vietnamesischen Blumenhandel in Berlin" unter nur schwer veränderlichen formellen Existenzbedingungen herausgebildet, an denen sich Betroffene orientieren und die sie nicht zuletzt mit gestalten.

New York's Iron Triangle

Wer in New York ein Auto hat und öfter mal Ersatzteile braucht, weiß mit einer gewissen Wahrscheinlichkeit, wo das Iron Triangle zu finden ist. Vielen unter dem Namen Willets Point bekannt ist das Iron Triangle ein 22 Hektar großes Industriegebiet im Stadtteil Flushing des New Yorker Regierungsbezirkes Queens. Bereits Ende der 1930er Jahre siedelten sich in dem damals noch kaum erschlossenen Gebiet eine erste Tankstelle und nachfolgend die ersten Werkstätten für Autoreparaturen an. Schrotthändler für Altwagen, weitere Reparaturwerkstätten und einige Baumateriallager folgten und setzten im Laufe der Jahrzehnte eine Entwicklung fort, die dem Gebiet den Ruf des „Eisernen Dreiecks" (Iron Triangle) einbrachte. Neu angekommenen Migranten – vorwiegend sind es Männer – bieten die Kleinbetriebe von Willets Point eine Vielzahl von informellen Beschäftigungsmöglichkeiten. Viele New Yorker schätzen diesen Ort aufgrund des vielseitigen und günstigen Angebots für Autoreparaturen. Dabei setzt sich Willets Point aus einem Gefüge von legalen, informellen und illegalen Praktiken zusammen. Philippe Schmidt (2002, 2004) hat jene Praktiken in New York's Iron Triangle näher untersucht. Für diesen Beitrag haben wir eine strukturationstheoretische Reinterpretation der damaligen Beobachtungen sowie neuerer Erkenntnisse vorgenommen.

Anders als die vietnamesischen Blumenläden in Berlin lässt sich New York's Iron Triangle als lokale, multi-ethnische Ökonomie verstehen. Diese weist Eigenschaften so genannter Cluster auf, also räumlicher Agglomerationen von Unternehmen bestimmter Branchen (Porter 2000). Im Iron Triangle haben sich vor allem „autobody shops“, also Karosseriebetriebe und Werkstätten für Autoreparaturen, angesiedelt. Desweiteren gibt es Unternehmen, die als sogenannte „car dismantler“ vor Ort Alt- und Unfallwagen in ihre Einzelteile zerlegen. Nicht mehr verwertbares Material wird an Altmetallhändler weiterverkauft. Schließlich werden Reparaturdienste und Untersuchungen aller Art, Unfallinstandsetzung, Reifenwechsel mit Verkauf von Gebrauchtreifen, Auspuff- und Karosseriearbeiten, Lackierarbeiten, aber auch elektronische Einbauarbeiten angeboten. Als Recycling-Unternehmen bilden die „car dismantlers“ eine Vielzahl lokaler Lager für Ersatzteile, die aus Gebraucht- und Schrottwagen gewonnen werden. Die Einzelteile werden zum Verkauf angeboten und zum größten Teil auch direkt vor Ort wieder in reparaturbedürftige Automobile eingebaut. Von den Karosserieteilen, wie Kotflügeln oder Autotüren, bis zur Innenausstattung werden Ersatzteile für eine Vielzahl selbst älterer Automodelle vermarktet. New Yorker profitieren von diesem oft preisgünstigen Angebot. Die Stadtverwaltung indes betrachtet Willets Point eher als „shanty town“, als Schandfleck der Stadt und Schauplatz der Schattenwirtschaft. Immer wieder gibt es Verlautbarungen, das Gebiet abzureißen oder „umzustrukturieren“ und damit „aufzuwerten“ (Schmidt 2002).

Aus *institutioneller* Sicht haben es die Unternehmer in Willets Point mit ambivalenten Handlungsbedingungen zu tun. Auf der einen Seite wird dieses Stadtgebiet durch die Stadtverwaltung seit Jahrzehnten vernachlässigt. Aus Sicht der Stadtplanung gilt Willets Point als „Brachfläche“. Ein Gewerbetreibender vor Ort bringt es auf den Punkt: „Alles das, was sie [die Vertreter der Stadt] an diesem Ort damit in Verbindung bringen, dass es ein Schandfleck oder eine verendete Gegend ist, ist auf das Versäumnis der Stadt zurückzuführen. Die Stadt hat das alles verursacht.“ (Davis 2007; vgl. auch Schmidt 2004). Die Infrastruktur im Iron Triangle ist entsprechend schlecht entwickelt. Viele Straßen sind zum großen Teil unbefestigt, Gehsteige fehlen. Ein gravierendes Problem sind die unzureichende Abwasserentsorgung und die Bodenkontamination. Es existiert kein getrenntes Kanalisationsnetz, so dass das Schmutzwasser der Betriebe über die teilweise geborstene Regenwasserkanalisation direkt in den Flushing River oder die Flushing Bucht gelangen. Doch das Interesse der Stadt für einer tatsächlichen Beseitigung der Mängel auf formaler Ebene scheint zumindest für die derzeit vorhandenen Betriebe nicht gegeben. Die Stadt verfolgt im Gebiet eher die Strategie einer Desinvestition.

Auf der anderen Seite werden Gewerbetreibende in Willets Point wiederholt mit Plänen konfrontiert, das Gebiet „demnächst“ zu räumen und damit die „Brachfläche“ in ein „Nutzgebiet“ zu verwandeln. Die Stadt duldet zwar in gewisser Weise die Unternehmen und die anhaltende Entwicklung prekärer Bedingungen, was zu einer Etablierung und Festigung dieser Zustände geführt hat. Dies wird jedoch von den genannten Unsicherheiten überlagert. Im Ergebnis betreiben Unternehmer im Iron Triangle, die nur teilweise als solche registriert sind, also informell agieren, Existenzsicherung „auf Zeit". Dabei gilt es als legitim, einen Betrieb auch an städtischen Regularien vorbei zu führen, da die Stadt aus Sicht der Betroffenen ihrer Pflicht – etwa eine basale Infrastruktur zu gewährleisten – nicht nachkommt. Jedoch wird die ständige Androhung von Räumung und Verkauf als Hindernis gesehen, längerfristige Investitionen zu tätigen. Dazu ein Betroffener: „Nun, das ist das sechste Mal, dass sie dieses Gebiet verdammen und unser Eigentum jemanden anderes geben – einem Entwickler, der das Gebiet aufwerten soll. Wir konnten dieses Gebiet nicht entwickeln, da wir keine Abwasserkanäle haben. Wir konnten es nicht – sie wollten uns nicht wachsen lassen! Sie liessen uns auf einem Minimum zurueck. Und warum? Ich habe keine Ahnung..." (Ferrara 2007, übersetzt).

Indessen hat sich in Willets Point eine kleinbetriebliche, netzwerkartige Struktur gebildet, die nach dem Prinzip der „flexiblen Spezialisierung" (Piore und Sabel 1984) funktioniert. Eine *relational-systemische Analyse* kann aufdecken, wie einzelne Unternehmen in Willets Point Kunden akquirieren, Transaktionen mit anderen Unternehmen tätigen und Arbeitskräfte rekrutieren.

Nach einer Studie des New Yorker Hunter College, Center for Community Planning & Development sind im Gewerbegebiet Willets Point etwa 1.600 bis 1.800 Personen in 225 Unternehmen beschäftigt (Agnotti 2006). Diese nehmen bestimmte marktliche, räumliche und ethnische Positionen in Willets Point ein. *Marktlich* lassen sich vor allem Unternehmen unterscheiden, die Autoteile aus Gebraucht- und Schrottwagen gewinnen („car dismantler"), die Autoteile verkaufen und einbauen und solche, die Reparaturen und andere Dienste anbieten. So nehmen Unternehmen Positionen im Wertschöpfungsprozess ein und treten in ein bestimmtes Verhältnis zu anderen Unternehmen. Etliche sind auch in mehreren Geschäftsfeldern tätig, womit es vielfach zu Konkurrenzsituationen kommt. In ihrer marktlichen Positionierung richten sich Unternehmen also nach Regeln der Wertschöpfung und des Wettbewerbs aus. *Räumlich* gesehen sind Unternehmen in verschiedenen Grundstückparzellen angesiedelt, wobei jede Parzelle in der Regel von mehreren Unternehmen gemeinsam benutzt (und gepachtet) wird. Werkstätten sind jedoch in der Regel in der Nähe von Lagern und „car dismantlers" zu finden, wodurch die Materialbeschaffung vereinfacht wird. Zum typischen Bild von Willets Point gehören etwa Hilfskräfte, die zu Fuß auf den sandigen Straßen eine über die Schulter gehängte Autotür vom Zerlegungsbetrieb zum Einbau in eine nahegelegene Autowerkstatt transportieren.

Desweiteren sind Unternehmen *ethnisch* positioniert, was diese auch durch ihre Namen deutlich machen. Unternehmen wie Columbia Auto Glass, Mexecu Auto Repair, El Salvador Auto Glass, Ecuador Body Shop oder New Pamir Auto Body weisen auf die unterschiedlichen Herkunftsländer der Betreiber hin. Namen dieser Art ziehen sowohl Kundschaft als auch Arbeitskräfte aus den entsprechenden Ländern an. So berichtet Kilganon (2004) von koreanischen Autowerkstätten, die vornehmlich von Koreaner aufgesucht werden, und japanischen, die die dementsprechende Klientel bedienen. Die unmittelbare Nähe zu den Migrationsgemeinden Corona und Flushing bietet den Unternehmen wiederum eine gute Möglichkeit, Arbeitskräfte zu rekrutieren. Vor allem neu ankommende ImMigranten sind für solche Einstiegsjobs dankbar. Die Tätigkeiten erfordern meist geringe Qualifikationen, werden aber als „hart" beschrieben. Illegale (d. h. „undokumentierte") ImMigranten gehen dabei – ähnlich wie im Fall des vietnamesischen Blumenhandels in Berlin – informelle Vereinbarungen mit ihren Arbeitgeber ein, die häufig aus derselben ethnischen Gruppe stammen. Letztere greifen mit möglichst geringer steuer- und sozialrechtlicher Verantwortung auf die Arbeitskraft zurück, die Migranten erhalten dafür die Gelegenheit, ohne legalen Aufenthaltsstatus und Arbeitserlaubnis Einkünfte zu erzielen.

Marktliche, räumliche und ethnische Positionierungen stellen demnach Ressourcen dar, die Unternehmer im Iron Triangle nach bestimmten über die Zeit eingespielten Regeln heranziehen können. Diese Positionierungen sind natürlich nur analytisch trennbar und hängen in der Praxis zusammen. So können sich Unternehmen, die sich mit ihrem Namen symbolisch einer ethnischen Gruppe zuordnen, als Anziehungspunkt für bestimmte (Teil-) Märkte und Arbeitskräfte etablieren. Gleichzeitig treten sie mit ihrer Position in ein bestimmtes Verhältnis zu anderen Unternehmen. So ermöglicht und beschränkt die räumliche und ethnische Position bestimmte Markttransaktionen mit Kunden sowie mit Zulieferbetrieben vor Ort. Dieses System der flexiblen Spezialisierung spiegelt wiederum die institutionellen Bedingungen wider, unter denen die Akteure handeln. Der prekäre Duldungsstatus stellt sich vielen als Barriere für längerfristige Investitionen und Wachstum dar. Durch eine komplexe Arbeitsteilung in räumlicher Nähe sowie den Zugang zu „ethnischen" Arbeitsmärkten und Kundengruppen können die Unternehmen jedoch *zusammen* auf einen großen Ressourcenpool und Markt zugreifen, der ihr Überleben kurz- und langfristig sichert.

Jedoch wird das Handeln einzelner Unternehmer im Iron Triangle keineswegs durch institutionelle Bedingungen und systemische Strukturen determiniert. So richten sich Unternehmer zwar in ihrem *strategischen Handeln* nach lokalen Praktiken, z. B. der „ethnischen Namensgebung", aus, jedoch erfordert die Dynamik des Geschäfts stets auch die individuelle Fähigkeit, vielfältige, sich ändernde Handlungsbedingungen in konkrete Handlungsoptionen zu übersetzen. So reproduzieren, erweitern und differenzieren die Unternehmer im Iron Triangle durch ihr konkretes Handeln, z. B. die Festlegung des eigenen Namens und die Signalisierung von Jobmöglichkeiten für coethnische Arbeitskräfte, eben jene Praktiken, die ihr Handeln leiten.

Viele Praktiken sind damit Ergebnis des wechselseitig beobachteten und bewerteten Handelns sowie *individueller Strategien* einzelner Akteure. Allerdings gibt es in Willets Point auch Beispiele für abgestimmtes kollektives Handeln auf Basis gemeinsamer, *kollektiver Strategien*. So verfügen die Geschäftsleute seit einigen Jahren über ein – mittlerweile Computer gestütztes – Kommunikations- und Lagerhaltungssystem, das die Beschaffung von Teilen sowie die Aushandlung von Preisen vereinfacht. Dieses System kommt den Geschäfts- und Wettbewerbsbedingungen aller Beteiligten im Iron Triangle zugute. Die gemeinsame prekäre Situation – im Vergleich etwa zu Werkstätten und Ersatzteilhändlern in anderen Teilen New Yorks – mag geholfen haben, Ressourcen zur Schaffung und Unterhaltung eines solchen Systems in Willets Point zu mobilisieren.

Kollektives Handeln im Iron Triangle wird seit Jahren auch „institutionell" unterstützt: durch die „Willets Point Business Association". Anfang der 1960er Jahre gab es konkrete Pläne der Stadt, Betriebe umzusiedeln, um die Fläche für eine Großinvestition (das Gelände für die Weltausstellung 1964/65) freizuräumen. In dieser Zeit schlossen sich Unternehmer in Willets Point zu einem Verband zusammen, der seitdem ihre Interessen vertritt und damit gemeinsames strategisches Handeln gegenüber denjenigen ermöglicht, die eine Umnutzung des Geländes erreichen wollen. So hat der Verband bereits mehrere Umsiedlungspläne abwenden können, teils durch Gerichtsverfahren, teils durch die erfolgreiche öffentliche Unterstützung von Einzelpersönlichkeiten aus der Politik.[2] Aus strukturationstheoretischer Sicht hat damit die Willets Point Business Association nicht nur die Fähigkeit des Systems „Willets Point" gestärkt, sich selbst zu regulieren und wettbewerbsfähig zu werden und zu bleiben, sondern auch Einflussmöglichkeiten von außen zu begrenzen. Dies gelang nicht zuletzt durch Mobilisierung von Ressourcen – etwa einzelner Politiker – „außerhalb" des Systems. Es ist durchaus denkbar, dass Willets Point trotz institutionellen Drucks noch viele weitere Jahre als lokale informelle Ökonomie bestehen bleibt. Denn Unternehmer im Iron Triangle haben sich über die Jahre auf ihre prekäre Situation eingestellt und gelernt, mit ihr produktiv umzugehen.

2 In Reaktion auf die gegenwärtigen Pläne der Stadt, ein großflächiges Handelszentrum, ein Hotel sowie das erste große Kongresszentrum außerhalb Manhattans auf der Fläche von Willets Point zu bauen, setzt sich etwa einer der Stadträte, Hiram Monserrate (Demokraten, Queens), besonders für die vorhandenen Betriebe ein. Er beabsichtigt, das Projekt nicht zu unterstützen, solange die Belange der Betroffenen nicht erfüllt und diese nicht im Prozess beteiligt werden (Stirling 2007).

Implikationen und Ausblick

Dieser Beitrag hat an den Beispielen des vietnamesischen Blumenhandels in Berlin und des Autoersatzteilmarktes in New York's Iron Triangle deutlich gemacht, dass informelle Ökonomien sich weder als Agglomerate individueller Entscheidungen von Beschäftigten und Unternehmer noch als „notwendiger" Bestandteil des kapitalistischen Systems herausbilden. Aus Sicht der Strukturationstheorie handelt es sich bei informellen Ökonomien vielmehr um systemisch reproduzierte und lokal eingebettete Sets von sozialen – einschließlich „ökonomischen" – Praktiken und Beziehungen, die aus dem individuellen und kollektiven strategischen Umgang mit bestimmten, tendenziell prekären und ambivalenten, institutionellen Bedingungen der Betroffenen oft über längere Zeit erwachsen. So spielte etwa in beiden Fällen der prekäre Aufenthaltsstatus von Migranten im jeweiligen Gastland eine wichtige Rolle bei der anfänglichen Herausbildung informeller, auf Reziprozität basierender, Beschäftigungspraktiken. Diese haben sich dann über die Zeit institutionalisiert, wurden aber auch modifiziert und differenziert. Eine Mehrebenenanalyse der institutionellen Bedingungen, systemischen Beziehungen und Strategien der Akteure hilft die Komplexität und Dynamik dieser informellen Praktiken zu erfassen. Die Strukturationstheorie bietet mit ihrem Verständnis systemischer Regeln und Ressourcen, der Dualität von Handlung und Struktur und ihrem Konzept des reflexiv-strategisch, jedoch niemals allwissend Handelnden dafür ein geeignetes begriffliches Instrumentarium.

Mit Hilfe der Strukturationstheorie ließ sich auch zeigen, was die von Feige (1990) viel zitierte und sehr treffende Definition – informelle Ökonomie umfasse jene ökonomische Aktivitäten „that fail to adhere to the established rules, or are denied their protection" (Feige 1990:990) – in sozialer Praxis bedeutet. Oftmals wird diese Definition lediglich gebraucht, um Einordnungen (und Messungen) informeller ökonomischer Aktivitäten zu erleichtern. Jedoch trägt die dadurch gemachte Differenz zur formellen Ökonomie ebenso zur Konstitution eben jener informellen Praktiken bei, die es zu untersuchen gilt. In beiden empirischen Fällen berufen sich nämlich informelle Beschäftigte und Unternehmer auf den Mangel staatlichen bzw. rechtlichen Schutzes ihrer Existenz, wenn es darum geht, ihre informellen Praktiken, wie etwa die Beschäftigung von Tagelöhnern, zu legitimieren. Aus Sicht des Staates oder der städtischen Verwaltung stellen diese Praktiken wiederum die Legitimation der Existenz der Betroffenen in Frage und erleichtern die Entscheidung, diese Gruppe über den Duldungsstatus hinaus nicht zu unterstützen. Dieser reproduktive Zusammenhang gegenseitiger *Nicht*-Anerkennung erklärt zum Teil die andauernd prekäre Situation informeller Unternehmer und Beschäftigter. Jedoch sind es viele weitere Faktoren – die Verfügbarkeit billiger Arbeitskräfte und Nutzflächen, der Bedarf an bestimmten Produkten (z. B. Blumen) und

Dienstleistungen (z. B. Autoreparaturen), die Herausbildung ethnischer Communities usw. – die die Entwicklung informeller Ökonomien befördern, aber auch stets limitieren (vgl. auch Portes/Haller 2005).

Eine strukturationstheoretische Analyse kann auch den oftmals hervorgehobenen Zusammenhang zwischen formeller und informeller, erwerbswirtschaftlicher und nicht-erwerbswirtschaftlicher Sphäre besser verständlich machen (vgl. dazu auch Manning/Mayer 2004a). Insbesondere der erste empirische Fall – der „vietnamesische Blumenhandel in Berlin“ – hat gezeigt, wie Unternehmer und Beschäftigte wechselseitig Ressourcen aus diesen Sphären beziehen und damit einen systemischen Zusammenhang konstituieren und reproduzieren. So nutzen Unternehmer ihren formellen Status als autoritative Ressource gegenüber neu ankommenen Migranten, um diese als „informelle Ressourcen“ im Geschäft (erwerbswirtschaftlich) oder im Privathaushalt (nicht-erwerbswirtschaftlich) einzusetzen. Migranten nutzen wiederum ihren Zugang zu formell registrierten Arbeitgeber gleicher Herkunft als Ressource, um ihre oft „illegale“ Existenz zu sichern. Diese Zusammenhänge bestehen jedoch niemals „von allein“ und sind keineswegs zwangsläufig, sondern werden durch strategisch und reflexiv handelnde Akteure immer wieder auf's Neue kontextbezogen wechselseitig hergestellt und reproduziert. Innerhalb der vietnamesischen Community haben sich so vielfältige Praktiken der Nutzung „informeller“ und „formeller“ Ressourcen im Blumengeschäft herausgebildet.

Viele weitere Studien sind nötig, um all diese Aspekte und damit die Dynamik informeller Ökonomie besser zu verstehen. Die Strukturationstheorie kann dabei, wie gezeigt, als „sensitizing device“ (Giddens 1984) dienen, jedoch stellt sie keinen Ersatz für substanziellere Theorien zur Erklärung informeller Ökonomien dar. Auch lassen sich aus einer strukturationstheoretischen Analyse keine normativen Bewertungen ableiten, denn das Normative wird stets als eine Dimension der Strukturation des Sozialen mitgedacht und damit gleichzeitig „in die Hand der Akteure“ gegeben, deren Handeln – eben auch deren bewertendes und sanktionierendes Handeln – analysiert werden soll. Allerdings kann eine Mehrebenenanalyse helfen, Kontexte der Zurechnung von Handlungen und Verantwortungen zu bestimmen und damit auch einen Rahmen für eine ebenfalls mehrere Ebenen umfassende Bewertung des Handelns durch Beobachtende vorzugeben. Eine solche Bewertung, die Aspekte der Effizienz, Gerechtigkeit, individuellen und kollektiven Verantwortung einschließt, erscheint notwendig, bevor ernsthaft über die „politische Gestaltung“ informeller Ökonomie nachgedacht werden kann. Duldung, wie sie bisher vor allem praktiziert wird, scheint eher aus Ignoranz und Konzeptlosigkeit zu resultieren denn aus einer politischen Strategie. Eine erfolgreiche – und auch u.E. ethisch vertretbare – Strategie setzt dagegen die Bereitschaft und Möglichkeit voraus,

Betroffenengruppen in Entscheidungsprozesse einzubeziehen und ihnen Gehör zu verschaffen. Die derzeitigen Entwicklungen im Iron Triangle in New York scheinen zumindest in Ansätzen in diese Richtung hinzudeuten.

Literatur

Agnotti, T. (2006): Willets Point land use study. Hunter College Center for Community Planning and Development (CCPD). New York

Altvater, E., B. Mahnkopf (2002): Globalisierung der Unsicherheit. Arbeit im Schatten, schmutziges Geld und informelle Politik. Westfälisches Dampfboot: Münster

Barley, S. R., P. S. Tolbert (1997): Institutionalization and structuration. Studying the links between action and institution, in: Organization Studies. Jg. 18, Nr. 1. S. 93-117

Beckert, J. (1997): Grenzen des Marktes. Die sozialen Grundlagen wirtschaftlicher Existenz. Campus Verlag: Frankfurt a. M.

Blitzer, S., J. Curtis, A. Portes (1986): The urban informal sector in Uruguay. Its internal structure, characteristics, and effects, in: World Development. Jg. 14, Nr. 6. S. 727-741

Bonacich, E. (1973): A theory of middlemen minorities, in: American Sociological Review. Jg. 38. S. 583-594

Butscher, S. (1998): Informelle Überlebensökonomie in Berlin. Annäherung der deutschen Hauptstadt an Wirtschaftsformen der Dritten Welt. Klaus-Schwarz Verlag: Berlin

Centeno, M. A., A. Portes (2003): The informal economy in the shadow of the state. Princeton University Working Paper. Princeton

Davis, P. (2007): Willets Point redevelopment, in: Queens Courier. Onlineausgabe vom 29.03.2007

Ehrenreich, B., A. Hochschild (2003): Global Women: Nannies, Maids and Sex Workers in the New Economy. Metropolitan Books: New York

Feige, E. L. (1990): Defining and estimating underground and informal economies. The new institutional economics approach, in: World Development. Jg. 18 Nr. 7. S. 989-1002

Ferrara, T. A. (2007): (Videobeitrag), in: W. Matthews: Willets Point's last man standing defiantly. Newsday. Onlineausgabe vom 01.05.2007 (http://www.newsday.com/, 01.05.2007)

Gershuny, J. I. (1979): The Informal Economy. Its role in the post-industrial economy, in: Futures. Jg. 11. S. 3-15

Giddens, A. (1979): Central problems in social theory. Action, structure and contradiction in social analysis. University of California Press: Berkeley

Giddens, A. (1984): The constitution of society. Outline of the theory of structuration. Polity Press: Cambridge

Hillmann, F. (2005): Riders on the storm. Vietnamese in Germany's two migration systems, in: F. Hillmann, T. v. Naerssen, E. Spaan (Hrsg.): Asian Migrants and European Labour Markets. Patterns and Processes of Immigrant Labour Market Insertion in Europe. Routledge: London/New York. S. 80-100

Höge, H. (2006): Blumisch, in: tazblog (www.taz.de/blogs/hausmeisterblog/2006/10/28/, 14.10.2006)

Huning, S. (1998): Schattenwirtschaft in Berlin. Das Beispiel polnischer Haushälterinnen. Arbeitspapier des FG Soziologische Grundlagen der Raumplanung der Fakultät Raumplanung. Universität Dortmund

Kilduff, M., W. Tsai (2006): A paradigm too far? A dynamic stability reconsideration of the social network research program, in: Academy of Management Review. Jg. 31, Nr. 4. S. 1031-1048

Kilgannon, C. (2004): A messy business. Cleaning up the junk, in: New York Times vom 03.04.2004

Light, I. (2005): The ethnic economy, in: N. J. Smelser, R. Swedberg (Hrsg.): The Handbook of Economic Sociology. University Press: Princeton. S. 650-677

Maloney, W. F. (2004): Informality revisited, in: World Development. Jg. 32 Nr. 7. S. 1159-1178

Manning, S., M. Mayer (2004a): Praktiken informeller Ökonomie. Eine Einführung, in: S. Manning, M. Mayer (Hrsg.): Praktiken informeller Ökonomie. Explorative Studien aus Berlin und nordamerikanischen Städten.

Arbeitspapier Nr. 2. Abteilung Politik des John-F.-Kennedy-Instituts der Freien Universität Berlin. S. 4-14

Manning, S., M. Mayer (Hrsg.) (2004b): Praktiken informeller Ökonomie. Explorative Studien aus Berlin und nordamerikanischen Städten. John-F.-Kennedy-Institut, Freie Universität Berlin.

Piore, M. J., C. F. Sabel (1984): The Second Industrial Divide. Basic Books: New York

Porter, M. E. (2000): Location, competition, and economic development. Local clusters in a global economy, in: Economic Development Quarterly. Jg. 14, Nr. 1. S. 15-34

Portes, A., W. Haller (2005): The informal economy, in: N. J. Smelser, R. Swedberg (Hrsg.): The Handbook of Economic Sociology. University Press: Princeton. S. 403-425

Sassen, S. (1994): The informal economy. Between new developments and old regulations, in: The Yale Law Journal. Jg. 103, Nr. 8. S. 2289-2304

Sassen-Koob, S. (1989): New York City's informal economy, in: L. A. Benton, M. Castells, A. Portes (Hrsg.): The Informal Economy: Studies in advanced and less developed countries. The Johns Hopkins University Press: Baltimore/London. S. 60-77

Schmidt, P. (2001): Car parts city, in: W. Christ, D. Hassenpflug (Hrsg.): Jahrbuch der Modellprojekte 2001. Bauhaus-Universität Weimar. S. 78-89

Schmidt, P. (2004): New York City's iron triangle. Urban Planning and the informal economy of Willets Point, Queens, in: S. Manning, M. Mayer (Hrsg.): Praktiken informeller Ökonomie. Explorative Studien aus Berlin und nordamerikanischen Städten. Arbeitspapier Nr. 2. Abteilung Politik des John-F.-Kennedy-Instituts der Freien Universität Berlin. S. 15-34

Schweizer, J. (2004): The informal behind the formal. The unofficial workers supporting Vietnamese-owned retail businesses in Berlin, in: S. Manning, M. Mayer (Hrsg.): Praktiken informeller Ökonomie. Explorative Studien aus Berlin und nordamerikanischen Städten. Arbeitspapier Nr. 2. Abteilung Politik des John-F.-Kennedy-Instituts der Freien Universität Berlin. S. 54-70

Snyder, K. A. (2004): Routes to the informal economy in New York's East Village. Crisis, economics, and identity, in: Sociological Perspectives. Jg. 47, Nr. 2. S. 215-240

Stirling, S. (2007): City wants to clear Willets Point, in: Times Ledger. Onlineausgabe vom 05.04.2007 (http://www.timesledger.com/site/index.cfm?newsid=18173680&BRD=2676&PAG=46dept_id=542415&rfi=8, 05.04.2007) Sydow, J., A. Windeler (1998): Organizing and evaluating interfirm networks. A structurationist perspective on network process and effectiveness, in: Organization Science. Jg. 9, Nr. 3. S. 265-284

Teichert, V. (2000): Die informelle Ökonomie als notwendiger Bestandteil der formellen Erwerbswirtschaft. Zu den ökonomischen, sozialen und ökologischen Konsequenzen informellen Arbeitens. WZB Papers Nr. P00-524. Wissenschaftszentrum Berlin für Sozialforschung (WZB)

Tokman, V. E. (1978): An exploration into the nature of informal-formal sector relationships, in: World Development. Jg. 6, Nr. 9/10. S. 1065-1075

Windeler, A. (2001): Unternehmungsnetzwerke. Konstitution und Strukturation. Verlag für Sozialwissenschaften (VS): Wiesbaden

Migration und informelle Ökonomie: Wechselwirkungen und Diskrepanzen in Italien und Mailand

von Carsten Keller

Wie gestaltet sich der Zusammenhang von Migration und informeller Ökonomie in Städten? Dieser in sich vielschichtigen Frage soll in dem Artikel am Beispiel Italiens nachgegangen werden.[1] Die Frage stellt sich dort vor dem Hintergrund eines vergleichsweise hohen Anteils der Schattenwirtschaft an der nationalen Ökonomie, die je nach Maßstab und Methode auf ein Viertel des BIP oder 13,4 Prozent der regulären Beschäftigung geschätzt wird (Enste/Schneider 2006; ISTAT 2005a).[2] Zusammen mit Griechenland, Spanien und Portugal nahm Italien innerhalb der EU lange den Spitzenplatz beim Ausmaß der Schattenwirtschaft ein, ein Rang, der den südeuropäischen Ländern erst durch den Beitritt der sechs osteuropäischen Staaten 2004 streitig gemacht wurde. Die Frage nach dem Zusammenhang von Migration und informeller Ökonomie stellt sich

1 Für zahlreiche Hinweise, Präzisierungen und Übersetzungshilfen bedanke ich mich herzlich bei Silvia Pinzi. Außerdem bin ich Ingrid Tucci und Ullrich Bauer für kritische Anmerkungen und Lektüre zu Dank verpflichtet.

2 Die Berechnung des Ausmaßes der Schattenwirtschaft durch das nationale italienische Institut für Statistik (ISTAT) folgt den im Rahmen der OECD vereinbarten Richtlinien, die sich explizit von der Methode von Ernste/Schneider abgrenzen und zu niedrigeren Werten führt (vgl. OECD 2002; ISTAT 2005b). Nach der *ökonomischen und rechtlichen* Definition wird die Schattenwirtschaft von der informellen Ökonomie sektoral unterschieden – der informelle Sektor beinhaltet weitgehend Tätigkeiten wie Nachbarschaftshilfe und Ehrenamt (vgl. Enste/Schneider 2006). Unter Schattenwirtschaft fallen Schwarzarbeit und Leistungsmissbrauch, die wiederum vom kriminellen Sektor, der sogenannten Untergrundwirtschaft, abgegrenzt werden. In der *sozialwissenschaftlichen* Definition wird dagegen die informelle Ökonomie, wie auch hier im Artikel, nicht sektoral und breiter gefasst: Sie beinhaltet sämtliche wirtschaftlichen Tätigkeiten, die nicht staatlich reguliert und erfasst werden (vgl. etwa Benton/Portes/Castells1991). Da in dieser Studie jedoch weder kriminelle Aktivitäten noch Ehrenamt und kleinere Nachbarschaftshilfen unter der informellen Ökonomie betrachtet werden, deckt sich die Definition der informellen Ökonomie weitgehend mit der Schattenwirtschaft entsprechend der ökonomischen und rechtlichen Definition.

in Italien außerdem vor dem Hintergrund einer Migration, die geradezu paradigmatisch den sich seit den 1970er Jahren abzeichnenden neuen Formen internationaler Migration entspricht (Castles/Miller 2003; Nuscheler 2004; Ambrosini 2005).

Das „Age of Migration", wie Castles und Miller (2003) die Ära internationaler Migration seit den 1970er Jahren nennen, ist durch vielfältige Migrationsformen und -motive, durch eine global wachsende Zahl an Herkunfts- und Zielländern, eine Feminisierung der Migration sowie steigende Irregularität geprägt. Nuscheler (2004) geht sogar soweit, das Charakteristikum der Irregularität zum Kennzeichen der neuen Ära internationaler Migration zu machen. Er diagnostiziert ein Zeitalter der irregulären Migration, da der globale Migrationsdruck durch wachsende Ungleichheiten, sich verändernde Umweltbedingungen und Kriege steigt, zugleich jedoch die legalen Migrationswege durch restriktivere Einwanderungspolitiken und Grenzregime abnehmen. In Europa, das besonders seit den letzten zwei Jahrzehnten die Außengrenzen undurchlässiger macht und jüngst auch die Bekämpfung irregulärer Migration ganz oben auf die Agenda stellt, verteilen sich die internationalen Migrationsströme freilich recht unterschiedlich auf die jeweiligen Länder (Castles/Hansen/Schierup 2006). Während Deutschland Ende der 1980er und Anfang der 1990er Jahre von Migrationsschüben besonders aus Osteuropa und dem zerfallenden Jugoslawien erreicht wird, dann jedoch aufgrund nationaler und europäischer Regulierungen eine im Saldo bis heute stark abnehmende Zuwanderung erfährt, wächst in den südeuropäischen Ländern die Migration dynamisch. Die Migration stammt hier neben Osteuropa aus zahlreichen, überwiegend außereuropäischen und vergleichsweise ärmeren Ländern und ist durch einen beachtlichen Anteil an Irregularität geprägt. Italien kann als ein Haupteinfallstor irregulärer Migranten nach Europa gelten, wobei sich die irreguläre Migration allerdings nur zu einem Bruchteil in der Weise vollzieht, wie es durch die medialen Bilder afrikanischer boat-people nahegelegt wird.

Tragen die neuen Formen der Migration zum Wachstum der informellen Ökonomien in den Städten bei? Und welche Rolle spielen informelle Ökonomien für die Zuwanderer? Orientieren sich diese angesichts der Schließungstendenz formeller Arbeitsmärkte und/oder neuerer Migrationsformen wie Pendel- resp. Transmigration vielleicht selber auf informelle wirtschaftliche Aktivitäten, indem sie dabei die Vorteile fehlender Abgaben und höherer Löhne nutzen? Oder sind die informellen Tätigkeiten lediglich ein Zwangsbehelf und Durchgangsstadium, das am Beginn eines komplexen Migrationsprojektes steht?

Zu beiden Fragekomplexen wird im Folgenden beigetragen. Zunächst soll kurz das Szenario und die Entwicklung der Migration in das junge Einwanderungsland Italien nachgezeichnet und anschließend dargelegt werden, wie sich die Migranten – formell und informell – in die italienische Ökonomie integrieren. Ein zentraler Befund ist dabei, dass die Migranten einen im Vergleich mit Deutschland höheren Beitrag zur informellen Ökonomie leisten, dass dieser Beitrag aber insgesamt moderat und im Vergleich zur einheimischen Bevölkerung gering ist, was unter anderem daran ablesbar ist, dass die Einwanderung in Italien vor allem in den Norden verläuft, wo die geringsten Anteile informeller Ökonomie bestehen. Gleichwohl existiert eine Wechselwirkung zwischen irregulärer Migration und informeller Ökonomie, wie im Weiteren mit Fokus auf die Stadt Mailand gezeigt wird. Der Zusammenhang wird hier in der Bedeutung der sozialen Netzwerke sowie der alltagsweltlichen und administrativen „Toleranz" bezüglich beider Phänomene deutlich. In Mailand, wo überproportional viele Migranten in einer vergleichsweise kleinen informellen Ökonomie arbeiten, werden abschließend die Erfahrungen mit und der Stellenwert von Schwarzarbeit in Migrationsprojekten betrachtet. Die zentrale Beobachtung ist, dass der Status der irregulären *Arbeit* gegenüber dem Status des irregulären *Aufenthalts* für die Migranten zweitrangig ist. Das Heraustreten aus der Illegalität, für die Migranten essentiell, um soziale Beziehungen zum Heimatland zu realisieren, ist für diese nicht notwendig mit einem Heraustreten aus der Schattenwirtschaft verbunden, auch wenn gesetzlich ein Band zwischen beiden Status besteht.

In den Teilen zu Mailand wird sich auf eine qualitative Erhebung bezogen, bei der Experten und Migranten, die informell beschäftigt sind oder waren, interviewt wurden. Wie in Tabelle A im Anhang dargestellt, wurden 14 Experten aus Gewerkschaften, Kirche, kommunalen und sozialen Einrichtungen sowie Basisgruppen interviewt. Die Fragen adressierten Aspekte der informellen Ökonomie und Migration, deren Wechselwirkungen und den Einfluss institutioneller Regulierungen in Mailand.[3] Auf das Sample der Migranten wird weiter unten eingegangen.

Migration nach Italien: Dynamik, Heterogenität und Irregularität

Wie die anderen südeuropäischen Länder verwandelt sich Italien im Verlauf der 1970er Jahre von einem Auswanderungsland in ein Einwanderungsland. Mitte der 1970er Jahre verzeichnet Italien erstmalig ein positives Wanderungssaldo (Del Boca/Venturini 2003; Hillmann 1996:55-62). Seitdem nimmt die Migration stetig zu: Zwischen 1994 und 2004 kommen jährlich durchschnittlich 15 Prozent weitere ausländischen Personen

3 Der Forschungsaufenthalt, gefördert von dem RTN-Netzwerk „Urban Europe", fand in der zweiten Hälfte von 2005 an der Universität Milano-Bicocca statt. Für die Unterstützung bei den Forschungen bedanke ich mich insbesondere bei Ilenya Camozzi, Enzo Mingione und Giovanna Fullin.

nach Italien, was einer Verdoppelung der Einwandererpopulation alle fünf Jahre entspricht (ISMU 2004a:35). Dieses schnelle Wachstum lässt sich daran ablesen, dass im Jahr 2004 nur knapp sieben Prozent aller ansässigen Migranten vor 1990, dagegen über 50 Prozent seit 1999 eingewandert sind (Blangiardo 2005:125). Italien hat 2004 mit 2,8 Millionen bzw. 2005 mit knapp über drei Millionen regulären Einwanderer innerhalb kurzer Zeit die durchschnittliche Quote an ausländischen Personen innerhalb der EU erreicht (5,2 Prozent in Italien und in der EU im Jahr 2005, vgl. Caritas/Migrantes 2006).

Charakteristisch für die Immigration nach Italien ist neben ihrer hohen Dynamik eine große Vielfalt an Herkunftsländern, die sich zum überwiegenden Teil als gegenüber Europa „unterentwickelt" kennzeichnen lassen. Während im Jahr 1994 noch 72 Prozent der registrierten Einwanderer aus ärmeren Ländern – Ländern „mit großem Migrationsdruck", wie es in der italienischen Terminologie heißt – stammten, sind es zehn Jahre später 92 Prozent (ISMU 2004a:36). Die Migranten kommen aus 195 Ländern und von allen Kontinenten, wobei der größte Teil aus Osteuropa, gefolgt von Nordafrika, Süd- und Mittelostasien sowie Südamerika stammt.[4] Gehörten in den 1980er und 1990er Jahren nordafrikanische, mittelost- und südasiatische sowie osteuropäische Länder zu den Haupteinwanderungsländern, so dominiert seit den späten 1990er Jahren die Einwanderung aus Osteuropa und Südamerika. Fast zwei Drittel aller Osteuropäer und Südamerikaner in Italien sind seit 1999 eingewandert, und innerhalb kurzer Zeit sind die Rumänen zu der am stärksten vertretenen Einwanderungsnation in Italien geworden (vgl. Blangiardo 2005:126; ISMU 2004a:37, Caritas/Migrantes 2005:35). In dem jungen Einwanderungsland Italien gibt es mithin nicht *die* dominante Migrantengruppe wie in Deutschland, Frankreich oder auch Spanien. Immerhin bilden aber die fünf am stärksten vertretenen Migrantengruppen – Rumänen, Albaner, Marokkaner, Ukrainer und Chinesen – gegenwärtig 40 Prozent aller regulären Einwanderer (Caritas/Migrantes 2006).

Wie bereits erwähnt, besteht ein weiteres Merkmal der Einwanderung nach Italien in der Irregularität oder „wilden Migration" (Hillmann 1997). Italien war auf den Wandel vom Aus- zum Einwanderungsland nicht vorbereitet und hat vielmehr reaktiv, in mehreren Etappen (1986, 1990, 1998 und 2002) Gesetzesregelungen eingeführt, die zunehmend auf eine Regulierung der legalen und Bekämpfung der illegalen Zuwanderung abzielten.

4 Ca. 38 Prozent stammen 2004 aus Osteuropa (bes. Rumänien, Albanien, Ukraine, Polen, ehemaliges Jugoslawien), 24 Prozent aus Afrika (bes. Marokko, Tunesien, Senegal, Ägypten), 17 Prozent aus Asien (bes. China, Philippinen, Indien, Sri Lanka) und 11,5 Prozent aus Amerika (bes. Peru, Ecuador, USA) (Caritas/Migrantes 2005:76; ISMU 2004a:36).

Der überwiegende Teil der drei Millionen regulären Migranten hat sich zunächst illegal in Italien aufgehalten (Del Boca/Venturini 2003; Ammendola u. a. 2005). Etwa die Hälfte von ihnen erlangte im Rahmen der fünf bisherigen Legalisierungswellen („sanatorie") einen Aufenthaltstitel, welche nach unterschiedlichen Modalitäten und zeitlich befristet vergeben wurden.[5] Die 1998 im Rahmen des Gesetzes „Turco-Napolitano" eingeführten jährlich erlassenen Einwanderungsquoten für ArbeitsMigranten („decreto flussi") sind darüber hinaus ein Instrument, das illegal im Land lebenden Migranten einen Weg zur Legalisierung eröffnet. Offiziell sollen die Einwanderungsquoten Personen aus dem Ausland die Zuwanderung ermöglichen, wenn diese einen Arbeitsvertrag in Italien vorweisen können. De facto leben die Antragssteller aber größtenteils bereits illegal in Italien, so dass die decreto flussi einem jährlichen „Minisanatoria" gleichkommen. Bis 2005 gelangten auf diese Weise 742.000 Personen in den Besitz eines Aufenthaltstitels, im Jahr 2006 wurden unter der neuen Regierung insgesamt 520.000 Personen zugelassen, eine Ziffer, die selbst die der Legalisierungswellen vor dem größten sanatoria 2002 überschreitet (Caritas/Migrantes 2005:511; Gazetta Ufficiale 2006). Es scheint, die neue Regierung hat 2006 mittels der decreto flussi versucht, die Kritik der Europäischen Kommission an einer weiteren Legalisierungswelle zu umgehen, indem sie quasi ein sanatoria im Rahmen der bestehenden Migrationsgesetze durchführte. Die bisherigen fünf sanatorie zwischen 1986 und 2002 (durchschnittlich fast jedes dritte Jahr erlassen) sind meist im Zusammenhang mit neuen Migrationsgesetzen verabschiedet worden. Eine weitere Legalisierungswelle wie etwa auch 2006 in Spanien wurde und wird von der Europäischen Kommission entschieden abgelehnt, da sie illegale Migration prämiere und weitere Anreize dafür setze. Allerdings hatte die Kommission auch die offizielle Funktion der decreto flussi 2006 angezweifelt und kritisiert, nachdem Italien nach der eher üblichen Quote von 170.000 ankündigte, bis zum Jahresende weitere 350.000 ArbeitsMigranten zuzulassen (vgl. BMF 2006).

Die irreguläre Zuwanderung ist – trotz bzw. auch wegen restriktiveren Gesetzen und sanatorie – keineswegs abgebrochen. Im Gegenteil, Italien kann als ein Haupteinfallstor für irreguläre Migranten aus ärmeren Ländern nach Europa gelten, wobei diese zum überwiegenden Teil über befristete Visa – nach Ablauf der Fristen sogenannte *overstayers* – und in vergleichsweise sehr geringem Ausmaß durch die spektakulären Bootsüberfahrten an der Südküste in Italien eintreffen.[6] In Italien angekommen, können

5 Während in den ersten vier *sanatorie* (1986, 1990, 1996 und 1998) insgesamt knapp 800.000 Personen legalisiert wurden, sind in der fünften, damals historisch größten Legalisierung in Europa, fast noch einmal so viele, knapp 700.000, in den Besitz eines Aufenthaltstitels gelangt (Barbagli/Colombo/Sciortiono 2004).

6 Der Großteil der mit Touristenvisa einreisenden Personen kommt dabei über den Norden (haupts. über Deutschland) nach Italien (Studie des Istituto Cattaneo di Bologna , vgl. Repubblica 2007).

die Zuwanderer auf eine spätere Regularisierung durch ein neues sanatoria spekulieren – auch in den benachbarten Ländern Spanien oder Griechenland. Nachdem der Anteil an illegalen Migranten besonders nach dem großen sanatoria 2002 deutlich gesunken war, schätzt die Stiftung ISMU[7], dass sich im Jahr 2005 bereits wieder 541.000, 2006 sogar 760.000 Migranten illegal in Italien aufhalten. Zu den regulären Migranten kämen damit noch einmal knapp 20 Prozent irreguläre hinzu (ISMU 2006; 2007).

Auch wenn mit den 2006 außergewöhnlich hohen Einwanderungsquoten (decreto flussi) sowie dem sanatoria in Spanien die Zahl der Irregulären erneut deutlich abgenommen haben wird, weisen andere Indikatoren darauf hin, dass die Schätzung der ISMU noch zu tief veranschlagt sein dürfte. So hatten sich bis März 2006 über 520.000 ausländische Personen auf die jährlich zu dieser Zeit deklarierten decreto flussi beworben. Allerdings sind vor der Antragsfrist insgesamt über 1,8 Millionen Antragsformulare in Italien nachgefragt und ausgegeben worden (vgl. Il Manifesto 2006a und 2006b). Da die Antragsstellung im Sinne des Ausfüllens und Einreichens der Formulare eine zeitlich hohe Investition, Sprachkenntnisse oder Hilfe dritter und einen (realen oder fingierten) Arbeitgeber voraussetzt, ist die Differenz zwischen Formularausgabe und wirklichen Antragsstellern ein Indikator dafür, dass sich 2006 noch mehr als die geschätzten 760.000 Migranten irregulär in Italien aufgehalten haben.

Ökonomische Integration der Migranten

Die durch hohe Dynamik, Heterogenität und Irregularität gekennzeichnete Migration nach Italien verteilt sich ausgesprochen ungleich über das Land. Wie in anderen Ländern sind es die wirtschaftsstarken und die städtischen Gebiete, die die Hauptanziehungskraft auf die Zuwanderer ausüben. So leben rund 60 Prozent aller regulären Migranten im wirtschaftsstarken und industriell geprägten Norden Italiens, 27 Prozent im Zentrum und nur knapp 14 Prozent im agrarisch geprägten Süden.[8] Von den Regionen stehen die Lombardei (23 Prozent) und das Latium (14 Prozent) an erster Stelle, was in Latium fast ausschließlich auf die Stadtregion Rom und für die Lombardei in starkem Maß auf Mailand zurückzuführen ist.

Die Migranten sind in Italien zu einem wichtigen Wirtschaftsfaktor geworden, was bereits daran deutlich wird, dass sie 2005 um die acht Prozent der regulär Beschäftigten

7 Die Fondazione ISMU (Iniziative e studi sulla multietnicità) in Mailand ist neben der Caritas die wichtigste Einrichtung in Italien, die Daten zum Migrationsgeschehen bereitstellt.

8 Die Ungleichverteilung der Migranten zwischen den Gebieten und Regionen hat sich im letzten Jahrzehnt noch geringfügig verstärkt. Vgl. Caritas/Migrantes 2005:73,97,465-499.

ausmachen.[9] Wie der Tabelle 1 zu entnehmen ist, arbeitet die Mehrheit (55 Prozent) der regulären Migranten im tertiären Sektor. In der Landwirtschaft sind die Migranten mit knapp fünf Prozent und in der Industrie mit 40 Prozent vertreten (23 Prozent Industrie im engeren Sinne und 17 Prozent Bauwirtschaft), wobei Industrie und Landwirtschaft die beiden Sektoren sind, in denen die Migranten gegenüber den Italiener überrepräsentiert sind. Diese Überrepräsentation scheint sich, betrachtet man die Neueinstellungen im Jahr 2004, für die Landwirtschaft fortzusetzen, die im Mezzogiorno aber auch im Nord-Osten Italiens einen wichtigen Wirtschaftssektor darstellt. Dagegen ist der Trend in der Industrie rückläufig und die meisten Einstellungen werden im Bereich der

Tab. 1: Neueinstellungen von Migranten nach Wirtschaftsbereichen in Mailand (Provinz), Gebieten und Italien 2004 sowie Verteilung auf Wirtschaftsbereiche in Italien 2005 (%)

	Landwirtschaft	**Industrie**	**Dienstleistung**	**Hausarbeit/ nicht def.**
Mailand	1,2	18,6	32,6	47,6
Nord-West	3,4	28,0	31,3	37,3
Nord-Ost	12,7	26,9	38,5	22,0
Zentrum	8,5	28,5	31,6	31,4
Süd	15,6	27,9	27,4	29,1
Inseln	21,5	21,6	31,5	25,4
Italien	**7,7**	**23,4***	**28,2**	**40,7**
Verteilung 2005	*4,8*	*40,1*	*55,1*	–

* Knapp die Hälfte davon ist im Baugewerbe beschäftigt (10,3 Prozent).

Quelle: Caritas/Migrantes 2005:500-503, auf der Grundlage von ISTAT Zensusdaten und INAIL; ISTAT 2006

9 Unter den statistischen Daten zur Beschäftigungssituation der Migranten in Italien finden sich teilweise deutlich voneinander abweichende Zahlen. Der Anteil der Migranten an allen Beschäftigten wird beispielsweise von ISTAT (2006) nach eigenen Erhebungen auf gut 5 Prozent (ca. 1,2 Mio. ausländische Arbeitnehmer 2005) geschätzt, Caritas/Migrantes (2006) beziffert ihn unter Bezugnahme auf Daten des zentralen Unfallversicherungsträgers (INAIL) auf 10 Prozent (ca. 1,7 Mio. 2005) – und Costa (2005) kombiniert letztere Daten noch mit denen des Sozialversicherungsträgers (INPS) und der Questuren und schätzt knapp 1,9 Mio. beschäftigte Migranten. Die Abweichungen gehen *zu einem Teil* auch auf Schwarzarbeit und die Migrationsgesetzgebung besonders seit 2002 (Gesetz „Bossi-Fini") zurück, die den Aufenthaltstitel für Migranten in Italien an einen Arbeitsvertrag bindet. Die Anmeldung bei den Versicherungsträgern ist ein Weg, wie weiter unten erläutert wird, eine reguläre Arbeit zu *fingieren*, um einen Aufenthaltstitel zu erhalten.

Dienstleistungen verzeichnet, darunter wiederum besonders bei der Hausarbeit („lavoro domestico").[10]

Der Trend zur Dienstleistungsgesellschaft wird mithin von den Migranten mitgestaltet. Dabei steigen diese aber nicht in bessere ökonomische Positionen auf, indem sie etwa aus den überproportional eingenommenen Arbeiterpositionen in der Industrie und Landwirtschaft in Angestelltenpositionen rückten (ISTAT 2006:5). Vielmehr sind es einfache Dienstleistungsberufe im Hotel- und Restaurantgewerbe, bei Speditionen, Liefer- und Reinigungsfirmen und in besonderer Weise in privaten Haushalten – Pflege und Betreuung („badanti") oder Haushaltshilfe („colf") –, in denen die Zuwanderer Beschäftigung finden (ISTAT 2006:4-5). In den italienischen Sozialwissenschaften besteht Einigkeit darüber, dass die Migranten ganz überwiegend die unteren ökonomischen Positionen zugewiesen bekommen (Pugliese 2002; Reyneri 2003; Zanfrini 2004). Ambrosini (2005:59) charakterisiert die Arbeit der Migranten in der postfordistischen Ökonomie Italiens als eine „der fünf P": *pesanti, pericolosi, precari, poco pagati, penalizzati socialmente* – schwer, gefährlich, prekär, gering bezahlt und sozial benachteiligt oder bestraft. Zwar existiert auch ein Segment gut verdienender Migranten, der italienische Arbeitsmarkt ist jedoch durch ein vergleichsweise breites Angebot niedrigqualifizierter und gering dotierter Tätigkeiten geprägt, in dem der Großteil der Migranten arbeitet (Venturini/Villosio 2000). Die Charakteristika der „fünf P" potenzieren sich in der Regel noch einmal bei der Schwarzarbeit, die von den Zuwanderer ausgeübt wird. Das bedeutet jedoch nicht, dass die Schwarzarbeit in Italien generell mit derartigen Qualitäten belegt wäre. Wie gleich gezeigt wird, leisten den Großteil der informellen Arbeit Italiener und diese arbeiten sehr viel seltener unter derartigen Vorzeichen. Beispielsweise überbrücken gut qualifizierte junge Personen den in Italien langandauernden Übergang zwischen Ausbildung und Berufseinstieg vielfach dadurch, bei den Eltern zu wohnen und schwarz zu arbeiten, bis sie eine der Qualifikation entsprechendes Beschäftigung gefunden haben (Müller/Scherer 2003).

Im Folgenden wird der Frage nachgegangen, wie sich die informelle Ökonomie in Italien auf die verschiedenen wirtschaftlichen Sektoren verteilt und sich im Zeitverlauf entwickelt. Gibt es eine besondere Ausprägung der informellen Ökonomie in den Sektoren, in denen auch Migranten arbeiten? Und wie hoch ist der Beitrag, den die Migranten zur

10 Die von Reyneri (2004:77) auf der Grundlage vom INPS für die 1990er Jahre elaborierten Daten weisen die Verteilung der Migranten auf Beschäftigungsbereiche wie folgt aus: Landwirtschaft 16 Prozent, Industrie inklusive Bauwirtschaft 34 Prozent, Dienstleistungen 20 Prozent und Hausarbeit 30 Prozent. In den wiederum durch die ISMU (2004a:131) mit Bezug auf das INPS präsentierten Zahlen, ist gegenüber Reyneri das Gewicht der Landwirtschaft kleiner und das der Dienstleistungen größer.

informellen Ökonomie leisten? Zur Beantwortung werden insbesondere die Daten des ISTAT (Istituto nationale di statistica) herangezogen, das seit einigen Jahren zur informellen Ökonomie in Italien veröffentlicht. Durch die Kombination von Zensusdaten, Umfragen und Rechenmodellen, die u.a. die sozialversicherungspflichtig gemeldeten Beschäftigten und deren Einkommen in das Verhältnis zu den monetären Umsätzen der Unternehmen stellen, werden Daten zur Struktur, Verteilung und Entwicklung der informellen Ökonomie berechnet (vgl. zur Methode ISTAT 2005b und FN 1).

Ausmaß, Verteilung und Ursachen der informellen Ökonomie

Der höchste Anteil informeller Beschäftigungsverhältnisse findet sich in Italien in der Landwirtschaft (vgl. Tab 2). In der Industrie sind, ausgenommen die Bauwirtschaft, informelle Beschäftigungsverhältnisse dagegen deutlich unterrepräsentiert. Das lässt sich darauf zurückführen, dass die Industrie gewerkschaftlich gut organisiert und insbesondere in den großen Betrieben die Kontrolldichte hoch ist (vgl. Reyneri 2003; 2004). Bedeutend ist die irreguläre Arbeit dann aber bei den Dienstleistungen, wobei einerseits der Handel und Transport, andererseits kulturelle, feizeit- und haushaltsbezogene Dienstleistungen eine hervorgehobene Rolle spielen. Diese letzteren Dienstleistungen, in der Tabelle unter „andere" subsumiert, erreichen 2001 einen Anteil an informellen Beschäftigungsverhältnissen von knapp 40 Prozent (ISTAT 2003: 3).

Bei der Verteilung der irregulären Ökonomie auf die unterschiedlichen *Regionen* Italiens ist in sämtlichen Sektoren ein Bedeutungszuwachs in Richtung Süden zu verzeichnen

Tab. 2: Informelle Ökonomie nach Wirtschaftssektoren 1992-2004 in Prozent von Vollbeschäftigungsarbeitsplätzen

	1992	**1996**	**2001**	**2004**
Landwirtschaft	25,5	27,6	33,0	33,0
Industrie	7,7	7,8	8,3	7,1
im engen Sinne	*5,7*	*5,5*	*6,0*	*5,3*
Bauwirtschaft	*14,2*	*15,7*	*15,7*	*12,4*
Dienstleistungen	14,5	16,3	16,8	14,6
Handel und Transport	*15,6*	*17,9*	*18,4*	*14,8*
Finanzen und Immobilien	*13,9*	*13,9*	*14,0*	*14,1*
Andere	*13,7*	*15,6*	*16,5*	*14,5*
Insgesamt	**13,4**	**14,5**	**15,3**	**13,4**

Quelle: ISTAT 2003:8; 2005a:11

Tab. 3: Verteilung der informellen Ökonomie nach Gebieten 2003 in Prozent von Vollbeschäftigungsarbeitsplätzen

	Nord-West	Nord-Ost	Zentrum	Süd	Italien
Landwirtschaft	20,8	25,9	28,4	41,1	32,9
Industrie	2,4	2,5	7,2	20,6	7,1
im engeren Sinne	*2,0*	*2,2*	*5,3*	*17,1*	*5,4*
Bauwirtschaft	*3,9*	*3,7*	*12,3*	*27,0*	*12,5*
Dienstleistungen	10,9	11,6	13,3	20,9	14,5
Gesamte Ökonomie	**8,3**	**9,3**	**12,3**	**22,8**	**13,4**

Quelle: ISTAT 2005a:17

(vgl. Tab 3). Diese Ungleichverteilung betrifft nicht etwa nur die im Mezzogiorno bedeutende Landwirtschaft, sondern sie bezieht sich auf alle wirtschaftliche Sektoren und hat seit 1996 noch zugenommen (ISTAT 2003:6). Selbst in der Zeitspanne von 2001 bis 2003, in der die informelle Ökonomie Italiens abnimmt, wächst sie im Mezzogiorno weiter bzw. verweilt auf hohem Niveau, während besonders die nördlichen Regionen einen Formalisierungsprozess aufweisen (ISTAT 2005a:9).

Die große Bedeutung des regionalen Kontextes für die informelle Ökonomie Italiens geht auf die frühere Industrialisierung, Bürokratisierung und Modernisierung des Nordens und Zentrums zurück. Sie ist insofern mit der fortdauernden Bedeutung der Landwirtschaft im Mezzogiorno verknüpft, aber sie erschöpft sich nicht darin, da sich mit der schwächeren Durchstaatlichung auch die „italienische Kultur der Schwarzarbeit", d. h. deren alltagsweltliche Normalität und Toleranz, stärker tradiert (Genovesi 2004; Mingione 1991).

Will man kurz die Gründe für die besondere Ausprägung der informellen Ökonomie in Italien, aber auch in den anderen südeuropäischen Ländern, zusammenfassen, dann wird man neben der Bedeutung der Landwirtschaft, der späten und selektiven gesellschaftlichen „Modernisierung" und der sich tradierenden „Kultur" der Schwarzarbeit auch den schwachen Sozialstaat nennen müssen (vgl. Reyneri 2001).[11] Mit letzterem geht einher, dass die Bereiche von Altenpflege und Kinderbetreuung zum Einfallstor von „globalisierten Hausarbeiterinnen" werden, besonders in einer Zeit, wo auch das familiale Unterstützungsmodell in diesen Ländern in eine Krise gerät (vgl. Decimo 2005; Hess 2005). Schätzungsweise 500.000 bis 1,2 Millionen colf und badanti, überwiegend Frauen und zu einem hohen Anteil Migranten ohne Aufenthaltstitel, arbeiten 2007 in

11 Das Argument steht gegen die Aussage von Vogel (1999:86), dass gerade ein reicher Sozialstaat Anreize zu illegalem Aufenthalt und Beschäftigung setze.

Italien (Giorgi 2007). Auch wenn die badanti durch die Krise der Sozialstaaten und die colf durch Polarisierung von Einkommen und Lebensstilen in mittel- und nordeuropäischen Ländern zunehmend nachgefragt werden, liegt ihr Anteil in Italien zweifellos höher (vgl. Dallinger/Theobald 2007). Die starke Ausprägung der informellen Ökonomie in Italien kann freilich nicht allein als Modernisierungsrückstand interpretiert werden, wie er im Mezzogiorno zum Ausdruck kommt, wo knapp die Hälfte aller irregulären Beschäftigungsverhältnisse Italiens lokalisiert sind (ISTAT 2005a:16). Überwiegend handelt es sich bei informellen Beschäftigungen um arbeitsintensive Tätigkeiten mit geringer Wertschöpfung, die sich geographisch nicht auslagern lassen. Sie sind insofern ein Pendant der wirtschaftlichen Modernisierung, als im Zuge wachsender internationaler Konkurrenz die arbeitsintensiven Bereiche durch Schwarzarbeit „modernisiert" und konkurrenzfähig gemacht werden (vgl. Genovesi 2004; Castells/Benton/Portes 1991).

Migranten in der informellen Ökonomie

In einem Zwischenfazit zum Verhältnis von Migration und informeller Ökonomie in Italien lässt sich festhalten, dass *erstens* die regulären Migranten besonders in Bereichen bestimmter Dienstleistungen, dem Baugewerbe und in der Landwirtschaft beschäftigt sind, wo auch die informelle Ökonomie bedeutend ist. Tatsächlich sind das auch die Bereiche, in denen Migranten, mit oder ohne Aufenthaltstitel, am häufigsten informell arbeiten. *Zweitens* ist die informelle Ökonomie in Italien regional dort am ausgeprägtesten, wo am wenigsten Migranten leben. Wie oben gezeigt, leben nur knapp 14 Prozent der regulären Migranten im Mezzogiorno (2004), im Jahr 2005 sind es nur noch gut 13 Prozent (Caritas/Migrantes 2006). Zwar ist im Süden der Anteil an illegalen Migranten, die überhaupt nur schwarzarbeiten können, höher ist als im Zentrum und im Norden. Aber mit ca. 20 Prozent aller Illegalen sind diese im Süden nur mäßig überrepräsentiert, was auch vor dem Hintergrund einleuchtet, dass die irreguläre Migration in der Regel im Schatten der legalen bzw. legalisierten und als Kettenmigration stattfindet (vgl. Ambrosini 2005; Alt 2003).[12] Insgesamt bringt die regionale Verteilung der informellen Ökonomie deutlich zum Ausdruck, dass die Zuwanderer nur einen moderaten Beitrag zur Schattenwirtschaft Italiens leisten.

Auch das ISTAT schätzt den Anteil, den die Migranten zur Schattenwirtschaft in Italien beitragen, allerdings nur derjenigen ohne Wohnsitz in Italien, d. h. weitgehend der Illegalen (vgl. Tab. 4). Seit den 1990er Jahren wächst dieser Anteil auf bis

12 Die 20 Prozent gehen auf Schätzungen der ISMU (2007:1) und die regionalen Anteile der Anträge auf Regularisierung 2002 (Zucchetti 2004:17) zurück. Die saisonal in der Landwirtschaft beschäftigten Illegalen dürften in dieser Zahl nur unzureichend widergespiegelt sein.

Tab. 4: Entwicklung der informellen Ökonomie und Anteil der Beschäftigung von Migranten ohne Wohnsitz in Italien, in Prozent von Vollarbeitsplätzen, 1980-2004

	1980	1992	1994	1996	1998	2000	2001	2002	2003	2004
Informelle Ökonomie	11,3	13,4	14,0	14,5	15,1	15,0	15,1	14,2	13,4	13,4
Anteil Migranten ohne italienischen Wohnsitz	k.A.	12,6	16,5	16,3	16,8	16,9	18,5	11,4	5,3	5,3

Quelle: ISTAT 2005a:10,15,19

zu 18,5 Prozent im Jahr 2001, wonach dann, im Rahmen des großen sanatoria, ein gravierender Rückgang auf gut fünf Prozent folgt. Nun ist aus vielen Umfragen bekannt, dass auch Migranten mit Aufenthaltstitel in der Schattenwirtschaft tätig sind. Reyneri (2004:83-84) zeigt, dass die zwischen 1991 und 2001 informell beschäftigten EU-Ausländer sich schwankend zu etwa gleichen Teilen aus regulären und irregulären Migranten zusammensetzen (wobei der Anteil der Illegalen nach Legalisierungen stets zurückgeht, um dann wieder zu wachsen). Der Anteil an informell Beschäftigten unter allen beschäftigten EU-Ausländer liegt in diesem Zeitraum stets über einem Drittel (zwischen 58 und 32 Prozent), was die hohe Bedeutung der Schwarzarbeit für die Migranten verdeutlicht. Demgegenüber ist Schwarzarbeiterquote bei den beschäftigten Italiener weniger als halb so groß, auch wenn insgesamt deutlich mehr Italiener schwarz arbeiten als Migranten (Reyneri 2005).

Wenn in etwa so viele reguläre wie irreguläre Migranten schwarz arbeiten, müsste der Anteil, den die Migranten *insgesamt* zur italienischen Schattenwirtschaft beitragen, gegenüber den Werten in der Tabelle noch einmal verdoppelt werden. Vor diesem Hintergrund erscheinen die Schätzungen des ISTAT zumindest für den Zeitraum 1992-2001 als überhöht. Das legen nicht nur die Ausführungen zur regionalen Verteilung der informellen Ökonomie und Migration nahe. Zu bedenken ist etwa, dass laut ISTAT (2005a:16) 1992 knapp 400.000 Vollzeitarbeitsplätze (12,6 Prozent) von Ausländern ohne Wohnsitz in der informellen Ökonomie eingenommen worden sein sollen. Angesichts der oft flexiblen Struktur informeller Beschäftigungsverhältnisse würde das vielleicht einer Zahl von 600.000 Illegalen entsprechen, von der höheren Arbeitslosigkeit der Illegalen (20 Prozent) gegenüber den Legalen (8 Prozent) einmal abgesehen (ISMU 2006). Dies scheint in einem Jahr, in der sich in Italien erst knapp 600.000 reguläre Migranten aufhielten, schwer vorstellbar.

Dennoch bleibt festzuhalten, dass in Italien die Migranten einen größeren Beitrag zur informellen Ökonomie leisten als in einem vergleichsweise klassischen Einwanderungsland wie Deutschland. Ernste/Schneider (2006:46-47) schätzen den Anteil der Ausländer an der irregulären Beschäftigung in Deutschland auf gut 10 Prozent, so dass sich kaum von einer Überrepräsentation gegenüber deren Bevölkerungsanteil von 9 Prozent reden lässt. Für Italien lässt sich vor dem Hintergrund der dargestellten Daten schätzen, dass die regulären und irregulären Migranten zusammen etwa doppelt so stark in der informellen Ökonomie wie in der Bevölkerung vertreten sind. Seit ihrer Ankunft in Italien in den späten 1970er Jahren stoßen sie auf einen Arbeitsmarkt, der eine lange und ausgeprägte Tradition der informellen Ökonomie und ein breites Segment an niedrigqualifizierten Beschäftigungen aufweist. Im Zuge der Geschichte der Immigration wird die informelle Ökonomie zu einem Pull-Faktor für weitere Migranten, und sie steht in einer Wechselwirkung mit der irregulären Migration (vgl. Reyneri 2003; Decimo 2005).

Bisher sieht es nicht so aus, als ob der Zusammenhang zwischen irregulärer Migration und informeller Ökonomie eingedämmt werden konnte, auch wenn dies durch das rigide Migrationsgesetz „Bossi-Fini" 2002 geschehen sollte. Der zwischen 2001 und 2003 diagnostizierte Rückgang der informellen Ökonomie in Italien geht nicht nur auf das große sanatoria 2002 zurück, das im Rahmen des Gesetzes „Bossi-Fini" beschlossen wurde. Er ist ebenso eine Konsequenz des 2001 verabschiedeten Gesetz zur Flexibilisierung des Arbeitsmarktes („legge 30"). Ähnlich wie nach Ernste/Schneider die Einführung der Minijobs in Deutschland hat das legge 30 nach ISTAT dazu beigetragen, prekäre Beschäftigungsverhältnisse aus der Informalität herauszutragen, indem es neue Vertragsformen für geringfügige und flexible Beschäftigung einführte. Im Zusammenspiel mit dem Gesetz „Bossi-Fini", dass den Aufenthaltstitel („permesso di soggiorno") für Migranten an einen mindestens einjährigen Arbeitsvertrag knüpft, wirkt das wie eine konsequente Regularisierungspolitik, die sowohl Informalität im unteren Arbeitsmarktsegment als auch irreguläre Migration bekämpfen soll. De facto sind die Migranten aber mit höchst widersprüchlichen Konsequenzen der beiden Gesetze konfrontiert. Diese bestehen darin, dass es für sie schwieriger wird, einen Aufenthaltstitel zu erhalten resp. diesen zu verlängern, da sie dazu mindestens einjährige Arbeitsverträge benötigen, die aber auf einem flexibleren Arbeitsmarkt seltener werden. Deshalb verlieren auch viele der einmal regularisierten Migranten wieder ihren Aufenthaltstitel, der zu Beginn für ein Jahr vergeben wird und dann für jeweils bis zu zwei Jahre verlängert werden muss.[13] Sie tauchen wieder ab in die Illegalität und gezwungenermaßen in die informelle Ökonomie. Eine weitere Konsequenz ist das Fingieren von Arbeitsverträgen für den Aufenthaltstitel bei gleichzeitiger Beschäftigung in der informellen Ökonomie.

13 Erst nach sechs Jahren erhalten Migranten mit festem Arbeitsvertrag einen unbefristeten Aufenthaltstitel („carta di soggiorno").

Das Beispiel Mailand

Ausgehend von den Experteninterviews (Übersicht im Quellenverzeichnis) werden im Folgenden die Wechselwirkungen und Wahlverwandtschaften beleuchtet, die zwischen informeller Ökonomie und Migration in Mailand bestehen. Dabei wird auf das Ausmaß und die Struktur der informellen Ökonomie und Migration in Mailand eingegangen, bevor dann im letzten Teil die Migrationsprojekte und subjektiven Erfahrungen der in Mailand interviewten Migranten analysiert werden.

Viele der in Mailand befragten Experten, besonders aus den Gewerkschaften und den Kommunen, betonen die widersprüchlichen Konsequenzen, die sich aus dem Gesetz zur Flexibilisierung des Arbeitsmarkts und dem Gesetz Bossi-Fini für Migranten ergeben. Nicht ein dauerhafter Rückgang der irregulären Migration und informellen Ökonomie sei die Folge, sondern das Abdrängen in die Illegalität und Schwarzarbeit und damit eine Prekarisierung der Migranten, für die ein Aufenthaltstitel eines der erstrebtesten Güter darstelle, um Grundrechte in Italien zu erhalten oder, wie es Dal Lago (2005) formuliert, von einer Nicht-Person überhaupt erst zu einer Person zu werden. Ein Experte aus dem im Mailand Stadt einzigen kommunalen Büro für Ausländerangelegenheiten – die meisten Einrichtungen für Migranten werden von Assoziationen, Kirchen und Gewerkschaften getragen – erklärt, dass die Migranten andere Methoden entwickeln, um trotz fehlender einjähriger Arbeitsverträge an Aufenthaltstitel zu gelangen:

Arbeitsverhältnisse würden in dem Augenblick vorgetäuscht, wo eine Verlängerung des Aufenthaltstitels ansteht, um danach lediglich auf dem Papier zu existieren. Eine erste wichtige Methode bestehe darin, sich als „collaboratori domestici" (colf oder badanti) auszugeben, da sich ein Arbeitsvertrag im privaten Haushalt leicht mit Hilfe von Bekannten fingieren lasse. Außerdem setze der weitere Nachweis des Beschäftigungsverhältnisses lediglich die Anmeldung und Beitragsbezahlung beim nationalen Sozialversicherungsträger (INPS), und nicht bei den lokalen Arbeitsämtern, voraus. Zweitens würden Migranten Genossenschaften („cooperative") gründen, die beim Arbeitsministerium angemeldet werden, deren Erwerbscharakter aber ebenfalls nicht existiere. In einem Fall sei eine Genossenschaft mit 1100 ausländischen Angestellten aufgeflogen, die lediglich auf dem Papier bestanden habe. Schließlich erklärt der Experte, dass der in Mailand vielbeschworene Gründungsboom von Unternehmen zu einem guten Teil auf kleine fiktive Unternehmen von Migranten zurückgehe. Es gebe zahlreiche Dienstleister etwa im Reinigungsgewerbe, die mit unter 15 Beschäftigten unter geringen Rechtsauflagen bei der Handelskammer angemeldet sind und lediglich dazu dienen, den Polizeiämtern („questure"), wo die Aufenthaltstitel verlängert werden, einen Arbeitsvertrag vorzulegen.

Kultur der Schwarzarbeit und Netzwerke

Diese Beschreibungen vermitteln einen Eindruck von der von fast allen Experten hervorgehobenen Insuffizienz und Ineffektivität staatlicher Verwaltung in Italien, Gesetze wirksam umzusetzen, und das auch in einer Stadt wie Mailand, die als eine der „europäischsten" Städte Italiens gilt. Diese Ineffektivität, ebenso wie die Mentalität des Sich-Durchmogelns, bildet ein Element der von Genovesi (2004) so bezeichneten „Kultur" der Schwarzarbeit in Italien, einer alltagsweltlichen Vertrautheit und Toleranz gegenüber dem Phänomen. Diese Kultur reicht, wie wiederum mehrere Experten nahe legen, weit in die kommunalen Verwaltungen hinein. Beispielsweise wird bei Ausschreibungen öffentlicher Aufträge dem günstigsten Anbieter der Zuschlag erteilt, ohne dass geprüft wird, unter welchen Vertragsbedingungen die Unternehmen den Auftrag ausführen. Zahlreiche öffentliche Gebäude in Mailand seien so unter Schwarzarbeit entstanden, was ein öffentliches Geheimnis darstelle. Aber gerade auch im Umgang mit den Migranten wird von den Experten die Kluft zwischen gesetzlichen Vorschriften und administrativer Umsetzung betont: Es wurden keine ausreichenden staatlichen Strukturen für die neue, in Mailand massive Realität der Einwanderung geschaffen (vgl. schon Hillmann 1996). Beispielsweise soll gesetzlich die Erneuerung eines permesso di soggiorno bei den questuren (Polizeiämtern) 20 Tage in Anspruch nehmen. In Mailand dauere diese jedoch durchschnittlich ein Jahr, was wiederum ein Zurückgeworfensein auf Schwarzarbeit impliziert, da ohne gültigen Aufenthaltstitel keine regulären Arbeiten möglich sind. Die Insuffizienz staatlicher Strukturen und Personals auch für die grundsätzliche Beratung und Aufnahme von Migranten wird nolens volens von den Gewerkschaften und Kirchen (besonders Caritas), die Büros für Migranten eingerichtet haben, sowie von Assoziationen versucht aufzufangen.

Die Beschreibungen des Experten, mit welchen Methoden Migranten Arbeitsverhältnisse vortäuschen, zeigen aber auch den Stellenwert an, den Netzwerke bei informellen Aktivitäten einnehmen. Bei allen drei Methoden der fingierten Hausarbeit, Genossenschaft und Selbständigkeit sind Netzwerke eine entscheidende Ressource. Die hohe Bedeutung der Netzwerke auch für die informelle Ökonomie wird in zahlreichen Studien hervorgehoben, und sie bestätigt sich bei den Befragungen in Mailand (u. a. Lamnek/Olbrich/Schäfer 2000; Barbieri/Fullin 2001; Cyrus 2001; Tarrius 2002; Dal Lago/Quadrelli 2003; Adair/Neef 2004; Ambrosini 2005). Einige der Experten betonen dabei den vielfach instrumentellen und ausbeuterischen Charakter der Netzwerke. Schon der Experte von der Kommune erklärt, dass für die vorgetäuschten Arbeitsverhältnisse teilweise hohe Summen bezahlt werden. Aber nicht nur fingierte, sondern auch wirkliche Arbeitsverhältnisse werden verkauft: So gab und gibt es in Mailand an mehreren Orten Vermittlungsbörsen, wo Migranten informelle Arbeitsangebote für Geld feilbieten. Ein wiederum spektakuläreres Beispiel ist die von einigen Experten benannte Praxis bei Ukrainer, in Bussen potentielle Hausarbeiter (colf) herumzufahren, um diese an den Mann/die Frau zu bringen. Aber auch in den weniger der Öffentlichkeit preisgegebenen ethnischen Netzwerken existieren Vermittler, die durch die Stellen- und Personenvermittlung verdienen (vgl. für Deutschland Alt 2003). Bei der informellen Ökonomie sind weiter die ausbeuterischen Netzwerkbeziehungen in Familienbetrieben bekannt, die in Mailand insbesondere bei der chinesischen Community und bei arabischen Zuwanderer im Restaurantgewerbe ausgemacht werden.

Freilich sind die für die informelle Ökonomie konstitutiven Netzwerkstrukturen keineswegs notwendig und überwiegend monetär in Wert gesetzt. Auch die in Mailand interviewten Migranten haben alle ihre informellen Arbeitsverhältnisse über Verwandte, Freunde oder Bekannte gefunden, jedoch in keinem Fall dafür etwas bezahlen müssen. Dennoch entwickelt sich um den Komplex der informellen Ökonomie neben einem Unterstützungssystem ein Markt, in dem sich auch die Migranten untereinander teilweise schroff ausbeuten. Wie bei den fingierten Arbeitsverhältnissen deutlich wird, existiert dieser Markt gerade auch um den Komplex des illegalen Aufenthalts und der Migration. Vom hochbezahlten Schleuserwesen angefangen, das fast die Hälfte der interviewten Migranten in Anspruch genommen hatte, reicht dies über die Beschaffung von Ersatzdokumenten bis hin zu dem in Italien charakteristischen „posto letto". Ein posto letto, ein Schlafplatz, wird häufig von Migranten in der eigenen Wohnung an Illegale untervermietet, wobei die Preise auf dem engen Mailänder Wohnungsmarkt hoch liegen und die Qualität meist schlecht und beengt ist, da in der Regel mehrere Personen in einem Zimmer untergebracht werden.

Informelle Ökonomie und Einwanderung

Keiner der befragten Experten hat sich zu einer Schätzung des Ausmaßes der informellen Ökonomie in der Wirtschafts- und Finanzmetropole Mailand hinreißen lassen. Lediglich wurde vermutet, dass unter Migranten die Schwarzarbeit verbreitet sei, auch weil 2005, drei Jahre nach dem großen sanatoria, von einem hohen Anteil Illegaler in der Stadt ausgegangen wurde. Tatsächlich gibt es keine fundierten Schätzungen zum Ausmaß der Schattenwirtschaft in Mailand. Allerdings weisen die regionalen Daten von ISTAT (2005a:17) einen deutlich unterdurchschnittlichen Wert von 7,3 Prozent (2003) der Beschäftigung für die Lombardei aus. Eine im Auftrag der Handelskammer 1999 und 2000 in Mailand durchgeführte Studie geht davon aus, dass die Lombardei und deren Hauptstadt in etwa gleiche, unterdurchschnittliche Werte aufweisen und beziffert den Anteil der Schwarzarbeit an der Beschäftigung bei 8 Prozent (Fullin 1999:2;

Barbieri/Fullin 2001). Der unterdurchschnittliche Wert ist auf den erwähnten hohen Formalisierungsgrad, die *relative* Effizienz staatlicher Institutionen und den höheren Anteil an Industrien in der Lombardei und Mailand zurückzuführen.

Über die von Schwarzarbeit besonders betroffenen wirtschaftlichen Bereiche besteht jedoch Einigkeit. Dies sind in Mailand zum einen die Bauwirtschaft und das Handwerk, zum anderen Dienstleistungen im Bereich Restaurant, Kleinhandel, Transport, Reinigung und besonders in privaten Haushalten (Pflege und Hausarbeit) (vgl. auch Barbieri/Fullin 2001). Kurz, es handelt sich um die typischen Bereiche bis auf die Landwirtschaft, wobei eine besondere Ausprägung der Hilfe und Pflege in privaten Haushalten (colf und badanti) zu konstatieren ist (vgl. auch Tab. 1). Die colf und badanti sind generell in den italienischen Städten konzentriert, Mailand steht jedoch an erster Stelle, wo ca. 75.000 von ihnen arbeiten und auf jede zehnte Person über 65 Jahren eine badante kommt (Giorgi 2007; Reyneri 1998:316). Diese besondere Konzentration wurde auch beim letzten sanatoria 2002 sichtbar, wo knapp 50 Prozent der 45.000 regularisierten Migranten im Bereich Haushalt beschäftigt waren (Ambrosini/Saliti 2004; Carneri/Crippa 2003). Sie hängt mit dem Wohlstand, der starken Arbeitsmarktintegration – Mailand hat seit Jahren eine Arbeitslosigkeit von unter 4 Prozent –, relativ kleinen Haushaltsstrukturen und dem hohen Alter der Mailänder Bevölkerung zusammen.

Wie generell in Italien sind in Mailand die von Schwarzarbeit besonders betroffenen Bereiche diejenigen, wo Migranten überproportional und informell arbeiten. Umfragen des ISMU (2005:60) zeigen, dass 2005 ca. ein Viertel aller beschäftigten Migranten informell tätig ist, wobei seit 1997 die „prekären" gegenüber den „stabilen" informellen Beschäftigungen zugenommen haben. Der Anteil von einem Viertel informell beschäftigter Migranten dürfte den nationalen Durchschnitt spiegeln, so dass die Migranten in Mailand tatsächlich überproportional an der informellen Ökonomie partizipieren, was angesichts ihrer dort hohen Präsenz auch nahe liegt.[14]

Unter den Städten hat Mailand mit 14 Prozent (2005) noch vor Rom den höchsten Anteil an regulären und irregulären Zuwanderer. Dabei liegt der Anteil der Illegalen im italienischen Durchschnitt von knapp 20 Prozent (ISMU 2005:36). Die Zuwandererstruktur weist dagegen einige Besonderheiten auf: Es stammen überproportional viele Migranten aus Asien, besonders von den Philippinen und aus China, und an zweiter Stelle stehen Zuwanderer aus Afrika (bes. Ägypten und Marokko). Weiter hat die in den letzten

14 Dass in Italien 2005 durchschnittlich ein Viertel der beschäftigten Migranten informell arbeitet, lässt sich vor dem Hintergrund der von Reyneri (2004) zuletzt für 2001 angegebenen Quote von 32 Prozent schätzen.

Abb. 1: Die zehn stärksten Zuwanderungsnationalitäten in Mailand Stadt, 1996-2005

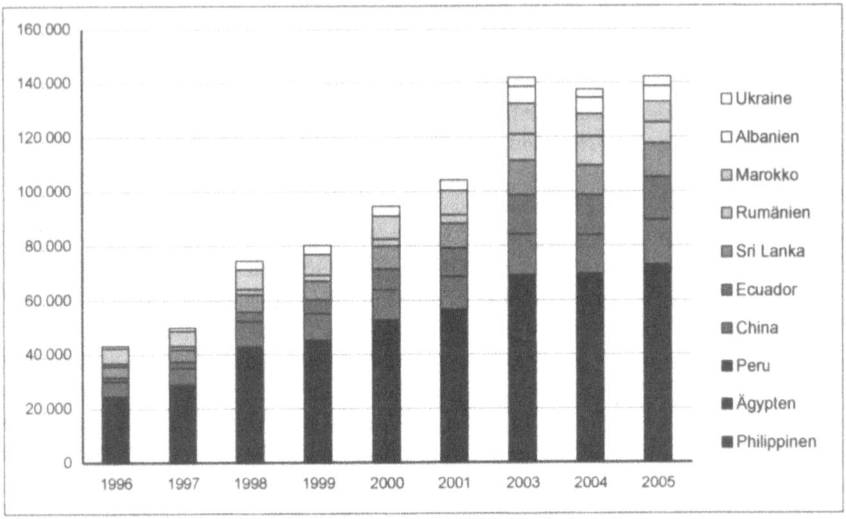

Quellen: ISMU 2001:10; ISMU 2003:25; ISMU 2004b:23; ISMU 2005:26

Jahren starke Einwanderung aus Südamerika Mailand erreicht, und die Peruaner und Ecuadorianer zählen mittlerweile zu den am stärksten vertretenen Einwanderernationen. Auch die junge Migration aus Osteuropa, besonders aus Rumänien und Albanien, schlägt mittlerweile zu Buche, wenn auch für italienische Verhältnisse unterdurchschnittlich (vgl. Abbildung. 1).

Migrationsprojekte im Schatten von Staat und Wirtschaft

Abschließend sollen anhand der durchgeführten Interviews mit Migranten Erfahrungen mit sowie der Stellenwert von Schwarzarbeit in Migrationsprojekten erläutert werden. Der typische Werdegang besteht darin, dass die bis auf eine Person „irregulär" – mit Touristenvisa oder durch Schlepper – nach Italien gekommenen Migranten durchweg eine Regularisierung ihres Aufenthaltes anstreben (vgl. auch Ammendola u. a. 2005). Da das Erlangen eines Aufenthaltstitels einen regulären Arbeitsvertrag voraussetzt, suchen die Befragten auch nach einer regulären Beschäftigung. Wenn allerdings der Aufenthaltstitel erlangt ist, wird oft nur im Rahmen der gesetzlich vorgeschriebenen Stunden regulär und der Rest weiter schwarzgearbeitet (=graue Beschäftigung in Tab. 5), weil so die Verdienste höher sind und die Abgaben als überflüssig angesehen

Tab. 5.: Migranteninterviews in Mailand

Herkunftsland	Geschlecht	Alter	Aufenthalt in Italien	Beschäftigung (schwarz/grau/regulär)	Aufenthaltserlaubnis
Ägypten	Mann	30	5 Jahre	Reinigung (grau)	Seit 2 Jahren
	Mann	29	1 Jahr	Pizzabäcker (schwarz)	keine
	Mann	23	1,5 Jahre	Maurer (schwarz)	keine
Ecuador	Mann	42	6 Jahre	Reinigung (grau)	Seit 2 Jahren
	Mann	48	5 Jahre	Maurer (regulär)	Seit 2 Jahren
Peru	Mann	38	2 Jahre	Fahrer (schwarz)	keine
	Frau	38	1,5 Jahre	Colf (schwarz)	keine
	Mann	26	3 Jahre	Fahrer (grau)	Seit 2 Jahren
El Salvador	Mann	34	5 Jahre	Reinigung (schwarz)	keine
Slowenien	Frau	43	10 Jahre	Colf (schwarz)	ja
Phlippinen	Frau	41	4,5 Jahre	Colf (grau)	Seit 2 Jahren
Taiwan	Frau	24	1,5 Jahre	Informatik (regulär)	Seit 1,5 Jahren

werden, insbesondere weil spätestens im Alter eine Rückkehr ins Heimatland und kein Rentenbezug in Italien geplant sind. Die Migrationsprojekte der interviewten Personen sind mithin eher langfristig, aber stets mit Rückkehrabsichten verbunden. Das schließt ein Pendeln ins Heimatland zu Familienangehörigen und Verwandten, zu denen zwei Drittel der Interviewten regelmäßig Geld schicken, gerade ein, weshalb der Begriff des Transmigranten durchaus auf die neuen Migranten passt (vgl. Pries 1997). Allerdings ist dieses Pendeln erst möglich mit einem Aufenthaltstitel, und letztlich werden die durch die Migration auf die Probe gestellten sozialen Beziehungen ins Heimatland zum Hauptmotiv für die angestrebte Regularisierung in Italien.

Das Sample der 12 Migranten, die in der informellen Ökonomie arbeiten oder gearbeitet haben, ist selbstredend selektiv, es erlaubt aber vor dem Hintergrund der Expertengespräche und Forschungsliteratur einen präzisen Einblick in die Lebenswelt der Migranten. Methodisch ist anzumerken, dass sich die Kontaktaufnahme aufgrund des Themas und des zusätzlich häufig illegalen Status der Migranten schwierig gestaltete, so dass in der Regel mehrere Anläufe zur Realisierung eines Interviews nötig waren. Als besonders schwierig erwies sich darüber hinaus, Frauen für ein Interview zu gewinnen. Kontakt wurde einerseits durch Experten aufgenommen, andererseits durch das Aufsuchen von und die Teilnahme an nichtstaatlichen Sprachschulen in Mailand. Die Interviews dauerten durchschnittlich eineinhalb Stunden, wurden durchgehend aufgezeichnet, anschließend transkribiert und dabei meist ins Deutsche übersetzt.[15] Sie verliefen entlang von themenzentrierten Leitfäden mit fünf Themenblöcken:

- Migration (Realisierung, Motive, erste Erfahrungen und Integration in Italien)
- Arbeit (Suche, Wechsel, Zeiten, Erfahrungen, Motive für Schwarzarbeit, Arbeit/ Bildung in Heimatland)
- Lebenssituation (Netzwerke, Lebenssituation, Verhältnis zu Herkunftsland)
- Verhältnis zu Institutionen (staatliche Einrichtungen, Assoziationen, Polizei)
- Zukunftserwartungen (generell, Arbeit, Rückkehrabsichten)

Abschließend wurde ein standardisierter Demographiebogen vorgelegt.

Migrationsmotive und Arbeitserfahrungen

In dem Sample spiegelt sich die große Bedeutung von Netzwerken sowohl bezüglich der informellen Ökonomie als auch bezüglich der Migration (vgl. Ambrosini 2005; Zanfrini 2004). So haben bis auf eine Person alle Befragten schon vor ihrer Migration Verwandte, Freunde oder Bekannte in Mailand leben, die sie insbesondere bei der Ankunft und Unterkunft, im Weiteren aber auch bei der Arbeitssuche, unterstützen. Die Netzwerke – resp. die Kettenmigration – sind ein wesentlicher Grund für die Wahl von Italien als Zielland, wobei sich mit den Netzen Diskurse über das Land Italien verbinden, das etwa im Unterschied zu Deutschland als offen und einfach bezüglich des illegalen Aufenthalts sowie den Möglichkeiten gilt, (informelle) Arbeit zu finden und sich zu regularisieren. Unter den Migrationsmotiven dominieren ökonomische Gründe und genauer das immense Lohngefälle zu den Herkunftsländern. Auch qualifizierte Tätigkeiten im Herkunftsland erbringen nur einen Bruchteil des Einkommens, das mit den unqualifizierten Arbeiten in Italien verdient wird. Die ökonomischen Motive – besonders die Lateinamerikaner berichten in diesem Zusammenhang über gesellschaftliche Krisen in ihren Ländern –werden allerdings mehr oder weniger stark auch mit dem Motiv gekoppelt, am modernen Leben in Europa zu partizipieren. Letzteres betonen im Sample besonders die jungen Männer aus Ägypten. Die Kombination von ökonomischen und „lebensstilorientierten" Migrationsmotiven scheint für die durchschnittlich jungen und relativ gut qualifizierten Einwanderer in Italien, die in ihren Ländern am ehesten zur Mittelschicht gehören, typisch zu sein (Reyneri 2003), wobei im Sample der Vorrang ökonomischer Motive auffällt.

15 Bis auf die beiden Asiatinnen, die Englisch bevorzugten, wurden die Interviews auf Italienisch geführt.

In Italien angekommen, erweisen sich die Realitäten komplizierter und das Leben schwieriger als zuvor angenommen, und die Befragten berichten von einer Phase der Desillusionierung. Für mehr als die Hälfte spielt dabei die Art der Arbeit, teilweise auch die Arbeitssuche, eine wesentliche Rolle. So berichtet ein Peruaner, der sich zwei Jahre in Mailand aufhält: *„Bin gekommen, weil ich den Traum hatte, hier mehr verdienen zu können, das ist in meinem Land nicht möglich. Bin gekommen und habe schwarzgearbeitet. (...). Ich bin 6 Monate hier ganz ohne Arbeit gewesen. Als ich gekommen bin. Dann habe ich vielleicht 14 Tage irgendwo gearbeitet. Reinigung gemacht. Geschirr gewaschen. Wasserversorgungsanlagen, Wasserhahn. Habe gearbeitet als Maler. Dann machte ich Fahrer. Mein Landsmann fährt einen großen Lastwagen. Ich habe drei Wochen gearbeitet, dann habe ich die Arbeit lassen müssen, weil es eine Kontrolle gab. Ich bin nach Turin gegangen, im Norden Italiens, habe dort vier Monate gearbeitet. Verteilte Telefonbücher. Bin zurückgekehrt nach Mailand."* (Jetzt arbeitet er wieder als Fahrer.)

Und was hast du in Peru gemacht? *„In einem Betrieb mit Lastwagen habe ich Plastik ausgeliefert. Ein Kunststoff-Betrieb, für Bodenbeläge. Habe mehr oder weniger 100 Dollar im Monat verdient. Wenn ich hier arbeite, zahlen sie 700. Schwarz."* (MM7)

Auch wenn nur drei der Befragten eine relativ lange Zeit (bis zu 8 Monaten) nach einer Arbeit gesucht haben, vertreten fast alle die Auffassung, dass es in Mailand schwierig (geworden) ist, ohne Aufenthaltstitel eine annehmbare Arbeit zu finden. Der oben erwähnte Formalisierungsprozess im italienischen Norden ebenso wie der Rückgang von stabilen zugunsten von prekären informellen Beschäftigungen spiegelt sich lebensweltlich wider. Tatsächlich wird es als eine besonders herbe Enttäuschung erfahren, wenn man eine längere Zeit arbeitslos bleibt. Aber für die Desillusionierung in Italien ist auch die Art der informellen Tätigkeiten verantwortlich. Das Zitat verdeutlicht, welche extreme Flexibilität den informell arbeitenden Migranten abverlangt wird, und diese lernen sie erst nach einiger Zeit zu bewältigen, indem mehrere Arbeiten kombiniert werden, sofern sie keine stabile Beschäftigung finden. So beschreiben insbesondere die Reinigungskräfte und colf im Sample, wie sie sich im Verlauf von Monaten oder Jahren mehrere Arbeitgeber zusammengesucht haben, um auf eine insgesamt stabile Arbeitswoche zu kommen. Neben die Flexibilität treten die Charakteristika informeller Arbeit, zeitlich sehr belastend, anstrengend und für italienische Verhältnisse gering bezahlt zu sein. Weiter häufen sich gerade zu Beginn Erfahrungen mit besonders schroffen Ausnutzungen durch Arbeitgeber, die zum Beispiel keinen Lohn bezahlen oder bestimmte Dinge wie Überstundenprämien oder eine Regularisierung im Rahmen der decreto flussi versprechen, aber nicht einhalten.

Die Eigenschaften der informellen Arbeit, die gegenüber der regulären Arbeit von Migranten noch gesteigerten „fünf P“ (Ambrosini), tragen mithin wesentlich zu der Desillusionierung in der Ankunftsphase in Italien bei. Man fühlt sich subjektiv, was man objektiv wird: in die untersten Kategorien der Gesellschaft eingestuft und ökonomisch ausgebeutet. Deutlich wird das von einer Frau ausgedrückt, die zu der größten, mit am ältesten und ganz überwiegend von Frauen gebildeten Einwanderungscommunity in Mailand zählt: *„Ja, wir arbeiten alle als Haushaltskräfte (die Philippiner). Aber das Geld, das sie verdienen, sie können damit große Häuser bauen, sie haben ein gutes Leben dort (auf den Philippinen). Aber hier, wir arbeiten wie Sklaven. Hier arbeiten wir von 7 Uhr morgens bis 7 Uhr abends. Ich beginne um 7 Uhr zu arbeiten am Morgen, bis 11 oder 13 Uhr, ich reinige im Restaurant. Dann am Nachmittag habe ich große Häuser zu reinigen.“* (MM5)

Die Frau benennt zugleich das wichtigste kompensierende Moment gegenüber den Arbeitsverhältnissen, nämlich den im Verhältnis zum Heimatland hohen Lohn, der es vielen der Migranten ermöglicht, ihre im Heimatland verbliebenen Familienangehörigen und Verwandten finanziell zu unterstützen und Geld zu sparen für die spätere Rückkehr. Gleichwohl werden dafür ein äußerst bescheidener Lebensstandard, insbesondere bezüglich der in Mailand teuren Wohnungen, sowie ein stark arbeitszentrierter Alltag in Kauf genommen. Die Philippinerin teilt sich beispielsweise mit zwei Landsleuten ein „posto letto“ in einem Zimmer, was für sie aber angesichts der von allen quasi nur nächtlichen Nutzung zum Schlafen kein Problem darstelle. In ähnlich und teilweise noch wesentlich beengteren Wohnverhältnissen leben weitere sieben der Probanden. Wie auch die Experten betonen, ist es in Mailand keine Seltenheit, dass sich 10 Personen ein Zimmer zum Wohnen teilen.

Uscendo dall'ombra – Wege aus dem Schatten

Die größere Schwierigkeit, in Mailand ohne Aufenthaltstitel eine Arbeit zu finden, ist ebenso wie die rechtliche Fragilität und Abhängigkeit in den Arbeitsverhältnissen ein Grund, einen pemesso di soggiorno anzustreben. Der Status der Illegalität macht gegenüber Willkürlichkeiten und Ausnutzungen der Arbeitgeber weitgehend schutzlos, und auch wenn die Migranten mit der Zeit vorsichtiger und strategischer werden, nachdem sie gerade zu Beginn schlechte Erfahrungen sammeln, bleiben sie ohne Aufenthaltstitel fragil. Es existiert zwar die rechtliche Möglichkeit, nicht ausgezahlten Lohn einzuklagen, worin auch die Gewerkschaften illegale Migranten unterstützen. Gleichwohl gehört zu einer solchen Klage viel Mut: Im Sample wird dieser von einer Person aufgebracht, die freilich um die drohende Konsequenz weiß, nach dem Prozessausgang in das Heimatland abgeschoben zu werden. Auch der fehlende Schutz vor Krankheit und bei Arbeitsunfällen, den viele der Befragten beschreiben, gehört zu dieser Fragilität, selbst wenn in Mailand eine große Assoziation existiert, die illegalen Migranten gesundheitliche Leistungen anbietet. Eine als colf arbeitende Peruanerin, die 2003 zusammen mit ihrem Kind nach Mailand migrierte, um später einmal auch ihren Mann nachzuholen, formuliert: *„Die Leute, weil sie einen permesso di soggiorno haben, denken, sie können alles machen. Weil ich keinen habe, sie scheren sich nicht darum, aber ich arbeite auch. Meine Freunde sagen, du musst dir einen permesso besorgen. Ich muss mich von meinem capo (Arbeitgeber) ausschimpfen lassen, wenn ich etwas mache, weil ich Arbeit brauche. Wenn du ein Dokument hast, sagt der capo gar nichts. Es gibt auch wenig Arbeit. Wenn du Dokumente hast, das ist ein Respekt, das Dokument.“* (MM8)

Einen Aufenthaltstitel zu erlangen, wird für die Migranten mithin als Mittel zur Verbesserung ihrer Beschäftigungssituation zu einem wichtigen Motiv. Darüber hinaus werden mit dem permesso aber auch viele Rechte erst zugänglich, wie ein Bankkonto zu eröffnen, eine Wohnung regulär zu mieten, größere Anschaffungen zu machen u.a. Weiter ist auch die mehr oder weniger starke Angst vor einer Abschiebung im Fall des Aufgegriffenwerdens durch die Polizei ein Antrieb für die Regularisierung. Es spielen mithin mannigfache und ineinander verschachtelte Gründe eine Rolle für das Streben nach einer Regularisierung. Dennoch stellen die Befragten ein Motiv explizit als das wichtigste heraus: die sozialen Beziehungen zum Herkunftsland. Nahezu einstimmig unterstreichen sie, dass erst der permesso es erlaube, in das Heimatland zurückzukehren, um die Familienangehörigen und Verwandten zu besuchen – und danach wieder nach Italien zu kommen. Solange kein Aufenthaltstitel existiert, ist man von den verbliebenen Angehörigen gewissermaßen abgeschnitten, und das auch in dem Sinne, als oft der Nachzug enger Familienangehöriger – besonders des/r PartnerIn und der Kinder – für den Augenblick geplant wird, in dem man legalisiert ist.

Zwar unterscheiden sich bezüglich des Familiennachzugs die Migrationsprojekte teilweise deutlich voneinander. So haben beispielsweise die Philippiner eine bemerkenswerte Tradition entwickelt, bei der die Frauen über Jahrzehnte im Ausland arbeiten, Mann und Kinder im Heimatland finanziell unterstützen und Geld für die Rückkehr sparen, eine Tradition, die sich auch bei anderen frauendominierten Einwanderungsgruppen abzeichnet. Dennoch stimmt auch die Philippinerin im Sample mit denen überein, die einen Nachzug planen oder geplant hatten – besonders den Lateinamerikaner –, dass der permesso an erster Stelle ermöglicht, die sozialen Beziehungen im Verhältnis zum Heimatland herzustellen. Zur Illustration dieses Stellenwertes ein Zitat eines Mannes aus El Salvador, der innerhalb von fünf Jahren bereits zum zweiten Mal mit seiner Freundin nach Mailand migriert ist, nachdem er beim ersten Mal wegen Arbeitslosigkeit in sein Land zurückkehrte: *„Schau, wie soll ich das erklären. Von meinem Land weg-zugehen, ist ein Schmerz. Erster Teil. Dann die Familie zu lassen, die Kinder zurück zu lassen, ist eine Sache, eine Verwundung, die hier, die dich umbringt. Aber, leider kann man sie nicht in eine unsichere Situation bringen. Eine Situation, die nicht sicher ist. Dann, es gibt viele Sachen. Erste Sache, einen Aufenthaltstitel haben. Eine feste Arbeit. (...) Ich kann dir sagen, das ist ein langer Weg, sie hierher zu bringen. Unser Ziel ist es. Zuerst einen permesso di soggiorno, dazu eine passende, schöne Arbeit zu finden, schön in dem Sinne, nicht dass du einen übertriebenen Lohn bezahlt bekommst, aber auf normalem Niveau. Dann, etwas Geld zur Seite zu legen, ein Haus zu finden, das hübsch ist, dann die Kinder zu holen. Das will sagen, eineinhalb Jahre sagen wir oder zwei Jahre."* (MM6)

Unter den vielen Unwägbarkeiten einer Migration sind es gerade die belasteten sozialen Beziehungen, die unter den Befragten das ursprüngliche Migrationsprojekt durcheinanderwirbeln. So sind allein in drei Fällen im Zuge des Wartens auf und dem letztendlichen Nachzug des Partners die Beziehungen zerbrochen, drei weitere artikulieren die extremen Belastungen der dauerhaften Distanz, auf die sie durch eine Art „Sich-Indifferent-Machen" zu reagieren scheinen. Dieser Aspekt kann hier nicht weiter vertieft werden, wichtig ist lediglich herauszustellen, dass der Aufenthaltstitel in erster Linie wegen den sozialen Beziehungen zum Heimatland angestrebt wird. Die Aufnahme einer regulären Arbeit, die gesetzlich die Grundbedingung einer Regularisierung – im Rahmen eines sanatoria oder der decreto flussi – darstellt, kann aus der Perspektive der Migranten nur bedingt durch das Streben nach besseren Arbeitsbedingungen erklärt werden.

Wie schon deutlich geworden, werden reguläre Arbeitsverhältnisse für den Aufenthaltstitel ja nicht selten vorgetäuscht. Außerdem stellen sich die Vorteile bei der Arbeitssuche und des „Respekts" mit einem Aufenthaltstitel auch bei der Beschäftigung in der informellen Ökonomie ein. So ist es vielen Arbeitgebern wichtig, dass sie vor den in den letzten Jahren verstärkten Kontrollen in Mailand geschützt sind, und sie lassen die Migranten einen Teil der Stunden regulär, aber einen weiteren Teil schwarz arbeiten, um Abgaben zu sparen. Dasselbe aus Sicht der Migranten. Immerhin arbeiten vier von sieben Regularisierten im Sample weiterhin schwarz. Sie absolvieren lediglich den Pflichtteil an Stunden regulär, den Rest verdienen sie ohne Steuern und Abgaben entweder beim selben oder bei anderen Arbeitgebern. Die Hauptbegründung besteht dabei darin, die Abgaben zugunsten höherer Löhne sparen zu wollen, insbesondere wollte man später keine Rente in Italien beziehen. Verwiesen wird aber auch auf den Wunsch von Arbeitgebern, die Arbeitnehmer zumindest zum Teil, bei befristeten Arbeitsaufträgen auch vollständig, auf schwarzer Basis zu beschäftigen (vgl. auch Barbieri/Fullin 2001).

Fazit

In dem Artikel wurde der Frage nach dem Zusammenhang von Migration und informeller Ökonomie in Italien mit Fokus auf die Stadt Mailand nachgegangen. Mailand zeichnet sich in Italien durch die höchste Zuwanderung und zugleich einen der niedrigsten Werte der informellen Ökonomie aus, der in den letzten Jahren sogar rückläufig war. Damit kommt in der Stadt zum Ausdruck, was regional für ganz Italien gezeigt wurde, nämlich die *Diskrepanz* von Zuwanderung und informeller Ökonomie. Der Beitrag der Migranten zur italienischen Schattenwirtschaft, die schon lange existierte, bevor das neue Zeitalter der Migration in den 1970er Jahren Italien in ein Einwanderungsland verwandelte, ist moderat, wenngleich er im Vergleich zu nord- und mitteleuropäischen Ländern deutlich höher liegt.

Indem die Migranten vor allem in die arbeitsintensiven, wenig wertschöpfenden Bereiche integriert werden, wo die italienische Wirtschaft auch durch höhere Anteile informeller Beschäftigung konkurrenzfähig und rentabel bleiben will, bekommen die Migranten allerdings eine für die informelle Ökonomie stabilisierende Wirkung zugewiesen (Reyneri 1998 und 2003). Die Formalisierung von Beschäftigungsverhältnissen würden die Wirtschaft und den Staat viel Geld und Anstrengungen kosten, und das scheinen diese nicht investieren zu wollen. So lässt sich die italienische Gesellschaft auf eine neue internationale Arbeitsteilung ein, die von den globalen Ungleichheiten und dem Migrationsdruck aus den ärmeren Ländern nach Europa profitiert. Neue Beschäftigungen entstehen dabei weniger, als alte konserviert werden, und noch bei der Pflege und Hausarbeit ersetzen die Migranten weitgehend eine Tätigkeit, die zuvor von den italienischen Frauen informell verübt wurde. Mit der Krise des familialen Unterstützungsmodells in Italien, in Zuge dessen die Frauen anstelle von Kindererziehung, Haushalt und Altenpflege die Erwerbsarbeit anstreben, geht zwar ein Alterungsprozess einher und es gibt mehr Alte zu betreuen. Gleichzeitig gibt es aber auch weniger Kinder. Allerdings sind Sozialleistungen im Bereich der Altenpflege zurückgefahren worden, und anstelle des Sozialstaats springen Frauen aus unzähligen Ländern als willige, in ihren Rechten fragile Arbeitskräfte ein, um sich und den Angehörigen in ihren Ländern durch Geldüberweisungen ein besseres Leben zu ermöglichen (Decimo 2005; Rerrich 2006).

Die ausgeprägte informelle Ökonomie wirkt als ein Anziehungspool für die ebenfalls starke irreguläre Migration nach Italien, und zwischen informeller Ökonomie und irregulärer Migration besteht eine *Wechselwirkung* und *Wahlverwandtschaft*, die auch in der Bedeutung der Netzwerke sowie der alltäglichen und administrativen „Toleranz" bezüglich beider Phänomene zum Ausdruck kommt. Bis heute durchläuft der Großteil der Migranten einen irregulären Status und eine informelle Beschäftigung, bevor er sich im Rahmen einer Legalisierung oder der decreto flussi im doppelten Sinne regularisiert. Anhand der in Mailand geführten Interviews wurde deutlich, dass für die Migranten dabei der reguläre Aufenthalt von größerer Bedeutung ist als die reguläre Arbeit. Der Aufenthaltstitel verhilft ihnen zwar zu einer besseren Stellung auf dem Arbeitsmarkt und verleiht grundlegende Rechte, vor allem aber ermöglicht er es, Angehörige im Heimatland zu besuchen und gegebenenfalls diese nachzuholen. Selbst wenn die Gesetzgebung seit 2002 den Aufenthaltstitel rigide an einen einjährigen regulären Arbeitsvertrag bindet, arbeiten circa die Hälfte der regularisierten Migranten weiter schwarz, zumindest Teilzeit, sofern sie nicht erst wieder im Augenblick der nötigen Verlängerung des permesso einen Arbeitsvertrag fingieren.

Das Migrationsgesetz Bossi-Fini von 2002, das die neue Regierung unter Prodi gegenwärtig halbherzig zu reformieren im Gange ist, hat das Fingieren von Arbeitsverhältnissen stimuliert, zumal die Migranten mit einem immer flexibleren Arbeitsmarkt konfrontiert sind. Eine wesentliche Konsequenz des Gesetzes ist die Prekarisierung der Lebenslage von Migranten, die, einmal nach Italien gekommen, eher in den Schatten abtauchen, als wegen des Mangels oder Auslaufen eines regulären Arbeitsvertrags wieder die Reise in ihr Heimatland antreten. Zwar gibt es eine Pendelmigration von saisonal Beschäftigten und aus grenznahen Ländern ohne Visumspflicht wie lange Zeit Rumänien, aber der Großteil der Migranten kommt mit längerfristigen Bleibeabsichten (Ammendola u. a. 2005). Angesichts des globalen Migrationsdrucks ist trotz der rigideren Grenzregime und Migrationsgesetzgebung der Zustrom an Migranten nicht abgebrochen, und Italien ist bisher nicht um die janusköpfige Politik der Legalisierungen, wenngleich zuletzt im Rahmen der decreto flussi durchgeführt, herumgekommen. Aber Schattenwirtschaft und irreguläre Migration bleiben, bei aller Wechselwirkung, doch zwei Paar Schuhe, und eine zukünftige Gesetzgebung muss zur Entkoppelung von Arbeit und Aufenthaltstitel beitragen sowie restriktive Einwanderungsgesetzgebungen vermeiden, um zumindest das drängende Problem des illegalen Aufenthalts von Migranten anzugehen.

Literatur

Adair, P., R. Neef (2005): Informal economies and social transformation in Romania. LIT Verlag: Münster

Alt, J. (2003): Leben in der Schattenwelt. Von Loeper Literaturverlag: Karlsruhe

Ambrosini, M. (2005): Sociologia delle migrazioni. Il Mulino: Bologna

Ambrosini, M., M. Saliti (Hrsg). (2004): Uscendo dall'ombra. Il processo di regolarizzazione degli immigrati e i suoi limiti. Franco Angeli: Mailand

Ammendola, C. F., O. Forti, S. Garavini, F. Pittau, A. Ricci (2005): Irregular Migration in Italy. Dossier Statistico Immigrazione. Rom

Barbagli, M., A. Colombo, G. Sciortiono (2004): I sommersi e i sanatari. Il Mulino: Bologna

Barbieri, P., G. Fullin (2001): Il lavoro irregolare nell'area milanese. Un'etnografia metropolitana nel settore dei servizi. Rapporto di ricerca per la Camera di Commercio di Milano. Università di Milano Bicocca. Dipartimento di Sociologia e ricerca sociale, dattiloscritto. Mailand

Benton, L. A., M. Castells, A. Portes (Hrsg.) (1989): The Informal Economy: Studies in advanced and less developed countries. The Johns Hopkins University Press: Baltimore/London

Blangiardo, G. C. (Hrsg.) (2005): L'immigrazione straniera in Lombardia. La quarta indagine regionale. Osservatorio Regionale per l'integrazione e la multietnicità. Iniziative e studi sulla Multietnicita (ISMU). Mailand

Bundesamt für Migration und Flüchtlinge (BMF) (Hrsg.) (2006): Schwerpunktthema: Mitteilung der Europäischen Kommission über politische Prioritäten bei der Bekämpfung der illegalen Einwanderung von Drittstaatsangehörigen. EU-Ius-News. Nr. 8/2006. Nürnberg

Caritas/Migrantes (Hrsg.) (2005): Immigrazione. Dossier Statistico 2005. XV Rapporto. Rom

Caritas/Migrantes (Hrsg.) (2006): Immigrazione. Dossier Statistico 2006. XVI Rapporto. Rom

Castles, S., P. Hansen, C.-U. Schierup (2006): Migration, Citizenship, and the European Welfare State. Oxford University Press: Oxford

Castles, S., M. J. Miller (2003): The Age of Migration. Palgrave Macmillan: Houndmills/New York

Costa, A. (2005): Il reddito degli immigrati. Vortragsfolien. Mailand

Carneri, G., M. Crippa (2003): Milano dopo la sanatoria, in: M. A. Bernardotti, G. Mottura (Hrsg.): Immigrazione e Sindacato. Lavoro, discriminazione, rappresentanza. Istituto di Ricerche Economiche e Sociali (IRES). Rom. S. 215-223

Cyrus, N. (2001): Schattenwirtschaft und Migration in Berlin, in: F. Gesemann (Hrsg.): Migration und Integration in Berlin. Opladen: Wiesbaden. S. 209-232

Dal Lago, A. (2005): Non-persone. Giangiacomo Feltrinelli Editore: Mailand

Dal Lago, A., E. Quadrelli (2003): La città e le ombre. Crimini, criminali, cittadini. Collana Campi del Sapere. Giangiacomo Feltrinelli Editore: Mailand

Dallinger, U., H. Theobald (2007): Pflege und Ungleichheit: Ungleiche citizenship rights im internationalen Vergleich, in: U. Bauer, A. Büscher (Hrsg.): Soziale Ungleichheit und Pflege. Verlag für Sozialwissenschaften (VS): Wiesbaden

Del Boca, D., A. Venturini (2003): Italian Migration. IZA Discussion Paper Nr. 938. Institut zur Zukunft der Arbeit (IZA). Bonn

Decimo, F. (2005): Quando emigrano le donne. Percorsi e reti femminili della mobilità transnazionale. Il Mulino: Bologna

Enste, D. H., F. Schneider (2006): Schattenwirtschaft und irreguläre Beschäftigung. Irrtümer, Zusammenhänge und Lösungen, in: J. Alt, M. Bommes (Hrsg.): Illegalität. Verlag für Sozialwissenschaften (VS): Wiesbaden. S. 35-59

Fullin, G. (1999): Il lavoro sommerso a Milano. Un'analisi tipologica. Working-Paper Milano-Bicocca. Mailand

Gazzetta Ufficiale (2006): Decreto concernante la programmazione aggiuntiva dei flussi d'ingresso di lavoratori extracomunitari non stagionali nel territorio dello stato per l'anno 2006. Jg. 147, Nr. 285. Rom. S. 13

Genovesi, A. (2004): Lavoro nero e qualità dello sviluppo. Ediesse: Rom

Giorgi, C. (2007): Almeno mezzo milione in aiuto a bambini e anziani, in: Il Sole 24 ORE (Hrsg.): Stranieri e lavoro. Colf e badanti in famiglia. S. 2-3

Gubbini, C. (2006): In fila per un posto "regolare" in Italia, in: Il Manifesto vom 07.03.2006. S. 8

Hess, S. 2005: Globalisierte Hausarbeit. Verlag für Sozialwissenschaften (VS): Wiesbaden

Hillmann, F. (1996): Jenseits der Kontinente. Migrationsstrategien von Frauen nach Europa. Centaurus Verlag: Pfaffenweiler

Hillmann, F. (1997): „All'italiana". Wohnen und Arbeiten von ImMigranten im Mailand der 90er Jahre, in: H. Häußermann, I. Oswald (Hrsg.): Zuwanderung und Stadtentwicklung. Leviathan Sonderheft 17. Opladen: Wiesbaden. S. 273-289

Iniziative e studi sulla multietnicità (ISMU) (Hrsg.) (2001): L'immigrazione straniera nella Provincia di Milano

Iniziative e studi sulla multietnicità (ISMU) (Hrsg.) (2003): Approfondimento territoriale: il caso della Provincia di Milano.

Iniziative e studi sulla multietnicità (ISMU) (Hrsg.) (2004a): Decimo Rapporto sulle migrazioni 2004. Dieci anni d'immigrazione in Italia. Franco Angeli Editore: Mailand

Iniziative e studi sulla multietnicità (ISMU) (Hrsg.) (2004b): L'immigrazione straniera nella provincia di Milano.

Iniziative e studi sulla multietnicità (ISMU) (Hrsg.) (2005): L'immigrazione straniera nella provincia di Milano.

Iniziative e studi sulla multietnicità (ISMU) (Hrsg.) (2006): Rapporto Immigrazione in Italia. Mailand

Iniziative e studi sulla multietnicità (ISMU) (Hrsg.) (2007): XII Rapporto ISMU sulle migrazioni. Mailand

Istituto nazionale di statistica (ISTAT) (2003): La misura dell'occupazione non regolare nelle stime di contabilità nazionale. Rom

Istituto nazionale di statistica (ISTAT) (2005a): La misura dell'occupazione non regolare nelle stime di contabilità nazionale. Rom

Istituto nazionale di statistica (ISTAT) (2005b): Brevi cenni sulle metodologie di stima dell'occupazione non regolare nell'ambito della contabilità nazionale. Rom

Istituto nazionale di statistica (ISTAT) (2006): La partecipazione al mercato del lavoro della popolazione straniera. Rom

Lamnek, S. G. Olbrich, W. J. Schäfer (2000): Tatort Sozialstaat. Schwarzarbeit, Leistungsmissbrauch, Steuerhinterziehung und ihre Hintergründe. Opladen: Wiesbaden

Martini, E. (2006): Immigrati, un flusso da mezzo milione, in: Il Manifesto vom 15.03.2006. S. 9

Mingione, E. (1991): Fragmented Societies. A Sociology of Economic Life beyond the Market Paradigm. Blackwell Publishing: Oxford

Müller, W., S. Scherer (Hrsg.) (2003): Mehr Risiken – Mehr Ungleichheit? Abbau von Wohlfahrtsstaat, Flexibilisierung von Arbeit und die Folgen. Campus-Verlag: Frankfurt a. M./New York

Nuscheler, F. (2004): Internationale Migration. Verlag für Sozialwissenschaften (VS): Wiesbaden

Organisation for Economic Co-operation and Development (OECD) (2002): Measuring the Non-Observed Economy: A Handbook. OECD Publishing: Paris

Pries, L. (Hrsg.) (1997): Transnationale Migration. Soziale Welt. Sonderband 12. Baden-Baden

Pugliese, E. (2002): L'Italia tra migrazioni internazionali e migrazioni interne. Il Mulino: Bologna

Repubblica vom 08.04.2007: Germania, visti troppo facili „È il ventre molle d'Europa". S. 14

Rerrich, M. S. (2006): Die ganze Welt zu Hause. Cosmobile Putzfrauen in privaten Haushalten. Hamburger Edition: Hamburg

Reyneri, E. (1998): The role of the underground economy in irregular migration to Italy. Cause or effect?, in: Journal of Ethnic and Migration Studies. Jg. 24, Nr. 2. Sonderausgabe: Migration and the informal economy in Europe. S. 313–331

Reyneri, E. (2001): Migrants` Involvement in Irregular Employment in the Mediterranean Countries of the European Union. International Migration Papers. Genf

Reyneri, E. (2003): Immigration and the Underground Economy in New Receiving South European Countries. Manifold Negative Effects, Manifold Deep-rooted Causes, in: International Review of Sociology. Jg. 1, Nr. 1. S. 117-143

Reyneri, E. (2004): Immigrants in a segmented and often undeclared labour market, in: Journal of Modern Italian Studies. Jg. 9, Nr. 1. S. 71-93

Tarrius, A. (2002): La mondialisation par le bas. Les nouveaux nomades de l'économie souterraine. Balland: Paris

Venturini, A., C. Villosio (2000): Foreign workers in Italy. Are they assimilating to natives? Are they competing against natives?, in: J. Dorbritz, J. Otto (Hrsg.): Einwanderungsregion Europa? Bundesinstitut für Bevölkerungsforschung (BIB). Wiesbaden. Heft 99. S. 165-208

Vogel, D. (1999): Illegale Zuwanderung nach Deutschland und soziales Sicherungssystem, in: E. Eichenhofer (Hrsg.): Migration und Illegalität. IMIS-Beiträge. Heft 7. Institut für Migrationsforschung und Interkulturelle Studien (IMIS). Osnabrück. S. 73-90

Zanfrini, L. (2004): Sociologia delle migrazioni. Laterza: Rom
Zucchetti, E. (Hrsg.) (2004): La regolarizzazione degli stranieri. Nuovi attori nel mercato del lavoro italiano. Franco Angeli: Mailand

Experteninterviews

Caritas: Leiter Migrantenbüro
Gewerkschaft CGIL: Leiter Camera di lavoro, Migrantenbüro
Gewerkschaft CGIL: Mitarbeiter und Forschungsbeauftragter
Gewerkschaft CISL: Leiter Arbeitsmarkt/-recht
Gewerkschaft CISL: Leiter Migrantenbüro
Stadt Milano: Leiter Migrantenbüro
Stadt Pioltello/Seprate: Leiterin Migratenbüro
Verband Ecuador: Leiterin/Mitgründerin
Verband Multietnica: Mitarbeiter
Verband NAGA: Geschäftsführer/Mitgründer
Verband San Marino: Leiterin
Verband San-Precario: Gründer und Mitglieder
Verband Stecca-Apolidia: Mitarbeiter/Mitgründer
Verband Todo-Cambia: Mitarbeiter/Mitgründer

Informelle Ökonomie in Deutschland und Polen: Berlin und Warschau

von Dietrich Henckel und Andrea Wagner

Einführung

Sucht man in Warschau billige sowie alle erdenklichen formellen und informellen, legalen und illegalen Waren und Dienstleistungen, sollte man sich zum Jarmark Europa im Stadtteil Praga auf dem Gelände eines alten Sportstadions begeben. Dort ist der größte Basar in Warschau angesiedelt. Dieser nach der Wende entstandene Basar gehört zusammengenommen – bezogen auf Arbeitsplätze und Umsatz – zu den größten Unternehmen in Polen. Diese Sonderform von Märkten in einer Mischung aus legalem, halblegalem und illegalem Angebot entstand nach dem Fall des eisernen Vorhangs u. a. entlang der deutsch-polnischen Grenze in größerer Zahl (Fischer 2004).

Vor kurzem sorgte in Deutschland ein Buch für Aufsehen (Anonymus 2007), in dem der Autor bekennt, zusammen mit seiner Schwester schwarz eine polnische Pflegerin angeheuert zu haben, um der Pflegebedürftigkeit des Vaters in einer für den Betroffenen und die Verwandten akzeptablen Weise – bezogen auf Art und Umfang der Pflege und den Preis – gerecht zu werden. Die Ambivalenz seines Vorgehens beschreibt der Autor in einem Gespräch: „Und ich hatte auch nicht das Gefühl, ich tue hier Unrecht, ich hatte nur das Gefühl, ich tue etwas Illegales. Das ist ein Unterschied." (Hessischer Rundfunk 2007).

Diese beiden anekdotischen Hinweise auf informelle Aktivitäten in Deutschland und Polen lassen unterschiedliche Ausprägungen informeller Aktivitäten aufscheinen und erkennen, dass es offenbar eine Reihe von Verbindungen zwischen formellen und informellen Aktivitäten gibt. Daraus ergibt sich eine Reihe von Fragen:

- Welche Ausprägungen hat die informelle Ökonomie in Deutschland und Polen?
- Welchen Umfang und welche Bedeutung hat die informelle Ökonomie in beiden Ländern?
- Welche Unterschiede und Gemeinsamkeiten gibt es?
- Wodurch sind die Unterschiede und Gemeinsamkeiten bedingt?
- Welche Verflechtungen gibt es zwischen formeller und informeller Ökonomie in den beiden Ländern?
- Welche Verflechtungen gibt es zwischen den informellen Ökonomien der beiden Länder?
- Welche Bedeutung hat die informelle Ökonomie für Berlin und Warschau?
- Welche Entwicklungstendenzen zeichnen sich ab?

Die Betrachtung von Deutschland und Polen und dem Verhältnis der informellen Ökonomien zwischen beiden Ländern scheint dabei aus einer Reihe von Gründen besonders aufschlussreich. Beide Länder sind – wie schon die angedeutete anekdotische Evidenz erkennen lässt – gerade auch mit dem Blick auf die informelle Ökonomie intensiv verflochten. Diese Verflechtungen sind weitgehend erst nach dem Fall des Eisernen Vorhangs entstanden. Sie bauen aber auf Netzwerken auf, die zeitlich weiter zurückreichen, zum Teil auf die polnischen Emigranten zu sozialistischen Zeiten. Diese Verflechtung betrifft einzelne Segmente der Wirtschaft in unterschiedlicher Weise und Intensität und wird mit bestimmt durch die institutionellen Rahmenbedingungen in den Ländern und zwischen den beiden Ländern. Für das Entstehen und das Ausmaß der informellen Ökonomie spielt die ökonomische Transformation nach der Wende – in unterschiedlichem AusmaßPolen und den Neuen Bundesländern – eine wichtige Rolle. Diese Veränderungsprozesse bündeln sich in den beiden Hauptstädten wie in einem Brennglas. Ein verbindender Faktor ist dabei die räumliche Nähe. Berlin ist von der polnischen Grenze nur rund 60 km entfernt.

Diese Fragen und die räumliche Konkretisierung waren Anlass für die Durchführung eines Studienprojekts am Institut für Stadt- und Regionalplanung, um sich mit der informellen Ökonomie in Deutschland und Polen und insbesondere in Berlin und Warschau intensiver auseinander zu setzen (ISR 2005 und 2006). Aus einer Vielzahl von Gründen sind die aufgeworfenen Fragen alles andere als leicht zu beantworten. Die definitorische Abgrenzung von informeller Ökonomie ist nicht eindeutig; es gibt eine Reihe von sehr unterschiedlichen Abgrenzungen, so dass die Aussagen der einzelnen Autoren und Experten nicht immer kompatibel sind. Ein wesentliches Merkmal dieses Teils der Ökonomie aus der Natur der Sache heraus ist ihre mangelnde Erfassung in der amtlichen und nichtamtlichen Statistik. Somit können umfassende, belastbare und vergleichbare empirische Grundlagen für eine Analyse nur schwer erhoben werden. Hinweise müssen auf der Basis sehr unzureichender und teilweise sehr unterschiedlicher Quellen gewonnen werden[1].

Zu den Verflechtungen zwischen der formellen und informellen Ökonomie gibt es nur wenige systematische Untersuchungen – zu Verflechtungen zwischen den informellen Ökonomien der beiden untersuchten Länder sind uns überhaupt keine systematischen Untersuchungen bekannt.

Vor diesem Hintergrund kann der vorliegende Beitrag nur einige Schlaglichter auf das Thema werfen und weiterführende Überlegungen zur Bewertung und zum Umgang mit informeller Ökonomie anstellen.

Ausprägungen informeller Ökonomie

Eine wesentliche Quelle für den Vergleich der ökonomischen Bedeutung der Schattenwirtschaft stellen die international vergleichenden Studien von Schneider (Schneider 2002b) bereit. Danach unterscheiden sich die Größenordnungen der Schattenwirtschaften – gemessen als Anteil am offiziellen Bruttoinlandsprodukt (BIP) – erheblich (vgl. den Beitrag von Enste in diesem Band). Aussagen zu einzelnen Städten – und damit auch für Berlin und Warschau – sind jedoch nur sehr eingeschränkt möglich.

In Deutschland lag der Anteil der Schattenwirtschaft im Jahr 2003 bei knapp 17 Prozent, während er in Polen rund 29 Prozent[2] (Übersicht 1) betrug. Deutschland lag damit im Durchschnitt der OECD-Länder. Polen hingegen fand sich mit seinem Anteil weit darüber, aber wiederum sehr deutlich unter dem bei über 40 Prozent rangierenden Durchschnitt der Transformationsstaaten. Zu berücksichtigen ist dabei, dass sich die herangezogenen international vergleichenden Untersuchungen von Schneider nur auf Teile der informellen Ökonomie, nämlich auf die Schwarzarbeit und somit die illegale Produktion legaler Güter und Dienste, beziehen. Der Vergleich zwischen den Transformationsstaaten lässt erkennen, dass Polen sich bereits sehr viel stärker auf einem „formellen Pfad" befindet als andere Transformationsstaaten.

Bezüglich des Anteils der Schattenwirtschaft im Vergleich zum BIP lassen sich Unterschiede zwischen *Städten und dem gesamten Land*, insbesondere bezogen auf die

1 Für Polen ist die Datenlage teilweise besser, weil das Statistische Amt des Landes wiederholt Befragungen zu informellen Aktivitäten durchgeführt hat: Kostrubiec 1999, Zgierska 2004.

2 Dabei ist allerdings darauf hinzuweisen, dass die Zahlen von Schneider 2002b die höchsten für Polen sind, andere Schätzungen weisen Spannen zwischen 15 und 20 Prozent auf (Mroz 2006).

Rolle von Berlin und Warschau, nur für Deutschland aufzeigen, da es für Warschau keine gesonderten Analysen gibt. Die Untersuchungen von Schneider für die Fachgemeinschaft Bau in Berlin (Schneider 2002a, 2004) beziffern den Anteil der Schattenwirtschaft in Berlin am offiziellen BIP für das Jahr 2003 mit 21,7 Prozent, also rund 5 Prozentpunkte über dem Durchschnitt der Republik. Über die Gründe der Disparitäten zwischen Berlin und dem übrigen Bundesgebiet können nur Vermutungen angestellt werden. Sicherlich sind der Bauboom nach der Wende, die überproportionale Arbeitslosigkeit als Folge des nachwendebedingten beschleunigten Strukturwandels, der hohe Ausländeranteil, die im Bundesvergleich niedrigeren Einkommen, der hohe Anteil an Sozialhilfeempfängern, der im Städtevergleich überproportionale Anteil von Selbständigen und die Grenznähe zu den Staaten Mittel- und Osteuropas beeinflussende Faktoren.

Auch wenn die Untersuchungen zur *Branchengliederung* in der informellen Ökonomie für Deutschland und Polen (Schneider 2002, 2004 und 2007 und die Umfragen des Statistischen Amtes Polen) nicht völlig vergleichbar sind, weil einerseits die Aufteilung der Branchen unterschiedlich ist und andererseits für Deutschland der Anteil am BIP, in Polen aber der Anteil der Beschäftigten (Tätigkeiten) gemessen wird, so lassen sich doch einige Hinweise auf Gemeinsamkeiten und Unterschiede gewinnen: Zur branchenstrukturellen Verteilung der Schattenwirtschaft in Deutschland und Berlin zeigen Untersuchungen von Schneider (2001 und 2002) (vgl. Tabelle 1), dass das Baugewerbe mit knapp 40 Prozent den größten Anteil an den „Branchen der Schattenwirtschaft" hat. Alle anderen Branchen bewegen sich in einer Größenordnung zwischen 12 und 17 Prozent, wobei die Unterschiede zwischen Berlin und der Republik insgesamt nicht besonders gravierend erscheinen. Auch wenn sich feststellen lässt, dass sich eher zu subsistenzwirtschaftlichen Ausprägungen zählende informelle Aktivitäten seit dem Mauerfall verstärkt haben (Butscher 1996:6), dürften sie in Deutschland im Vergleich eine geringe Rolle spielen. Die sektorale Verteilung der etwa 1,5 Millionen informellen Arbeitsplätze in Polen zeigt ebenfalls eine große Bedeutung der baubezogenen Tätigkeiten, weist aber mit einem Anteil von 29 Prozent der informellen Arbeitsplätze in der Garten- und Landwirtschaft einen wesentlichen Unterschied zu Deutschland auf. Dies ist u.a. bedingt durch die insgesamt deutlich höhere Bedeutung des primären Sektors für die polnische Wirtschaft und die gravierenden Einkommensunterschiede zwischen Stadt- und Landbevölkerung, die in diesem Bereich zu einer hohen Bedeutung der Subsistenzwirtschaft führen. Wie in Deutschland spielen auch in Polen die personenbezogenen Dienstleistungen eine wichtige Rolle.

Die Befragungen von Experten in Polen lassen vermuten, dass es deutliche *Strukturunterschiede* in einzelnen Bereichen der Tätigkeiten in der informellen Ökonomie zwischen Deutschland und Polen gibt. Bezogen auf Landwirtschaft und Gartenbau wurde

Tab. 1: Aspekte informeller Ökonomie im Vergleich

	Deutschland	Berlin	Polen	Warschau
Anteil BIP	16,8 % (2003)	21,7 % (2003)	28,9 % (2003)	k. A.
sektorale Verteilung	Baugewerbe 38% andere Gewerbe 17%,haushaltsnahe Dienstleistungen 15%	Baugewerbe 39%, andere Gewerbe 16%,haushaltsnahe Dienstleistungen 17%	Garten- und Landwirtschaft 29%, Renovierungs- und Bauarbeiten 20% Sonstiges 39%	haushaltsnahe Dienstleistungen bedeutend, Kleinhandel
Anbieter informeller Arbeit	etwa 9 Mio. Menschen „schwarz" beschäftigt, davon 1,2 Mio. Vollzeit	k. A.	etwa 1,5 Mio. Arbeitsplätze	k. A.
Erwerbstätige/ Arbeitslose	etwa 20 %, zwischen 6 % und 16 %	k. A.	9,6% (2004)	k. A.
Migranten	Bis zu 1 Mio. illegal beschäftigte Ausländer, v. a. im Baugewerbe	Pendelmigration aus Polen bedeutend (bis 100.000 Menschen)	100T bis 500T illegal Beschäftigte v. a. aus der Ukraine und Weißrussland	k. A.
Gender-Verhältnis	64 % Männer 36% Frauen	k. A.	63 % Männer 37 % Frauen	k. A.

Quelle: Eigene Zusammenstellung auf Basis der zitierten Quellen

das oben bereits angedeutet. Bezogen auf eher typisch städtische Dienstleistungen lassen sich aber ebenfalls deutliche Unterschiede vermuten. So werden etwa Tätigkeiten wie Nachhilfe, die in Deutschland eher von Schülern und Studenten informell erbracht werden, in Polen offenbar deutlich häufiger von Hochqualifizierten (Lehrern und Hochschullehrern) erbracht, um die vergleichsweise niedrigen Gehälter im öffentlichen Dienst bei hohen Lebenshaltungskosten in den Großstädten, vor allem Warschau, aufzubessern (Mroz 2006). Bei den Befragungen in Polen gaben 1995 über 60 Prozent der Befragten an, dass ein nicht ausreichendes Einkommen der Grund für die Aktivität in der Schattenwirtschaft war; bis 2004 sank dieser Anteil auf unter 50 Prozent.

Der Annahme, dass vor allem *Arbeitslose* auf Grund unzureichender Einkommen in der Schattenwirtschaft tätig sein müssten, widersprechen Untersuchungsergebnisse von Schneider und Enste. Laut einer Studie aus dem Jahr 2000 (Schneider 2002c:45) arbeitet in Deutschland nur etwa jeder siebte Arbeitslose schwarz. Dieses Ergebnis wird im Wesentlichen von Enste (2002:138) bestätigt, der den Anteil Arbeitsloser an der Schwarzarbeit bei unter 6 Prozent (dies entspricht jedem 16. Arbeitslosen) sieht.

Die Studie von Schneider zeigt auch, dass jeder fünfte unter den Berufstätigen, also ein erheblich größerer Anteil als unter den Arbeitslosen, schwarz beschäftigt ist, die Schattenwirtschaft also ein Phänomen aus der Mitte der Gesellschaft ist (vgl. die Beiträge Enste, Spars und Wukovitsch in diesem Band). In Polen gehört nicht registrierte Beschäftigung – nach Aussagen der in Polen Befragten – zum alltäglichen Phänomen. Die Anzahl der Personen, die in der Schattenwirtschaft erwerbstätig sind, hat sich dabei zwischen 1995 und 2004 erhöht. Der Anteil wuchs von 7,6 Prozent der Erwerbstätigen 1995 auf 9,3 Prozent im Jahr 1998 und lag 2004 bei 9,6 Prozent der Erwerbstätigen (Cicocki 2006). Nach der Studie „Unregistered Employment in Poland 2004" (Zgierska 2004), auf die Cicocki sich bezieht, ist also nahezu jede zehnte Person im informellen Sektor beschäftigt, was ein deutlich geringerer Anteil als in Deutschland wäre. Für 60 Prozent der vom Statistischen Amt befragten Personen waren die fehlenden Arbeitsmöglichkeiten im Jahr 2004 ein Grund informellen Tätigkeiten nachzugehen. 1995 traf dies nur auf 40 Prozent der Befragten zu.

Das *Geschlechterverhältnis* der Beteiligung an der informellen Ökonomie ist in Deutschland und Polen offenbar sehr ähnlich. Deutlich mehr Männer als Frauen sind in der Schattenwirtschaft aktiv (64 Prozent der Männer in Deutschland (Enste 2002:137f) und 63 Prozent in Polen (Cichocki 2006)). In Deutschland sind Frauen mit 54 Prozent hingegen häufiger Auftraggeber von Schwarzarbeit als Männer (46 Prozent) (Enste 2002:137f). Damit ist das Geschlechterverhältnis ähnlich dem auf dem formellen Arbeitsmarkt und gleichermaßen abhängig von Beschäftigungsmöglichkeiten. Frauen arbeiten dabei größtenteils im Segment der haushaltsnahen Dienstleistungen, der Kinder-, Alten- und Krankenpflege; wohingegen Männer hauptsächlich im Bau und im Handwerk informell beschäftigt sind.

Die Befragungen des Statistischen Amtes in Polen bezüglich der räumlichen Verteilung informeller Aktivitäten kam zu dem Ergebnis, dass die im informellen Sektor Tätigen in *Stadt und Land* nahezu gleich verteilt sind: 48 Prozent auf dem Land und 52 Prozent in städtischen Räumen. Für Deutschland gibt es keine vergleichbaren Aussagen. Zu vermuten ist allerdings, dass die Strukturen der informellen Wirtschaft zwischen Stadt und Land sich sehr deutlich unterscheiden.

Eine relevante Frage ist auch die nach der Rolle von *Migranten* oder Personen mit Migrationshintergrund für die informelle Ökonomie (vgl. die Beiträge von Floeting und Sen in diesem Band). Zwar ist die Bedeutung der in Deutschland lebenden Migranten für die informelle Ökonomie nur schwer zu ermitteln. Da die Integration von Ausländern in den formellen Arbeitsmarkt aufgrund verschiedener Faktoren wie bspw. der Nichtanerkennung von Berufsabschlüssen, einem niedrigeren Bildungsniveau, ungeklärtem Aufenthaltsstatus oder dem Fehlen von Arbeitserlaubnissen teilweise erschwert wird, kann der informelle Sektor zumindest in wirtschaftlicher Hinsicht vorübergehend „Auffangbecken“ für Neuankömmlinge sein. Er dient als „Überlebensnische ökonomisch marginalisierter Bevölkerungsschichten“ (Butscher 1996:4). Illegale Einwanderer, d. h. Personen, die sich unter Verstoß gegen das Ausländergesetz und das Melderecht der Länder unrechtmäßig im Bundesgebiet aufhalten bzw. jene Personen, die nach einer legalen Einreise von der Legalität in die Illegalität rutschen, nutzen die Einreise, um einer illegalen Beschäftigung nachzugehen. Die größte Gruppe bilden visumsfrei oder mit falschem Visum eingereiste Arbeitsmigranten aus Mittel- und Osteuropa. Darüber hinaus sind Migranten aus Afrika, Asien und Amerika in Deutschland vertreten. Die geschätzte Zahl aller illegalen Ausländer liegt bei einer Million Menschen in Deutschland. Ungeachtet der ungünstigen Lohn- und Arbeitsbedingungen in der informellen Ökonomie können illegale Migranten ein Vielfaches an Lohn im Vergleich zum Herkunftsland verdienen. Illegale Beschäftigung von Migranten ist nahezu in jedem Wirtschaftsbereich anzutreffen (Cyrus 2004:30) und besonders in der Baubranche weit verbreitet. Schätzungen des Zweckverbandes ostdeutscher Bauverbände gehen davon aus, dass etwa die Hälfte der beschäftigten Bauarbeiter keine Arbeitserlaubnis besitzt bzw. unregistriert ist. Ein wesentlicher Hintergrund ist, dass Deutschland für eine illegale Zuwanderung vieler Personen attraktiv ist.

Trotz der im Vergleich zu Deutschland umfangreichen Befragungen des statistischen Amtes in Polen gibt es daraus keine Aussagen zur Bedeutung der Migranten im informellen Sektor. Allerdings nimmt deren Bedeutung auch in Polen offenbar zu, weil einerseits durch die Abwanderung von Arbeitskräften nach Westen Lücken auf dem Arbeitsmarkt bestehen und weil andererseits durch die positive wirtschaftliche Entwicklung in Polen das Lohngefälle zu den östlichen und südlichen Anrainerstaaten mittlerweile erheblich ist, was die (illegale) Zuwanderung nach Polen attraktiv macht (Vetter 2007). Das „Center for International Relations“ schätzt (Iglicka 2006), dass 100.000 bis 500.000 illegale Beschäftigte hauptsächlich in den Zentren Warschau, Krakau, Danzig oder in der Landwirtschaft beschäftigt sind. Die größte Gruppe bilden die Ukrainer gefolgt von den Weißrussen, wobei der Anteil der Frauen höher als jener der Männer ist. Ähnlich wie Polinnen/Polen in Deutschland und Berlin sind diese hauptsächlich als Haushaltshilfe oder Pflegekraft in Privathaushalten bzw. auf dem Bau tätig. Sie gehören zu der Gruppe von Migranten mit geringer Qualifikation, die keine Arbeitserlaubnis erhalten. Beispielsweise nutzen Ukrainer das Touristen-Visum[3], um in Polen ihre Dienste anzubieten (Grabowski 2007). In vielen Fällen handelt es sich bei diesen Wanderungen und informellen Aktivitäten um einen „Ersatz“ der nach

3 Dieses erlaubt ihnen, drei Monate am Stück und maximal sechs Monate im Jahr legal einzureisen.

Deutschland oder in andere westeuropäische Länder abgewanderten Arbeitskräfte. Insofern könnte man bei diesen nachrückenden Zuwanderungen auf den informellen Arbeitsmarkt von „Kaskadenwanderungen“ sprechen.

Über die *Dauer* der Aktivität in der informellen Aktivität können nur auf der Basis der Befragungen des statistischen Amtes für Polen detaillierte Aussagen gemacht werden. Die Ergebnisse zeigen, dass die Arbeiten relativ spontan und innerhalb eines kleinen Zeitfensters im Jahr verrichtet werden. Von den informell Beschäftigten arbeiten die meisten nur einen Monat im Jahr; 25 Prozent arbeiten in diesem Monat bis zu fünf Tage. Neben der größten Gruppe derjenigen, die selten und wenig informell arbeiten, gibt es eine kleinere Gruppe von Menschen, die längerfristig oder dauerhaft in der Schattenwirtschaft aktiv sind. Innerhalb des betrachteten Zeitraumes von neun Monaten gaben 19 Prozent der im Rahmen der Studie Befragten an, fünf Monate oder länger informell tätig gewesen zu sein. Außerdem kann von einer Saisonalität der Beschäftigung gesprochen werden, denn die größte Gruppe der informell Tätigen arbeitet im Zeitraum zwischen Juli und September (Zgierska 2004:145). Das zeigt, dass die informelle Ökonomie in einigen Branchen ein Teilzeitphänomen ist – zumindest in dem Sinne, dass nicht die gesamte Arbeitsleistung in der informellen Ökonomie erbracht wird. Für Deutschland sind uns systematische Untersuchungen zur Dauer nicht bekannt. Gleichwohl ist anzunehmen, dass auch hier die informelle Ökonomie in bestimmten Bereichen – wie Land- und Forstwirtschaft, Teile des Hotel- und Gaststättengewerbes – von Saisonalität geprägt sein dürfte. Allerdings ist wahrscheinlich, dass gerade in den Überschneidungsbereichen zwischen formeller und informeller Ökonomie, wie etwa im Handwerk, wo Firmen teilweise auf dem formellen, teilweise auf dem informellen Markt tätig sind, informelle Aufträge regelmäßig ausgeführt werden und die Dauer der Tätigkeit nicht auf wenige Monate im Jahr beschränkt ist, sondern das ganze Jahr über, aber nur als Teil der gesamten Aktivität ausgeübt wird. Gleiches dürfte für die haushaltsbezogenen Dienstleistungen gelten.

Verknüpfungen Deutschland – Polen

Nach dem Fall des Eisernen Vorhangs (1989) und nach dem Beitritt Polens (2004) zur EU sind eine Vielzahl von Verflechtungen nicht nur auf der formellen, sondern auch auf der informellen Ebene zwischen Deutschland und Polen neu entstanden (für das Verhältnis zwischen Österreich und den Beitrittsländern zur EU vgl. den Beitrag von Wukovitsch in diesem Band). Leider liegen keine systematischen Untersuchungen vor, sondern entweder anekdotische Beschreibungen der Beziehungen oder auf einzelne Segmente des informellen Arbeitsmarktes bezogene Analysen. Daher können im Folgenden nur beispielhaft einige Erkenntnisse dargestellt werden.

Direkt nach dem Mauerfall waren die Beziehungen noch stark geprägt durch die Bedeutung der Grenze, die mit dem Beitritt Polens zur EU deutlich abgenommen hat, auch wenn auf dem Arbeitsmarkt aufgrund der verlängerten Übergangsfristen immer noch keine volle Freizügigkeit herrscht. Die Lage Berlins in Deutschland als größte Agglomeration in der Nähe zum Nachbarland – die deutsche Hauptstadt liegt gemessen von ihrem östlichsten Punkt nur knapp 60 Kilometer von der polnischen Grenze entfernt – und die im Vergleich zu Polen noch deutlich höhere Wirtschaftskraft sowie die Lohnunterschiede bedingen eine hohe Attraktivität sowohl formeller als auch informeller Wirtschaftsbeziehungen.

Basare

Unmittelbar nach dem Zusammenbruch der sozialistischen Staaten 1989 stellten grenznahe Basare die erste offen sichtbare Form informeller, aber geduldeter Austauschbeziehungen zwischen Deutschland und Polen dar. Die Umstellung von der Plan- zur Marktwirtschaft bewirkte anfänglich ein Auseinanderklaffen von Nachfrage und Angebot, denn der Aufholbedarf bei Konsumgütern und Waren des täglichen Bedarfs konnte mit der vorhandenen Finanzkraft weder in Polen noch in Ostdeutschland über formelle Angebote gedeckt werden. Eine besondere Form des Basarwesens, die zur Einnahmengenerierung für Polen durch das Angebot polnischer Waren und Dienstleistungen für deutsche Nachfrager unter Umgehung von Zollbestimmungen und anderen Regulierungen dienten, stellten die so genannten „Polenmärkte" dar, die sich teilweise in Deutschland, zum großen Teil aber unweit der deutsch-polnischen Grenze in Orten wie Swinemünde, Stettin, Küstrin, Slubice, Guben oder Görlitz .entwickelten (Fischer 2004). So waren die polnischen Basare „Schnäppchenmärkte", wo Konsumwünsche aller Art befriedigt werden konnten. Im Osten Polens waren und sind Basare vor allem Umschlagplatz für (russische oder asiatische) Großhändler, während sie im Westen des Landes eher dem Endverbraucher dienen (Grabowski 2006). Besonders von Anfang bis Mitte der 1990er Jahre stellten die Basare auch eine wichtige Versorgungsquelle für Teile der ostdeutschen Bevölkerung dar. Auf den polnischen Märkten konnte von Kleidung über gefälschte Tonträger, Lebensmittel, Zigaretten und Möbel vieles erstanden werden. Auf den westlichen Grenzmärkten setzten die deutschen Käufer im Jahr 1997 etwa 3 Mrd. DM um, wobei sich die Handelswaren in 45 Prozent Kleidung, 7 Prozent Lebensmittel, 6 Prozent Schuhe, 6 Prozent Haushaltsgeräte, 4 Prozent Zigaretten, Bilder, Ton-, Videokassetten, Korbwaren, Autozubehör, Kinderwagen, Gartenzwerge sowie 32 Prozent Souvenirs aufteilten (Fischer 2007:31,37). Diese Basare haben nach dem Beitritt Polens zur EU für Deutschland erheblich an Bedeutung eingebüsst; so ist der Markt beim Grenzübergang Frankfurt/Oder weitgehend verschwunden.

In Polen spielen dagegen die Basare immer noch eine gewisse Rolle für die Versorgung der Bevölkerung. Für den Osteuropa-Historiker Schlögel ist die phasenweise Prägung der ehemaligen Ostblockländer durch das Basarwesen ein „Gradmesser für den Stand der Transformation". Während diese Basarphase in Polen oder Estland fast abgeschlossen ist, spielen die Märkte in Russland und der Ukraine noch eine bedeutendere Rolle (Schlögel nach Rada 2004). Diese Entwicklung des Basarwesens und seine heutige Bedeutung lassen sich besonders deutlich am größten polnischen Basar, dem Jarmark Europa in Warschau, nachvollziehen. Der Basar um das Stadion Dziesięciolecia beruht auf einem Landnutzungsvertrag der städtischen Warschauer Sportbehörde und dem Betreiber, der sich nicht klar zu erkennen gibt. Laut dem Betreiber werden durch den Basar ca. 500.000 Arbeitsplätze in ganz Polen gesichert. Im Jahr 2001 wurde ein legaler Umsatz von 5 Mrd. Zł. und zusätzlich ein illegaler Umsatz von rund 12 Mrd. Zł. generiert. Diesen Angaben zufolge wäre der Basar das zweitgrößte polnische Unternehmen gewesen. Gegenwärtig ist die Zukunft des Marktes ungeklärt: Im Zusammenhang mit der Fußball-Europameisterschaft 2012, die von Polen und der Ukraine ausgerichtet wird, ist der Aus- oder Neubau des Stadions Dziesięciolecia für 60.000 Zuschauer geplant. Nach Angaben der Stadt Warschau würden durch die Auflösung des Basars ca. 10.000 Arbeitsplätze[4] auf dem Markt und in von ihm abhängigen Unternehmen, die nach Angaben von Interviewpartnern in erheblichem Maße informell produzieren, etwa in der Textilindustrie in Łódź, verloren gehen. Eine geplante Verlegung in Markthallen in der Nähe des Ostbahnhofes würde die Formalisierung der kleinen Händler nach sich ziehen, die wirtschaftlichen Verbindungen, z. B. nach Łódź, sollen jedoch weiterhin erhalten bleiben (Kolodziejczyk/Bartoszczuk 2006). Die Auflösung des Basars ist nicht nur aufgrund des Wegfalls der Arbeitsplätze kritisch, sondern auch weil davon auszugehen ist, dass sich an einem Ort konzentrierte Aktivitäten in der Grauzone und im Übergang zur Kriminalität durch die staatlichen Behörden besser kontrollieren lassen (Grabowski 2006, Metz 2006).

Polnische Arbeitskräfte in Berlin

Nicht nur informelle Waren, sondern vor allem auch Arbeitsleistungen, sind Bestandteile der informellen Verflechtungen zwischen Polen und Deutschland. Das wohl bekannteste Beispiel ist die „polnische Putzfrau" in deutschen Haushalten. Berlin nimmt auf Grund seiner geografischen Lage und den entsprechenden Verkehrsanbindungen eine besondere Stellung im Hinblick auf die Pendelmigration ein. Schätzungen beziffern die Zahl der

4 Die Zahlen weichen gravierend voneinander ab, sind aber nicht überprüfbar. Eines wird allerdings erkennbar: Trotz aller Bedeutung, die der Jarmark Europa immer noch hat, ist sie gleichwohl deutlich rückläufig.

PendlerInnen, die ihren Lebensmittelpunkt in Polen haben und in Berlin arbeiten, mit bis zu 100.000 (Rada 2006). Arbeitsmigranten können in Berlin auf ein gut organisiertes Netzwerk polnischer Zuwanderer zurückgreifen. Nach der Wende kamen geschätzte 100.000 Polen dauerhaft nach Berlin und trafen auf etwa 30.000 polnische Landsleute, die bereits in den 1980er Jahren als Emigranten in die Stadt gekommen waren (Rada 2006). Während die Auswanderer der 1970er und 1980er Jahre zumeist junge, gut ausgebildete Leute aus den urbanen Räumen waren, kommen die meisten der heutigen Pendelmigranten aus ländlichen Gegenden und verfügen über ein niedrigeres Bildungsniveau. Viele der Pendlerinnen, die in Berliner Privathaushalten putzen, sind allein erziehend.

Am Beispiel von Frauen, die in Berlin arbeiten wollen, können die Verknüpfungsmechanismen gut beschrieben werden. Polinnen kommen meist gezielt unter Zuhilfenahme polnischer Vermittlungsagenturen oder greifen auf die umfangreiche kommerzielle Infrastruktur für Pendler zurück. Kleinanzeigen oder die schwarzen Bretter von Kirchen mit Gottesdiensten für polnische Gemeinden[5] bieten auch Möglichkeiten, Anstellungen zu finden. Auf ähnlichen Wegen wie Putzfrauen finden Pflegerinnen oder Bauarbeiter Zugang zum informellen Arbeitsmarkt. Die Netzwerke werden fast ausschließlich von polnischen Einwanderinnen mit gesichertem Aufenthaltsstatus betrieben. Häufig sind es diejenigen, die in den 1980er Jahren nach Deutschland kamen oder Deutsche geheiratet haben. Sie vermieten für etwa fünf Euro pro Nacht einzelne Betten an Neuankömmlinge. Putzfrauen mit guten Deutschkenntnissen geben ihre Jobs gegen eine Vermittlungsgebühr normalerweise an die Neuen weiter, denn sie verfügen über Kenntnisse potentieller neuer Auftraggeber (Jansen 2005). Wenn Informationen über in Anspruch genommene Putzdienstleistungen von Privathaushalten im Bekannten- und Verwandtenkreis weiter getragen werden, schafft dieses Angebot eine zusätzliche Nachfrage, die oftmals an die eigene Arbeitnehmerin weiter getragen wird. Sie kann in diesem Fall die Vermittlung weiterer Anstellungsverhältnisse übernehmen und von entsprechenden Gebühren, die von Neuen entrichtet werden müssen, profitieren. In den 1990er Jahren kam es zu einer erhöhten Nachfrage nach Putzdienstleistungen, was die Verhandlungsposition der Polinnen stärkte und eine Steigerung des Lohnniveaus nach sich zog. In einer Studie über polnische Arbeiterinnen kam Huning (1998) zu dem Schluss, dass die Arbeit in Deutschland den Frauen mit nur wenigen Qualifikationen Unabhängigkeit und Selbständigkeit ermöglicht und zudem auf Grund der geringen Entdeckungswahrscheinlichkeit relative Sicherheit bietet.

---

5 Auch Experten des Zolls berichten, dass im Ruhrgebiet das Umfeld der Gottesdienste für polnische Gemeindemitglieder eine erhebliche Rolle für den informellen Arbeitsmarkt spielt.

Ursachen und Funktionen der informellen Ökonomie

Die Angaben zu Ausprägungen und Branchen informeller Ökonomie verdeutlichen, dass die nicht erfasste Wirtschaft verschiedene Funktionen erfüllt. Daraus resultiert die Notwendigkeit einer differenzierten Bewertung und eines entsprechenden Umgangs mit den unterschiedlichen Funktionen. Die Motivation für die Akteure bzw. die Ursachen informeller Ökonomie müssen in diese Bewertung einbezogen werden.

Als wesentliche Ursachen werden üblicherweise folgende genannt:

- Fehlende Arbeitsmöglichkeiten in der formellen Ökonomie,
- Zugangsbeschränkungen durch Regulierung (Arbeitsmarktregulierung, Zutrittsbarrieren bei der Unternehmensgründung, Korruption),
- hohe Steuern und sonstige Abgaben,
- Mangel an Vertrauen in die staatlichen Institutionen und Korruption.

Ausgehend von diesen Ursachen, erfüllt die informelle Ökonomie eine Reihe von Funktionen, die jeweils von den spezifischen ökonomischen und institutionellen Rahmenbedingungen eines Landes abhängig sind (vgl. Beitrag von Spars in diesem Band). Diese Funktionen können folgendermaßen umschrieben werden:

- „Puffer" zur Absicherung ökonomischer Existenz unter schwierigen Rahmenbedingungen (Subsistenz): Im Gegensatz zu Polen dürfte die informelle Ökonomie als „Puffer" in Deutschland eine deutlich geringere Rolle spielen. In peripheren ländlichen Gebieten Polens ist ein Überleben für Teile der Bevölkerung ohne Subsistenzwirtschaft und dem darauf basierenden Tauschhandel kaum möglich. Polnische Städte bilden die Märkte für landwirtschaftliche Produkte aus der näheren Umgebung und sind für viele Stadtbewohner eine unverzichtbare Versorgungsquelle. Allein in Warschau gibt es 16 Basare (Grabowski 2006), die in Größe und Angebot differieren, für die ländliche Bevölkerung aber unverzichtbare Absatzmärkte für selbst erzeugte Produkte darstellen. Die auf Märkten oder kleinen Straßenständen angebotenen preiswerten und frischen Erzeugnisse stellen für die städtische Bevölkerung einen wichtigen Teil der Nahrungsmittelversorgung dar.
- Integration von Migranten mit teilweise unklarem Aufenthaltsstatus: Ähnliche Diskrepanzen zwischen Deutschland und Polen gibt es hinsichtlich der Bedeutung bei der Integration von Migranten. Während der Anteil der ausländischen Bevölkerung in Deutschland 8,8 Prozent der Gesamtbevölkerung und in Berlin knapp 14 Prozent beträgt, ist dieser in Polen mit unter einem Prozent gering. Der ethnischen Ökonomie kommt in Berlin eine erhebliche wirtschaftliche Bedeutung zu. Sie ist nicht nur

Erwerbsquelle für Selbständige und Angestellte, sondern bietet Zuwanderern auf Grund ihrer Netzwerkstrukturen Ansprechpartner und Integrationsmöglichkeiten in den (informellen) Arbeitsmarkt (vgl. die Beiträge von Floeting und Sen in diesem Band). Die Bedeutung der ethnischen Ökonomie in Warschau und anderen polnischen Städten scheint dagegen verschwindend gering. Auf dem Jarmark Europa erwirtschaften zwar Menschen aus verschiedensten Nationen, hauptsächlich Russen, Ukrainer und Vietnamesen, ihr Einkommen. Allerdings kann hier nicht oder nur geringfügig von einer Integrationsfunktion ausgegangen werden, denn die meisten halten sich nur temporär in der polnischen Hauptstadt auf.

- Integration in den Arbeitsmarkt: Eine weitere Integrationsfunktion der informellen Ökonomie ist die in den formellen Arbeitsmarkt durch Praktika und Projekte. Das Ausmaß informeller Beschäftigung in Praktikantenverhältnissen ist nicht unbedeutend. Diese Arbeitsverhältnisse stellen in Bezug auf Qualifizierung und Übernahme Chancen für die Arbeitnehmer dar. Hier ist der Unterschied zwischen Stadt und Land zu betonen, denn in Städten mit einer diversifizierten Wirtschaftsstruktur bieten sich entsprechend mehr Möglichkeiten für Arbeitnehmer.
- „Experimentierfeld" im Sinne von Praktika u. ä., wie sie in Teilen der Kreativwirtschaft üblich sind: Wenn informelle Ökonomie als „Experimentierfeld" fungiert, erfordert dies ein urbanes Umfeld. Möglichkeiten zum Experimentieren und der benötigte räumliche Zusammenhang sind im ländlichen Kontext kaum vorhanden. Vor allem in Zusammenhang mit der Kreativwirtschaft wird immer wieder auf die Notwendigkeit von Urbanität, die mit vielfältigen Netzwerken, unbesetzten Räumen und Nischen sowie Gleichgesinnten verbunden wird, hingewiesen. Welche Rolle die kreative Szene für Warschau spielt, ist nicht hinreichend bekannt. In Berlin nimmt die Kreativwirtschaft sowohl im formellen wie im informellen Bereich eine bedeutende Rolle ein, in der erhebliches wirtschaftliches Potential gerade auch in den Übergängen zwischen informeller und formeller Ökonomie steckt.
- „Markterweiterung" durch Schaffung zusätzlicher Angebote: Dabei geht es einerseits um die Besetzung von Nischen. Städte bieten im Vergleich zum ländlichen Raum mehr potenzielle Nachfrager für eine Vielzahl von Diensten. Zumeist treten solche informellen Tätigkeiten kaum in Konkurrenz mit formellen Anbietern. Brezelverkäufer vor Theatern oder Autoscheibenwäscher an großen Straßenkreuzungen oder andere Formen von ambulantem Kleingewerbe, wie es in Berlin häufig anzutreffen ist, schaffen durch ihr Angebot erst die Nachfrage, die es sonst nicht gäbe. In Warschau stellen die zahlreichen Straßenhändler durch ihre Angebote von Gütern des täglichen Bedarfs eine Markterweiterung dar. Die Übergänge zwischen diesen Formen der nischenorientierten Markterweiterung und einer, die möglicherweise in der Folge zu Wettbewerbsverzerrungen führt, sind fließend. Dies wird insbesondere bei der anderen Seite der Markterweiterung im Rahmen der haushaltsorientierten Dienst-

leistungen deutlich, die teilweise auch auf dem formellen Markt angeboten werden. Die Schaffung von Angeboten in hoch regulierten Märkten, die ohne die informelle Ökonomie nicht angeboten würden – dafür sind Haushaltsdienstleistungen wie Putzen, Kinder- und Altenbetreuung typische Bespiele – gehören zu dieser Kategorie.

- „Flexibilitätsreserve" in hoch kompetitiven Märkten: Unter „Flexibilitätsreserve" fallen Arbeitgeber sowie Arbeitnehmer, die zusätzliche Arbeit informell nachfragen oder ausüben – dafür sind die partiell in der Schattenwirtschaft aktiven Handwerksbetriebe ein typisches Beispiel. Zweifelsohne mögen die Motivationen des Individuums nachvollziehbar sein; der wirtschaftliche Gesamtschaden kann dennoch groß sein. Entsprechende Steuerausfälle führen zur Erodierung der staatlichen sozialen Sicherungssysteme und schaffen Konkurrenz zum formellen Markt. Auch wenn die Folgen negativ sind, muss vor allem im privaten Sektor auf eine geringe Entdeckungswahrscheinlichkeit hingewiesen werden. Kosten und Personalaufwand einer effektiven und vor allem umfassenden Bekämpfung wären sehr hoch und würden sich durch die Höhe des wirtschaftlichen Schadens nicht in unbedingt rechtfertigen lassen (Badekow/Schneider 2006).
- Indikator für Regulierungsprobleme: Eine Reihe der oben genannten Funktionen könnte unter dieser Überschrift zusammengefasst werden. Ein hohes Ausmaß der informellen Ökonomie ist immer auch als ein Indiz für Zugangsbarrieren (Zertifizierungen, Genehmigungsdauern, Vorschriften, Korruption etc.), eine hohe Regulierungsdichte und als zu hoch empfundene Abgaben zu sehen. Das bedeutet, dass der Umfang der informellen Ökonomie immer auch ein Anlass zur Auseinandersetzung mit den Rahmenbedingungen der Regulierung und mit den (möglichen und zweckmäßigen) Instrumenten zum Umgang mit der informellen Ökonomie sein sollte (vgl. Beitrag von Spars in diesem Band).

Diese Funktionen der informellen Ökonomie werden für den Vergleich zwischen Deutschland und Polen in ihrer vermuteten Bedeutung in Tabelle 2 zusammengefasst. Bei dieser Übersicht handelt es sich um ein heuristisches Instrument, also eine „informierte Einschätzung", die nicht auf einer umfangreichen empirischen Erhebung beruht. Gleichwohl sind wir der Meinung, dass diese Art der Darstellung der Stimulierung und Fundierung der Diskussion über die informelle Ökonomie dienen kann.

Eine Fundierung der Diskussion ist dringend nötig. Einerseits wurden vor kurzem die Zollbehörden mit erheblichen Ressourcen ausgestattet, um die Schwarzarbeit zu verfolgen. Nicht nur die Effizienz dieser Verfolgung wird in Frage gestellt, auch politisch ist die Bekämpfung der informellen Ökonomie fragwürdig, wenn es sich um ein Massenphänomen handelt, an dem Privathaushalte und Unternehmen in gleicher Weise beteiligt sind und bei dem in weiten Teilen das Unrechtsbewusstsein fehlt. „Vor

Tab. 2: Zusammenfassende Einordnung unterschiedlicher Funktionen informeller Ökonomie

Funktionen informeller Ökonomie	Beispiel	Rolle in der Stadt		Rolle auf dem Land		Bedeutung	
		Berlin	Warschau	Deutschland	Polen	Deutschland	Polen
Puffer	Subsistenzwirtschaft	+	++	0	+++	+	+++
Integration von Migranten (in die Gesellschaft)	informelle ethnische Ökonomie in Städten	+ +	0	0	0	+	0
Integration in Arbeitsmarkt	Praktika, Projekte, informell mitarbeiten	++	++	0	0	++	+ +
Experimentierfeld	Kreativwirtschaft	+++	++?	0	0	+ +	+ (?)
Markterweiterung	Nischenmärkte, haushaltsorientierte Dienstleistungen	++	++	0	0	+	+
Flexibilitätsreserve (für Arbeitnehmer und Arbeitgeber)	Handwerker arbeitet informell neben regulärem Job	+++	+++	++	++	++	+++
Indikator für Regulierungsprobleme		++	++	+ +	+++	+ +	+++

Legende: 0 unbedeutend + nicht sehr bedeutend ++ bedeutend +++ sehr bedeutend

Quelle: Eigene Zusammenstellung

allem ist Schwarzarbeit eine vernünftige Antwort auf unvernünftige Verhältnisse", lautet die Unterüberschrift eines Artikels in brand eins (Laudenbach 2007). Das Ausmaß der informellen Ökonomie kann insofern als ein Indikator für den Umfang der Regulierungsprobleme oder der Probleme mit formgebundenen und formungebundenen Institutionen (vgl. den Beitrag von Spars in diesem Band). Da in Polen der informelle Sektor wesentlich größer ist als in Deutschland, kann davon ausgegangen werden, dass die formellen Regelungen hinsichtlich des Arbeitsmarktes, der Unternehmensgründungen, des staatlichen Sicherungssystems und der Loyalität gegenüber Institutionen (Cichocki 2006) für die Bürger Unzulänglichkeiten darstellen, die sie wieder ausgleichen (müssen). Auch in Polen hat die Debatte um die informelle Ökonomie begonnen. Offiziell wird die Schwarzarbeit wie in Deutschland gegeißelt. Es ist jedoch vom Wirtschaftsministerium (Cichocki 2006, Mroz 2006) vorgesehen, eine umfassende Untersuchung in Auftrag zu geben, die Art, Umfang und Rahmenbedingungen der informellen Ökonomie in Polen systematisch erheben soll, um auf dieser Basis die staatlichen Regelungen zu reformieren, ohne dass sich eine konkrete Richtung bislang abzeichnet.

Die informelle Ökonomie wird nicht vollends verschwinden. Die aufgezeigten vielfältigen Funktionen verdeutlichen, dass der informelle Sektor in einer Volkswirtschaft notwendig ist, um bestimmte Entwicklungen zu ermöglichen und andererseits Fehlentwicklungen auszugleichen und anzuzeigen. Ein gewisser Grad von Informalität wird sich also nicht vermeiden lassen, sondern scheint notwendig, um den Wirtschaftssubjekten Spielräume zu lassen. Die Frage ist daher, wie viel Informalität die Wirtschaft benötigt, um von positiven Effekten zu profitieren. Das „natürliche" oder optimale Ausmaß der informellen Ökonomie ist vermutlich nur schwer zu bestimmen und hängt ganz wesentlich von den jeweiligen spezifischen nationalen Rahmenbedingungen ab. Auch eine *explizite* Entscheidung über die Größe der informellen Wirtschaft ist nur schwer vorstellbar, zumal sich die Funktionen immer wieder in ihrem relativen Gewicht zueinander verschieben. Durch Aushandlungsprozesse sowie implizite und explizite Handlungen fällt dennoch fortwährend eine Entscheidung über das gesellschaftlich akzeptable Maß der informellen Wirtschaft.

Ausblick und offene Fragen

Obwohl Prognosen über das zukünftige Ausmaß des informellen Sektors schwierig sind, ist zu vermuten, dass – bei unveränderten Rahmenbedingungen – beispielsweise die Nachfrage nach polnischen (oder in dem Maße, wie den polnischen Arbeitskräften Alternativen offen stehen, nach rumänischen, bulgarischen oder aus nicht EU-Staaten) Haushaltshilfen und Pflegekräften in Deutschland weiter zunehmen wird. Zum einen ist die Bereitschaft, die entsprechende Nachfrage durch legale Beschäftigungsverhältnisse zu decken auf Grund der ökonomischen Sparpotenziale gering. Zum anderen wächst gemäß der demographischen Entwicklung die Nachfragegruppe der Rentner und Rentnerinnen, die auf Grund physischer Einschränkungen auf Hilfe angewiesen sind und Pflegedienstleistungen in Anspruch nehmen müssen (vgl. Beitrag von Wukovitsch in diesem Band). Ein Zusammenhang zwischen dem formellen Sektor und der Größe des informellen lässt sich an der Entwicklung des Arbeitsmarktes nachvollziehen. Als es in Polen in den Jahren von 1995 bis 1996/97 zu einem Rückgang der Arbeitslosigkeit kam, schrumpfte der informelle Sektor (Grabowski 2006). Der Anteil der Schattenwirtschaft in Deutschland war zwischen den Jahren 2003 und 2005 rückläufig, steigt seitdem allerdings wieder leicht an.

Der Beitrag zum Verhältnis der informellen Ökonomie in Deutschland und Polen mit besonderem Blick auf die beiden Hauptstädte Warschau und Berlin konnte die thematische Breite nur anreißen und einige erste Hinweise geben. Eine Vielzahl von Fragen ist offen geblieben oder bedarf zumindest einer weiteren empirischen Fundierung:

- Wie groß ist das Ausmaß der Verflechtung zwischen formeller und informeller Ökonomie genau – in den beiden Ländern und vor allem zwischen Ihnen?
- Welche Veränderungen haben sich in diesen Verflechtungen ergeben (branchenstrukturelle Zusammensetzung, Größenordnung, Dauer) und welche sind zu erwarten?
- Wie ist die Verteilung der informellen Ökonomie zwischen Stadt und Land, welche Unterschiede lassen sich zwischen den beiden Ländern feststellen und welche Entwicklungstendenzen zeichnen sich ab?
- Gibt es spezifische räumliche Repräsentationen der informellen Ökonomie in den Städten und wie unterscheiden sie sich zwischen Berlin und Warschau?
- Welche sinnvollen Möglichkeiten der Kooperation im Umgang mit der informellen Ökonomie – Bekämpfung, Duldung, Ermöglichung, Integration – gibt zwischen Deutschland und Polen?

Literatur

Anonymus (2007): Wohin mit Vater? Ein Sohn verzweifelt am Pflegesystem. S. Fischer: Frankfurt a. M.

Badekow, H., F. Schneider (2006): Ein Herz für Schwarzarbeiter. Warum die Schattenwirtschaft unseren Wohlstand steigert. Econ: Berlin

Butscher, S. (1996): Informelle Überlebensökonomie in Berlin. Annäherung der deutschen Hauptstadt an Wirtschaftsformen der Dritten Welt. Klaus Schwarz Verlag: Berlin

Cichocki, S. (2006): Informelle Ökonomie in Polen. Vortrag. 25.10.2006. Fakultät für Wirtschaftswissenschaften. Warschau

Cyrus, N. (2004): Aufenthaltsrechtliche Illegalität in Deutschland. Sozialstrukturbildung – Wechselwirkungen – Politische Optionen. Bericht für den Sachverständigenrat für Zuwanderung und Integration. Interdisziplinäres Zentrum für Bildung und Kommunikation in Migrationsprozessen (IBKM) an der Universität Oldenburg

Enste, D. H. (2002): Schattenwirtschaft und institutioneller Wandel. Eine soziologische, sozialpsychologische und ökonomische Analyse. Mohr Siebeck: Tübingen

Fischer, A., M. Grabowski (2004): Informal labour market and informal economy during transition. The Polish perspective. Gdansk Institute for Market Economics (http://www.csd.bg/fileSrc.php?id=10325, 08.01.2007)

Grabowski, M. (2006): Informelle Ökonomie in Polen. Vortrag. 24.10.2006. Fakultät für Wirtschaftswissenschaften. Warschau.

Huning, S. (1998): Schattenwirtschaft in Berlin. Das Beispiel polnischer Hausarbeiterinnen. Arbeitspapier des Fachgebietes Soziologische Grundlagen der Raumplanung der Universität Dortmund

Huning, S. (1999): Schattenwirtschaft in Berlin. Das Beispiel polnischer Hausarbeiterinnen, in: RaumPlanung. Heft 84

Iglicka, K. (2006): Migration in Poland. Vortrag. 26.10.2006. Warschau.

Institut für Angewandte Wirtschaftsforschung (Hrsg.) (2007): Pressemitteilung – Prognose zur Entwicklung der Schattenwirtschaft in Deutschland im Jahr 2007. Tübingen

Institut für Stadt- und Regionalplanung (ISR) (Hrsg.) (2006): Zwischenbericht des Studienprojekts „Informelle Ökonomie in der Stadt. Ein Vergleich Berlin – Warschau". Berlin

Institut für Stadt- und Regionalplanung (ISR) (Hrsg.) (2007): Endbericht des Studienprojekts „Informelle Ökonomie in der Stadt. Ein Vergleich Berlin – Warschau". Berlin

Jansen, S. (2005): Za Granica-Niemcy. Polnische Schattenwirtschaft in Berlin, in: Wildcat. Nr. 72/2005. S. 29-31

Kostrubiec, S. (1999): Unregistered Employment in Poland 1998. Central Statistical Office. Warschau
Laudenbach, P. (2007): Geht's auch ohne Rechnung?, in: Brand Eins. Nr. 4/2007. S. 94-101
Merz, J. (1996): Schattenwirtschaft und ihre Bedeutung für den Arbeitsmarkt. FFB-Diskussionspapier Nr. 17. Forschungsinstitut Freie Berufe (FFB). Lüneburg
Metz, A. (2006): Die dunkle Seite von Warschau, in: Eurasisches Magazin, Nr. 10/2006 (http://www.eurasischesmagazin.de/artikel/?artikelID=20061012, 15.08.07)
Mróz, B. (2006): Informelle Ökonomie in Polen. Vortrag. 24.10.2006. Warschauer Wirtschaftshochschule
Rada, U. (2002): Schwarzarbeit als Chance (http.//www.uwe-rada.de/themen/pol12.html, 31.10.2002)
Rada, U. (2006): Informelle Ökonomie in Deutschland und Polen. Vortrag im Projektplenum. 15.06.2006. Berlin
Schneider, F. (2001): Erste Schätzungen der Größe der Schattenwirtschaft im Allgemeinen und im Baubereich für die Bundesländer Berlin und Brandenburg für die Periode 1996-1999. Studie im Auftrag der Sozialkasse des Berliner Baugewerbes. Berlin
Schneider, F. (2002a): Erste Schätzungen der Größe der Schattenwirtschaft im Allgemeinen für 2003 und im Baubereich für die Bundesländer Berlin und Brandenburg über die Periode 1996-2002. Studie im Auftrag der Fachgemeinschaft Bau, Berlin und Brandenburg e.V. Berlin
Schneider, F. (2002b): The Size and Development of the Shadow Economies of 22 Transition and 21 OECD Countries. IZA Discussion Paper Nr. 514. Institut zur Zukunft der Arbeit (IZA). Bonn
Schneider, F. (2002c): Zunehmende Schattenwirtschaft in Deutschland: Eine wirtschafts- und staatspolitische Herausforderung, in: Deutsches Institut für Wirtschaftsforschung (DIW) (2002): Vierteljahreshefte zur Wirtschaftsforschung. Jg. 72, Nr. 1. S. 148-159
Schneider, F. (2004): Die Entwicklung der Schattenwirtschaft in Deutschland, Berlin und Brandenburg für 2004 und 2005: Erster Rückgang, aber auf hohem Niveau. Johannes-Kepler-Universität (JKU) Linz
Schneider, F., D. H. Enste (2000): Shadow Economies: Size, Causes, and Consequences, in: Journal of Economic Literature. Jg. 38, Nr. 1. S. 77-114
taz Berlin lokal vom 12.12.2002. S. 21
Thun, F. (2006): Informelle Ökonomie in Polen. Vortrag. 25.10.2006. Warschau
Vetter, R. (2007): 300 000 ukrainische Schwarzarbeiter in Polen, in: Handelsblatt vom 30.04.2007 (http://blog.handelsblatt.de/warschau-vetter/eintrag.php?id=33, 15.08.07)
Wick, I. (2003): Wie normal ist das Normalarbeitsverhältnis? (http://www.suewind-institut.de/3-050-03.htm, 24.9.2003)
Zgierska, A. (2004): Unregistered Employment in Poland 2004. Central Statistical Office. Warschau

TEIL III

INFORMELLE ÖKONOMIE AUS DER SICHT AUSGEWÄHLTER GRUPPEN

Erfahrungsorientierte Bewertung von externen Zuschreibungen zur ethnischen Ökonomie: Zwischen Stabilitätsfaktor, informeller Ökonomie und Schattenwirtschaft, am Beispiel der türkischstämmigen Selbständigen

von Faruk Şen

Von Gastarbeitern zu Inländern mit Migrationshintergrund

Im Migrationsverlauf wurden sehr viele Begriffe verwendet, um die eingewanderten Menschen als Gruppe zu definieren. Die ersten Begriffe aus der Anfangszeit sind längst überholt. Die Bezeichnung „Gastarbeiter" zielte auf einen vorübergehenden Aufenthalt. Die rechtliche Bezeichnung „Ausländer" zielte auf die fremde Staatsangehörigkeit ab. In den letzten Jahren wurden neue Begriffe eingeführt, die alle aus dem lateinischen „migrare", das „wandern", „an einen anderen Ort ziehen" bedeutet, abgeleitet sind. Sie sollten der veränderten gesellschaftlichen Situation Rechnung tragen. Die beiden Bezeichnungen „Emigrant" (Ausgewanderte) oder „Immigrant" (Eingewanderte) stellten auf den räumlichen Ausgangspunkt bzw. Endpunkt der Wanderung ab. Beide Begriffe beinhalten eine bewusste Entscheidung, das Leben zukünftig und dauerhaft in einem anderen Land zu gestalten. Im alltäglichen Gebrauch haben inzwischen Migration (Wanderung) bzw. Migrant die anderen Begriffe weitgehend ersetzt. Aber auch mit dem Begriff des Migranten können Menschen der zweiten oder dritten Generation nicht genau abgebildet werden, da sie selbst keine bewusste Wanderungsentscheidung getroffen haben. Trotz dieser begrifflichen Zuordnungsproblematik wird im folgenden auf den „Migrationshintergrund" oder auf die „ethnische Herkunft" abgestellt, um entweder die Unterscheidung am Merkmal der „Wanderung" oder am Merkmal der kulturellen Identität festzumachen. Insofern verstehen wir unter Migranten im engeren Sinne alle Menschen – unabhängig von ihrer Staatsangehörigkeit und ihrem Geburtsort –, soweit sie ihre „gefühlte" Identität mit kulturellen Bezugspunkten beschreiben, die ursprünglich aus einem Herkunftsland außerhalb Deutschlands stammen. Im Gegensatz zu dieser identitätsorientierten und selbstgewählten Abgrenzung zur Mehrheitsgesellschaft stellt die zweite Abgrenzung auf eine fremdbestimmte und distanzorientierte Abgrenzung durch die Mehrheitsgesellschaft ab. Hierbei fassen wir unter Migranten im weiteren Sinne alle Menschen –, unabhängig von ihrer Staatsangehörigkeit und ihrem Geburtsort, soweit sie von der Außenwelt mit kulturellen Bezugspunkten beschrieben werden, die ursprünglich aus einem Herkunftsland außerhalb Deutschlands stammen. Der Mikrozensus stellt bei seiner Abgrenzung auf die Migrationserfahrung ab und umfasst dabei alle Personen, die eine ausländische Staatsangehörigkeit besitzen, eingewanderte deutsche Staatsbürger sind oder eine Zuordnung zu einem Elternteil mit Migrationshintergrund aufweisen.

Solche Abgrenzungen bleiben jedoch immer Hilfskonstrukte, um eine demographische Wirklichkeit abzubilden. Unter diesen Menschen mit Migrationshintergrund, insbesondere unter selbständigen Migrantinnen und Migranten, möchten viele nicht auf ihre Herkunft reduziert werden. Sie definieren sich als deutsche Unternehmer bzw. Unternehmerinnen. Auf ihren Migrationshintergrund, somit eine vermeintliche Andersartigkeit werden sie reduziert, wenn sie von Teilen der Mehrheitsgesellschaft nicht als Dazugehörige empfunden werden. Die Stiftung Zentrum für Türkeistudien weist eine lange Erfahrung in der Arbeit mit gründungswilligen und selbständigen Migrantinnen und Migranten auf. Im Rahmen des seit mehr als 12 Jahren bestehenden Projektes Regionale Transferstellen zur Förderung selbständiger Migranten in NRW (ReTra) war es nicht relevant, wie die Berater den Migrationshintergrund der Zielgruppe eingeschätzt haben, sondern ob der Ratsuchende selbst auf seinen Migrationshintergrund abgestellt hat und Interesse für zielgruppenspezifische Beratungsangebote mitbrachte.

Migration: Eine faktische Realität in Deutschland!

Erst seit der Diskussion um den demographischen Wandel wird der Zuwanderung mehr Aufmerksamkeit geschenkt. Politiker und Experten warnen seit längerem vor einer Überalterung unserer Gesellschaft. Der Rückgang der Geburtenrate, die Zunahme der Single-Haushalte, sowie eine höhere Lebenserwartung sind gesellschaftliche Entwicklungen, die das soziale System vor neue Herausforderungen stellen. Auch in der Lebensführung sind in Deutschland Entwicklungen wie eine zunehmende Individualisierung und eine Lockerung der Familienstrukturen zu beobachten. Nach den Daten des Mikrozensus von 2005 lebten durchschnittlich 2,1 Personen in den Privathaushalten in Deutschland. Ohne die Migranten fiele dieser Durchschnittswert auf 2,0 Personen. Migrantenhaushalte sind größer, umfassen mehr Kinder und weisen eine jüngere Altersstruktur auf als die Haushalte der deutschen Bevölkerung. Im Durchschnitt lebten 2,5 Personen in Haushalten mit Migrationserfahrung. Bei türkischen Haushalten liegt der Durchschnittswert bei 3,2 Personen. Nicht nur Demographen, auch

Wirtschaftsexperten haben deutlich verlauten lassen, dass wir die Zuwanderung dringend brauchen, um die Folgen der demographischen Entwicklung abzufedern. Bereits heute ist Deutschland ein Einwanderungsland: Rund 15,3 Mio. Menschen bzw. 18,5 Prozent der Gesamtbevölkerung in Deutschland weisen einen Migrationshintergrund auf. Deshalb „kennen“ wir Migranten vom alltäglichen Straßenbild, sie „begegnen“ uns im Zuge der Debatten über die „verfehlte“ Integration. Die öffentliche Wahrnehmung reduziert sie häufig auf ihre Objektrolle als defizitäre und problembehaftete Klientel. Bei dieser Betrachtung werden ihre Potenziale und Ressourcen nicht gewürdigt.

Ethnische Ökonomie und Wirtschaftsförderung

Unter dem Begriff ethnische Ökonomie kann im weiten Sinne die Gesamtheit des ökonomischen Handelns von Menschen, unabhängig von ihrer Staatsangehörigkeit und ihres Geburtsortes, verstanden werden, soweit sie im Vergleich zu Unternehmern aus der Mehrheitsgesellschaft unterscheidbare ethnische und kulturelle Merkmale aufweisen. Eine solche Abgrenzung ist wie bereits aufgeführt ein Hilfskonstrukt, das nicht immer die Selbstwahrnehmung dieser Personen abbildet.

Ethnische Unternehmer nehmen ihr Schicksal selbst in die Hand, sie schaffen Arbeitsplätze, investieren in die deutsche Wirtschaft und übernehmen Verantwortung innerhalb der deutschen Gesellschaft. Zu einer differenzierten Betrachtung gehört daher neben der offenen und konstruktiven Ansprache der vorhandenen Probleme aber auch die Akzeptanz und Förderung der positiven Potentiale der Migranten. Wie in der allgemeinen Integrationsdebatte bestimmen nicht die objektiven Tatbestände die öffentliche Wahrnehmung, sondern eine ideologisch behaftete Zuschreibung, die durch die Entscheidungsträger der Mehrheitsgesellschaft selbst vorgenommen wird.

Die Zuschreibung für die Zielgruppe der selbständigen Migrantinnen und Migranten ist nicht eindeutig, wie in der allgemeinen Integrationsdebatte. Es gibt sowohl eine Fokussierung auf die Problembereiche, wie auch eine Überforderung der ethnischen Ökonomie mit Aufgaben und Erwartungshaltungen, denen diese Menschen selbst nicht gerecht werden können. Die Stiftung Zentrum für Türkeistudien setzt sich seit ihrer Gründung vor 22 Jahren dafür ein, durch empirische Studien über die Entwicklung der Selbständigkeit unter der Migrantenbevölkerung Informationen für Entscheidungsträger zur Verfügung zu stellen, um einen Paradigmenwechsel in der Integrationspolitik, die am leichtesten bei der Zielgruppe der selbständigen Migranten einsetzen kann, auszulösen. Die Bandbreite und das Ausmaß der ethnischen Ökonomie können heute von Politik, Wirtschaft, Medien und der Gesellschaft nicht mehr ignoriert werden. Im

Zuge der politischen Aufwertung des Integrationsthemas auf Bundes-, Länder- und Kommunalebene wird auch die Frage der Förderung der ethnischen Ökonomie in die Integrationskonzepte mit aufgenommen.

Die kommunale Wirtschaftspolitik und Wirtschaftsförderung kann die Veränderung der Unternehmensstruktur, insbesondere der Einzelhandelsstruktur, vor Ort nicht mehr ignorieren. Sie sind gezwungen, sich mit dieser neuen und für sie relativ unbekannten Zielgruppe auseinander zu setzen, ohne dass sie über geeignete und erprobte Instrumente verfügen würden. Ein grundlegendes Problem stellen jedoch in diesem Zusammenhang auch die Informationsdefizite der Migranten bezüglich bestehender Angebote dar. Dieser Mangel resultiert aus den fehlenden Kommunikationskompetenzen vieler öffentlicher Institutionen, die wiederum auf die ungenügende interkulturelle Öffnung zurückzuführen sind. Eine interkulturelle Öffnung setzt wiederum voraus, dass eine zielgruppenspezifische Kommunikationskompetenz und entsprechend ausgebildete Personen vorhanden sind. In diesen beiden Breichen gibt es noch einen großen Nachholbedarf bei den Institutionen der Wirtschaft. Die unzureichende Inanspruchnahme der vorhandenen Beratungseinrichtungen ist auch auf diese Kompetenzmängel zurückzuführen. Die demographisch-wirtschaftliche Realität spiegelt sich insbesondere in den öffentlichen Institutionen der Wirtschaft und dem öffentlichen Dienst nicht ausreichend wieder. Im Öffentlichen Dienst sind nur drei Prozent aller Beschäftigten Ausländer (Bundesagentur für Arbeit 2007). Ausländische Beamte, leitende Angestellte oder fest angestellte Berater in den Kammern oder Wirtschaftsförderungen sind heute immer noch Ausnahmen.

Die Bewertung der ethnischen Ökonomie in der Wahrnehmung von Entscheidungsträgern im Wirtschaftssystem und der Wirtschaftsförderung fällt sehr ambivalent aus. Die Erfahrungen des ZfT zeigen, dass eine defizitorientierte Bewertung, die die vermeintlichen Schwächen der ethnischen Ökonomie in den Vordergrund stellt und diese durch eine fürsorgeorientierte Sozialarbeit abzubauen versucht, verbreitet ist. Dabei lassen sich diverse verallgemeinernde Charakterisierungen erkennen, wie z. B.:

- Kleinstbetriebe ohne Wachstumspotenzial
- Selbstausbeutung der Inhaber
- Patriarchalischer Führungsstil
- Schattenwirtschaft
- Unterstützung der Ghettoisierung/Parallelgesellschaft (räumliche Konzentration)
- Hohe Insolvenzrate
- Konzentration auf Märkte mit geringen Eintrittsschwellen (sektorale Konzentration)
- Beratungsresistenz
- Geringe fachliche und branchenspezifische Kompetenzen.

Diese Betrachtung ist häufig bei Projektträgern aus dem gesellschaftspolitischen Umfeld vorzufinden. Sie erschwert jedoch wegen ihrer negativen und verallgemeinernden Einschätzung eine effektive Beratung und Förderung von Migrantenunternehmen.

Das ZfT hat durch seine langjährige Projektarbeit eine eigene Handlungsorientierung aufgebaut. Diese vermeidet eine generelle Charakterisierung und orientiert sich an der Situation des Einzelnen als mündigem Wirtschaftssubjekt. Dadurch können sowohl die Potenziale, als auch die Problemlagen analysiert und gegebenenfalls Entscheidungshilfen gegeben werden. Die unterschiedlichen kulturellen und mentalen Verankerungen der Zielgruppe müssen in die eigene Beratungsarbeit integriert werden, die Bereitschaft für ein ständiges interkulturelles Lernen muss vorhanden sein.

In den deutschen Medien finden die selbständigen Migranten nur unzureichend Berücksichtigung. Sie sind als Werbekunden und als Medienkonsumenten noch nicht lukrativ genug, um sie zur Zielgruppe für eigenständige Marketingaktivitäten zu machen.. In den vorhandenen formellen und informellen Netzwerken der Mehrheitsgesellschaft finden sie eben so wenig Berücksichtigung. Das liegt an beiden Gruppen: Weder die selbständigen Migranten erkennen in der Mehrheit die Notwendigkeit, aktiv auf berufs- und branchenspezifische Vereine und Verbände zuzugehen, noch sind diese Organisationen willens oder auch in der Lage, diese potenziellen Mitglieder für die eigene Arbeit zu gewinnen. Ein Grund liegt auch darin, dass die wirtschaftlichen Potenziale dieser Zielgruppe unterschätzt werden.

Wenn man die ethnischen Unternehmer und ihre Wahrnehmung der Wirtschaftsförderungen betrachtet, kommt ebenfalls eine differenzierte Bewertung zum Vorschein. Eine Gruppe unter den ethnischen Unternehmern neigt nach den Erfahrungen des ZfT dazu, vermeintliche Defizite der Mehrheitsgesellschaft und ihrer Akteure in den Vordergrund zu stellen. Dabei werden verschiedene Kritikpunkte aufgeführt, die eine anklagende Bewertung der bestehenden Institutionen enthält. Dazu gehören:

- Verweigerte Fremd- und Bankenfinanzierung
- Subjektive Diskriminierungswahrnehmung
- Ausgrenzung durch Strukturen/Institutionen der Mehrheitsgesellschaft
- Fehlende personelle Widerspiegelung der Migrationsrealität in den Strukturen der Mehrheitsgesellschaft
- Wahrnehmung der Institutionen/Organisationen der Wirtschaftsförderung als Behörden
- Erfahrungsbedingte Hemmungen gegenüber offiziellen Stellen
- Fehlende Kommunikation auf gleicher Augenhöhe

- Fehlende persönliche Kommunikation (anonyme Organisationen)
- Selbstwahrnehmung als ausländische und nicht als inländische Unternehmer mit besonderen interkulturellen Kompetenzen

Ein anderer Teil der Unternehmer versteht sich als Inländer und hat Selbstbewusstsein genug, um von sich aus auf öffentliche Beratungsstellen zuzugehen. Eine weitere Gruppe agiert im ethnischen Umfeld, lässt sich von diesem Umfeld tragen und unterstützen und vermeidet eher Kontakte zu externen Akteuren.

Die Entwicklung von der ethnischen Nische zu Marktunternehmen

Bei der Entstehung des ethnischen Unternehmertums spielten verschieden Faktoren eine Rolle. Die gängigen theoretischen Erklärungsmodelle reduzieren die Gründe für die Entstehung des ethnischen Unternehmertums auf eindimensionale Erklärungsansätze. So erklärt das Nischenmodell die Entstehung ethnischer Betriebe aus der Notwendigkeit, Güter und Dienstleistungen für die ethnische Gruppe bereit zu stellen, die im Angebot des jeweiligen Gastlandes fehlen. Das Kulturmodell unterstellt für bestimmte Einwanderungsgruppen eine kulturell verwurzelte Neigung zur Selbständigkeit, die auch im Gastland die Selbständigkeit fördert. Im Gegensatz zu diesen beiden Modellen, die auf den besonderen Merkmalen ethnischer Gruppen basieren, wählt das „Reaktionsmodell" die Rahmenbedingungen, die Migranten in Deutschland vorfinden, als Ausgangspunkt zur Erklärung der ethnischen Ökonomie. Die zentralen Größen sind somit externe Einflussfaktoren, die die Entscheidung für eine Betriebsgründung beeinflussen, wie z. B. der Rechtsrahmen oder der Zugang zum Arbeitsmarkt (Şen/ Goldberg 2006).

Für die ersten Jahrzehnte der Migration und somit für die Entstehungsjahre der ethnischen Ökonomie in den 1960er und 1970er Jahren besaß das Nischenmodell besonders hohe Erklärungskraft. Die These des Nischenanbieters erübrigt sich heute, weil beispielhaft im Lebensmitteleinzelhandel die Zahl der türkischstämmigen Anbieter so groß ist, dass nicht mehr von einer Marktnische gesprochen werden kann und sich die Käufer längst nicht mehr auf die eigene ethnische Gruppe beschränken. Auch das Kulturmodell reicht als Erklärungsansatz nicht aus. Eine kulturell verankerte Unternehmermentalität kann den meisten Gründern aus der ersten Einwanderergeneration nicht unterstellt werden. Die wenigsten haben eine familiäre Unternehmertradition mit nach Deutschland gebracht. Das Reaktionsmodell hingegen allein wäre zu begrenzt, um die Unternehmensgründungen der letzten Jahre zu erklären. Heute gibt es viele erfolgreiche Unternehmer mit Migrationshintergrund, die nicht in ethnischen Nischen tätig sind, eine hohe berufliche oder akademische Qualifikation mitbringen, als deutsche Staatsbürger gleiche Rechte besitzen und sich selbst als integriert definieren.

In den 1990er Jahren ist insbesondere unter der türkischstämmigen Bevölkerung eine Eigendynamik der Unternehmensgründungen entstanden, die die Selbständigkeit nicht als erzwungene Alternative zur abhängigen Beschäftigung versteht, sondern ihr einen hohen Eigenwert als Symbol der Unabhängigkeit und als Ausdruck einer besonderen Lebens- und Arbeitsform beimisst. Damit entstand in Deutschland eine türkische Gründer- und Unternehmermentalität, die vielfach eine Synthese der deutsch-türkischen Sozialisation darstellt. Auf der einen Seite besitzen die türkischstämmigen Existenzgründer Wagemut, Flexibilität, „südländische Kommunikationsfähigkeit" und Dienstleistungsmentalität und auf der anderen Seite die fachliche Kompetenz aus dem deutschen schulischen und beruflichen Werdegang. Die Gründungsmotive dieser Menschen lassen sich nicht mehr auf eindimensionale Erklärungsansätze reduzieren. Die Gründungsmotive sind vielfältig. Soziale und ökonomische Motive werden von nahezu allen Gründern aufgeführt, die im Beratungsprozess mit Mitarbeitern des ZfT stehen. Nicht zuletzt haben die aktuellen Entwicklungen am Arbeitsmarkt und die Hartz-IV-Reformen zu einem zusätzlichen Gründungsschub in den letzten Jahren beigetragen. Die Opportunitätskosten der Selbständigkeit, die durch den Verzicht auf eine abhängige Beschäftigung entstehen, gehen bei Arbeitslosen nahezu gegen Null. Selbständigkeit ist ein Ausweg aus der faktischen, aber auch der drohenden Arbeitslosigkeit. Unabhängig von der Gründungsmotivation entsteht in Deutschland eine bürgerliche Mittelschicht mit Migrationshintergrund, die ein Reservoir für neues Unternehmenswachstum und Unternehmensgründungen darstellt.

Die dynamische wirtschaftliche Veränderung der Migrantenbevölkerung, wie sie sich in den letzten Jahren abgezeichnet hat, wird sich auch in Zukunft fortsetzen. In den nächsten Jahren wird das Bild der deutschen Städte noch mehr von wirtschaftlichen Aktivitäten der Migrantenbevölkerung geprägt sein. Jeder Bewohner kann die wirtschaftliche Bereicherung durch die Geschäfte und Betriebe der selbständigen Migrantinnen und Migranten im eigenen Stadtteil selbst erleben. Diese Geschäfte werden positiv wahrgenommen, wenn man abends beim Griechen Essen geht, beim türkischen Imbiss seinen Hunger mit Döner stillt, beim türkischen Tante-Emma-Laden seinen Bedarf an frischem Obst und Gemüse deckt oder im indischen Laden exotische Waren kauft. Als die Arbeitsmigration der Gastarbeiter in den sechziger Jahren verstärkt einsetzte, konnte man diese Entwicklung nicht vorhersehen. Aus den Gastarbeitern von Gestern und ihren Kindern und Kindeskindern sind heute Unternehmer geworden, die nicht nur auf lokalen Märkten die Nahversorgung bereichern bzw. auch sicherstellen, sondern über die regionalen Grenzen hinweg bundesweit oder weltweit ihre wirtschaftlichen Aktivitäten entfalten.

Die türkischstämmigen Unternehmer als Promotoren der ethnischen Ökonomie

Im Jahr 1985 gab es in Deutschland rund 22.000 türkischstämmige Selbständige, die vorwiegend in der „Nischenökonomie" für ihre eigenen Landsleute wirtschafteten. Diese Entwicklung wurde durch die Pioniere in Gang gesetzt, die bereits Ende der 1960er Jahre die ersten Teestuben, Lebensmittelgeschäfte, Import- und Exportläden oder Reisbüros eröffneten. Durch die heranwachsende, in Deutschland sozialisierte, zweite und dritte Generation stiegen in den letzten Jahren sowohl Anzahl als auch die Angebots- und Branchenvielfalt von türkischen Unternehmen Die türkischstämmigen Selbständigen sind – als größte ethnische Unternehmergruppe – die Promotoren der ethnischen Ökonomie in Deutschland. Die Neigung, selbständig zu werden, ist ungebrochen. Die Gesamtzahl der türkischstämmigen Selbständigen hat das ZfT aufgrund eigener empirischer Untersuchungen für das Jahr 2005 auf 64.600 beziffert. Das Statistische Bundesamt hat in 2007 eine Auswertung des Mikrozensus von 2005 vorgenommen und dabei zum ersten Mal Daten zum Migrationshintergrund geliefert. Nach den Angaben des Mikrozensus gibt es bundesweit rund 582.000 Selbständige mit Migrationshintergrund. Unter den 4,1 Mio. selbständigen Erwerbstätigen weisen somit 12,9 Prozent Migrationshintergrund auf. Der Mikrozensus beziffert die Zahl der türkischstämmigen Migranten auf 65.600 (Destatis 2005). In den vergangenen Jahren hat sich mit der quantitativen auch eine qualitative Entwicklung vollzogen. Die Unternehmensgründungen erfolgen zwar nach wie vor bevorzugt in Branchen mit verhältnismäßig geringen Eintrittsbarrieren. Aber auch Tätigkeiten, für die besondere Zertifikate, z. B. der Meisterbrief, erforderlich sind, gewinnen an Attraktivität.

Der männlich geprägte Migrationsprozess spiegelt sich auch bei den türkischstämmigen Selbständigen wider. Nur knapp jedes vierte türkische Unternehmen wird von Frauen geführt. Dieser Anteil spiegelt jedoch die tatsächliche Rolle der Migrantinnen in den Betrieben nicht wider. So sind zwar Frauen oft nicht die Gewerbeinhaber, übernehmen aber faktisch die Führung des Betriebes, da die Männer noch einer anderweitigen Beschäftigung nachgehen. Jedoch macht sich der sozioökonomische Wandel auch hinsichtlich der Berufswahl bemerkbar. Immer mehr junge Migrantinnen absolvieren eine Ausbildung oder ein Studium und gehen ihrem erlernten Beruf auch in der Selbständigkeit nach.

Erfolg ist unabhängig von der Unternehmensgröße

Klein anfangen und dann langsam wachsen, lautet die Devise der selbständigen Migranten. Es gibt zwar inzwischen eine Vielzahl großer Unternehmen, aber insgesamt ist die Unternehmensstruktur durch Kleinst- und Kleinunternehmen geprägt. Zur beruflichen Unabhängigkeit gehört aus Sicht vieler Betriebsinhaber auch, alles in Eigenleistung bzw. mit Hilfe der eigenen Familie zu bewältigen – dazu gehört der finanzielle Aufwand ebenso wie der personelle Einsatz. Nicht einmal zehn Prozent der in Deutschland tätigen türkischen Unternehmen haben zehn oder mehr Mitarbeiter. Rund die Hälfte der Betriebe (52 Prozent) beschäftigen nur bis zu drei Mitarbeiter (ZfT 2006).

Beachtlich sind die Werte der Umsätze und Investitionen, die von den türkischen Klein(st)-Betrieben aufgebracht werden. Mit ihrer Geschäftstätigkeit leisten die 65.000 türkischen Selbständigen einen wichtigen Beitrag zur Wirtschaftskraft Deutschlands. In Bezug auf die Gesamtzahl der Selbständigen wie auch den Gesamtumsatz der Unternehmen ist der Anteil der türkischen Selbständigen gegenwärtig noch relativ gering. Unter den vom Mikrozensus ermittelten 4,1 Mio. Selbständigen stellen die Türken nur einen Anteil von 1,6 Prozent. Dieser Anteil ist niedriger als der türkische Bevölkerungsanteil in Deutschland. Allerdings muss in diesem Zusammenhang beachtet werden, dass die türkischstämmigen Unternehmer wie auch ihre Betriebe relativ jung sind. Eine status quo Betrachtung würde jedoch der Entwicklungsdynamik und dem zukünftigen Potenzial nicht gerecht. Die heutigen kleinen Familienbetriebe tragen dazu bei, dass sich in türkischen Familien eine Unternehmerkultur etabliert. Die Ausweitung der türkischen Ökonomie ist überall in Deutschland sichtbar. Es gibt heute in den größeren Städten nahezu keinen Stadtteil, in dem nicht ein türkischstämmiger Händler, Gastronom, Handwerker oder Dienstleister seine Produkte und Dienstleistungen anbietet. Doch ist der Zeitraum für die Etablierung der Unternehmen am Markt noch relativ kurz, zumal viele Betriebsstätten erst in den letzten fünf bis zehn Jahren gegründet worden sind. Dennoch erreicht diese Unternehmergruppe bei der makroökonomischen Betrachtung beachtliche wirtschaftliche Kennzahlen. Ihr Investitionsvolumen erreichte im Jahr 2005 die Größenordnung von insgesamt 7,4 Mrd. Euro. Damit erwirtschafteten sie einen Gesamtumsatz von insgesamt 29,5 Mrd. Euro. Wenn man die demographischen Daten der befragten Unternehmer anschaut, so wird deutlich, dass die große Mehrheit über eine inländische schulische und berufliche Sozialisation verfügt. Türkeistämmige Selbständige in Deutschland

- sind jung, das Durchschnittsalter liegt bei 37,8 Jahren,
- sind sehr häufig Inländer, rund 43,5 Prozent haben die deutsche Staatsangehörigkeit,
- leben bereits sehr lange in Deutschland, im Durchschnitt seit 23,6 Jahren,
- sind mehrheitlich männlich, der Anteil weiblicher Selbständiger steigt jedoch und liegt mittlerweile bei 24,2 Prozent,
- sind qualifiziert, denn 75 Prozent besitzen einen Berufsabschluss (vgl. ZfT 2006).

Mit einem hohen Maß an Motivation, Risikobereitschaft und Durchsetzungsvermögen haben die türkeistämmigen Unternehmer die Angebotsstruktur in Deutschland wesentlich bereichert. Unter Wahrung der eigenen Unternehmertradition und mit dem Einbringen neuer Impulse wird sich die dynamische Entwicklung und Integration der türkeistämmigen Selbständigen weiterentwickeln. Dieser Trend wird sich in mittel- bis langfristiger Zukunft noch fortsetzen.

Kleinstunternehmer nicht-deutscher Herkunft stehen grundsätzlich vor den gleichen Herausforderungen wie ihre deutschen Kollegen: In der schwierigen Wirtschaftslage heißt es, sein Unternehmen neu zu positionieren und zu festigen. Im operativen Geschäft ist eine verschärfte Wettbewerbssituation zu spüren. Erfolgreich ist der Unternehmer, der es versteht, seine Kunden durch Service und Qualität an sich zu binden. Zusätzlich gilt es, neue Kundengruppen zu akquirieren. Diesen Sprung haben viele Migrantenunternehmer geschafft: Beispielsweise geben rund drei Viertel der türkischen Unternehmer an, dass sie hauptsächlich oder gleichwertig zu türkischen Kunden auch deutsche Kunden bedienen. Nur jeder fünfte Unternehmer gab an, dass er hauptsächlich türkische Kunden hat.

Ethnische Arbeitgeber bieten wirtschaftliche Teilhabechancen

Unabhängig vom Grad der Marktetablierung und Professionalität der Unternehmensführung haben sich türkischstämmige Selbständige in den vergangenen Jahren zu einem wichtigen Arbeitsmarkt entwickelt. Gerade in Zeiten einer schwachen Beschäftigungslage für ungelernte Arbeitskräfte kommt dem Beschäftigungspotential in türkischen Betrieben eine wichtige Bedeutung zu. Dabei bieten sie nicht nur den eigenen Familienangehörigen und Bekannten aus dem sozialen Umfeld, sondern auch Menschen aus dem allgemeinen Arbeitsmarkt eine berufliche Perspektive.

Darüber hinaus ist ihre Arbeitsmarktfunktion insbesondere für Neuzuwanderer aus der Türkei eine wichtige Einstiegsmöglichkeit in den Arbeitsmarkt. Viele Neuzuwanderer, die im Zuge der Familienzusammenführung nach Deutschland kommen, müssen bei der Arbeitsaufnahme gegenüber bevorrechtigten Migrantengruppen hinten anstehen. Daher bietet ihnen die ethnische Ökonomie, als Teilzeit- oder Vollzeitkraft, eine erste Arbeitsmöglichkeit auf dem deutschen Arbeitsmarkt. Viele dieser Neuzuwanderer wagen nach den gesammelten Erfahrungen als Arbeitskräfte selbst den Einstieg in die Selbständigkeit. Ohne die türkischstämmigen Arbeitgeber wären die wirtschaftlichen Teilhabechancen für viele türkischstämmige Migranten in Deutschland wesentlich schlechter. Insofern bieten sie vor allem für ungelernte Arbeitskräfte im Bereich

Gastronomie, Einzelhandel und Dienstleistungen einen Arbeitsmarkt, in dem diese nicht nur ihren Unterhalt verdienen, sondern auch Erfahrungen machen und neue Perspektiven bekommen können.

Die Arbeitsmarktfunktion der türkischen Betriebe verdankt ihre Bedeutung in erster Linie dem Wachstum der Zahl der türkischstämmigen Selbständigen. Obwohl die durchschnittliche Beschäftigtenzahl in den letzten Jahren bei fünf Beschäftigten pro Betrieb stagniert (Unternehmer, Familienangehörige, Teilzeit- und Aushilfskräfte, Vollzeitkräfte und Auszubildende), erreicht die Gesamtzahl der Beschäftigung die Größenordnung von rund 323.000. Die Stagnation der durchschnittlichen Beschäftigtenzahl ist auf die Gründungswelle in den letzten fünf Jahren zurückzuführen. Diese neu gegründeten Betriebe kämpfen noch um ihre Existenz auf dem Markt. Die Fluktuation bei den Inhabern ist sehr hoch, die Wettbewerbssituation sehr angespannt und viele Teilmärkte sind mit Anbietern nahezu überversorgt. Dadurch bieten die neu gegründeten Unternehmen Beschäftigungsmöglichkeiten eher für eigene Familienangehörigen und Bekannte aus dem sozialen Umfeld.

Bei den Mitarbeitern überwiegt eindeutig die türkische Herkunft. Trotz der zunehmenden Marktverflechtung orientieren sich die türkischstämmigen Unternehmer bei der Mitarbeiterauswahl an interkulturellen Kompetenzen, die die Mitarbeiter in die Lage versetzen, sowohl mit deutschen, als auch mit türkischstämmigen Kunden, Lieferanten und Partnern umzugehen. Nach den Befragungsergebnissen weisen rund 80 Prozent der Beschäftigten einen türkischen Migrationshintergrund auf, 13 Prozent sind deutscher Herkunft und weitere sieben Prozent gehören nicht-türkischen Migrantengruppen an (ZfT 2006).

Die differenzierte Betrachtung zeigt, dass die meisten Betriebe bis zu drei Mitarbeiter beschäftigen. Diese Gruppe steht mit rund 52 Prozent für die kleinen Familienbetriebe, bei der mithelfende Familienangehörige einen erheblichen Teil der Belegschaft ausmachen. Das ZfT verwendet für die türkischen Unternehmen eine eigene Klassifikation der Größeneinteilung nach Beschäftigten, um innerhalb der türkischen Unternehmen differenzieren zu können[1]: Unternehmen mit bis zu drei Mitarbeitern werden als Klein- oder Familienbetriebe bezeichnet, Unternehmen, die vier bis neun Beschäftigte aufweisen, werden als mittlere Unternehmen gekennzeichnet. Das sind Unternehmen die auch Vollzeitkräfte und Mitarbeiter außerhalb des familiären Umfeldes beschäftigen. Als große Unternehmen werden diejenigen bezeichnet, die zehn oder mehr Mitarbeiter beschäftigen. Sie haben sich weitgehend am Markt etabliert und beschäftigen mehrheitlich

1 Setzt man die gängigen Einteilungen von kleinen, mittleren und Großunternehmen an, würden sich für die türkischen Unternehmen kaum Differenzierungsmöglichkeiten ergeben.

nicht-familiäre Mitarbeiter vom Arbeitsmarkt. Nicht-türkischstämmige Beschäftigte sind in der Regel in den großen sowie teilweise in den mittleren Betrieben vorzufinden.

Trenn- und Verbindungslinien zwischen Ethnischer Ökonomie und Schattenwirtschaft

In der Wissenschaft gibt es einige Dissertationen und Diplomarbeiten, die anhand von spezifischen Fragestellungen den Entwicklungszustand der ethnischen Ökonomie untersuchen. In letzter Zeit wird in diesem Zusammenhang auch die Frage erörtert, wie die ethnische Ökonomie im Wirtschaftskreislauf zuzuordnen ist. Welche Aspekte der informellen Wirtschaft oder gar der Schattenwirtschaft trifft auf diese Gruppe zu? Was versteht man unter ethnischer Ökonomie und unter informeller Ökonomie? Gibt es „natürliche" Verbindungslinien zwischen ethnischer Ökonomie und informeller Ökonomie? Oder sind vorhandene Verbindungen genauso zufällig oder mit ähnlichen Mustern erklärbar wie in der Mehrheitsgesellschaft auch?

Es scheint eine Diskrepanz zu geben zwischen der Realität der selbständigen Migranten und dem Bild, wie es nach außen sichtbar wird. In der öffentlichen Wahrnehmung treten Unternehmer mit Migrationshintergrund v.a. als Dönerbudenbesitzer, Kioskbetreiber und Gemüsehändler auf. In diesem Kontext wird die ethnische Ökonomie leichtfertig in die Schublade der Schattenwirtschaft oder der informellen Ökonomie gesteckt. Die ethnische Ökonomie, die in der Beratungspraxis von Modellprojekten des ZfT als Zielgruppe anvisiert wird, gehört zur formellen und legalen Wirtschaft in Deutschland. Ob und in welcher Form Aspekte der Schattenwirtschaft, einer nicht legalen Beschäftigung von Mitarbeitern oder einer in den Bilanzen nicht oder nur teilweise aufgeführten Wirtschaftstätigkeit in der ethnischen Ökonomie zum Tragen kommt, kann von Außen nicht eindeutig zugeordnet werden. Für Deutschland wird die Größenordnung der Schattenwirtschaft auf rund 345,6 Mrd. Euro für das Jahr 2006 geschätzt. Damit entspricht sie rund 14,9 Prozent des Bruttoinlandsprodukts (IAW 2006; vgl. auch die Beiträge von Enste und Spars in diesem Band).

Unabhängig davon, ob man Schattenwirtschaft mit informeller Ökonomie gleichsetzt oder informelle Ökonomie als Teil des Wirtschaftskreislaufes definiert, der unentgeltliche Arbeiten umfasst, gilt, dass Migranten in erster Linie Objekte der Schattenwirtschaft sind. Dies gilt für abhängig Beschäftigte Migranten, die auf dem deutschen Arbeitsmarkt aufgrund rechtlicher Hürden, Diskriminierung, fehlender informeller Netzwerke keinen gleichberechtigten Zugang finden. Wenn sie als Beschäftigte in die Schattenwirtschaft gedrängt werden, so liegt es daran, dass ihnen der Arbeitsmarktzugang verwehrt wird.

Sie werden ausgenutzt als billige Haushaltshilfe, als Putzfrau, Bauarbeiter, Kellner oder in einer anderen Beschäftigungsform. Auswüchse der Schattenwirtschaft sind in Wirtschaftszweigen stärker vertreten, wo eine starke Kundenfrequentierung mit einem festen Ladenlokal und damit eine öffentliche Kontrolle nicht möglich sind. So gehen aktuelle Schätzungen davon aus, dass 38 Prozent der Schattenwirtschaftstätigkeit auf das Baugewerbe und das Handwerk und weitere 17 Prozent auf andere Gewerbe und Industriebetriebe entfallen (Schneider 2006). Die ethnische Ökonomie ist überwiegend im Handel und in der Gastronomie tätig, wo eine starke öffentliche Kontrolle durch Kunden, Konkurrenten und Ordnungsbehörden vorliegt. Eine besondere Neigung zur Schattenwirtschaft kann hier nicht festgestellt werden. Insbesondere gilt diese Feststellung, wenn mit solchen Attributen eine unterschwellige Diskriminierung vorgenommen wird. Ethnischen Unternehmen haftet etwas Fremdartiges, Orientalisches und Geheimnisvolles an, weil die Mehrheitsgesellschaft die Motive, Einstellungen und Biographien dieser Menschen nicht kennt. Solche Attribute haften aber auch der Schattenwirtschaft an. Deshalb ziehen manche externe Beobachter leichtfertig eine natürliche Verbindung zwischen Schattenwirtschaft und ethnischer Ökonomie, als wären bestimmte ethnische oder kulturelle Hintergründe ein Nährboden für ein Wirtschaftshandeln, das nicht offiziell erfasst wird. Schattenwirtschaft als selbständiges Handeln fern von Belastungen durch Steuern und Sozialabgaben entsteht immer dort, wo ein Auseinandertriften von sozialen Schichten, ein Wohlfahrtsgefälle, besonders zu beobachten ist. Solche Entwicklungen gibt es zunehmend im globalisierten Wirtschaftskreislauf hoch entwickelter westlicher Staaten. Hunderttausende von Menschen können heute mit legaler Arbeit kein existenzsicherndes Einkommen erwirtschaften. Eine Abwärtsspirale im Lohnbereich führt mit dazu, dass Menschen in die illegale Beschäftigung gedrängt werden, weil für sie keine legale Beschäftigung existiert, die ihnen ein menschenwürdiges Einkommen sichert. Deshalb sind dies Tendenzen makroökonomischer Natur und nicht Auswüchse einer bestimmten ethnisch-kulturellen Unternehmertradition.

Chancen und Perspektiven

Selbständigkeit bedeutet immer auch Unabhängigkeit, verbunden mit gesellschaftlicher Akzeptanz. Zwar wird „selbst" und „ständig" gearbeitet, doch gerade der Erfolg gibt vielen Migranten recht, sich einzusetzen und Werte zu schaffen. Gerade deshalb ist eine Selbständigkeit geeignet, den Integrationsprozess voranzutreiben.

Und auch für die Mehrheitsgesellschaft übernehmen Migrantenunternehmen eine Brückenfunktion, sofern diese sich aus der ökonomischen Nische herausbewegt haben.

Für deutsche Kunden wird die andere Kultur greifbarer und erfahrbarer, sobald sie in Kontakt mit einem türkischen Gastronom, Handwerker oder Feinkosthändler treten. Kulturelle Hemmschwellen werden abgebaut, gegenseitiger Respekt gefördert.

Zusätzlich dienen die bestehenden Unternehmer ihren Landsleuten als Vorbild, sie zeigen, dass man auch in einem fremden Land Chancen nutzen kann. Frei nach dem Motto: „Jeder ist seines Glückes Schmied" ist jeder für sich selbst verantwortlich. Gerade für Jugendliche sind Vorbilder wichtig, um die ersten eigenen Schritte in die Zukunft zu gehen. Migranten als Unternehmer können dabei Jugendlichen helfen, ihren Weg zu gehen.

Das Kundenpotential der selbständigen Migrantinnen und Migranten wird auch in den nächsten Jahren nicht ab-, sondern eher zunehmen, vorausgesetzt daß sie weiterhin erfolgreich den Zuspruch der nicht-ethnischen Zielgruppen bekommen.

Trotz dieser grundsätzlich optimistischen Beurteilung der Zukunftsaussichten, werden die Problemfelder, die bei mikroökonomischer Betrachtung vorhanden sind, auch in der nächsten Zeit weiterhin vorhanden sein. Die Etablierung auf dem Markt für neue Unternehmen, aber auch die Aufrechterhaltung bzw. Ausbau der vorhandenen Position bei bereits bestehendem Unternehmen wird nur möglich sein, wenn die Unternehmer im Zeitalter der Informationsgesellschaft über die erforderlichen Informationen verfügen; seien diese Informationen auch Hinweise und Ratschläge, wie man ein Unternehmenskonzept erstellt, welche Beratungs- und Förderungsmöglichkeiten bei der Gründung oder Unternehmensfestigung existieren oder welchen neuen Produkten und Dienstleistungen sowie Produktionsverfahren und Vertriebsformen die Zukunft gehört. Ohne solche Informationen wird kein dauerhafter Erfolg möglich sein.

Zusätzlich zu ad hoc-Entscheidungen müssen auch Planung und Organisation in der Unternehmensführung Einzug finden. Eine gezielte Vorbereitung der Existenzgründung setzt voraus, dass man migrationsspezifische Hemmnisse und Vorbehalte gegenüber deutschen Institutionen aufgibt, offensiv auf Beratungseinrichtungen zugeht und durchdachte Konzepte erstellt. Daher müssen in Zukunft Unternehmer mit Migrationshintergrund Anstrengungen unternehmen, um Informationsvorsprünge als Erfolgsfaktoren zu realisieren. Denn es gibt kaum eine Branche, wo nicht ein intensiver Wettbewerb vorherrscht.

In diesem Zusammenhang gibt es auch zunehmend das Problem, dass die Konkurrenz in bestimmten Branchen nicht als normaler marktkonformer Prozeß verläuft, sondern Konturen eines ruinösen Preiswettbewerbs annimmt. In solchen Fällen werden kleine und kapitalschwache Unternehmen durch größere und kapitalstarke Unternehmen vom Markt gedrängt. Aus den dargestellten Gründen stößt bereits das quantitative Wachstum der türkischen Lebensmittelgeschäfte an die Grenzen des derzeitigen Aufnahmepotentials des Marktes. Daher gilt es, mit neuen und innovativen Ideen neue Märkte zu erschließen oder mit neuen Marketingideen und Unternehmenskonzepten auf bestehenden Märkten erfolgreich zu werden.

Interkulturelles Wirtschaften durch selbständige Migranten findet somit zwischen südländischer Spontaneität und Wirtschaftskultur und dem deutschen Ordnungssinn statt. Wer einen Ausgleich dieser Pole hinbekommt, wird Vorteile gegenüber anderen Wettbewerbern erzielen. Deshalb wird sich die dynamische Entwicklung der ethnischen Ökonomie, insbesondere der türkischen Selbständigen, in den kommenden Jahren fortsetzen. Es entsteht ein neuer Typus von Unternehmern, der das deutsche Wirtschaftsgefüge nicht nur im Inland, sondern auch im Ausland zunehmend bereichern wird.

Literatur

Bundesagentur für Arbeit (2007): Analyse des Arbeitsmarktes für Ausländer. Juli 2007. Analytikreport der Statistik (http://www.pub.arbeitsamt.de/hst/services/statistik/ 200707/ama/auslaender_d.pdf, 20.8.2007)

Destatis (Statistisches Bundesamt) (2005): Bevölkerung mit Migrationshintergrund. Ergebnisse des Mikrozensus 2005. Fachserie 1, Reihe 2.2

Institut für angewandte Wirtschaftsforschung (2006): Aktuelle Prognose zur Entwicklung der Schattenwirtschaft in Deutschland im Jahr 2006. Pressemitteilung. 24.01.2006 (http://www.iaw.edu/pdf/pm2006-01.pdf, 22.07.2007)

Schneider, F. (2006): Rückläufige Schattenwirtschaft. Fluch oder Segen?, in: perspektive: blau. November 2006. S. 1-4 (http://www.perspektive-blau.de/ artikel/0611b/0611b.pdf, 22.07.2007)

Sen, F., A. Goldberg (Hrsg.) (1996): Türken als Unternehmer. Eine Gesamtdarstellung und Ergebnisse neuerer Untersuchungen. Leske & Budrich: Opladen

ZfT (Zentrum für Türkeistudien) (2006): Die türkischen Unternehmer in Deutschland und in der EU. Eine neue europäische Mittelschicht im Aufbruch. Studie im Auftrag der Türkisch-Deutschen Industrie- und Handelskammer Köln. Unveröffentlichte Manuskript

Informelle Ökonomie und gescheiterte Arbeitsmarktpolitik

von Uwe Wötzel

Was ist informelle Arbeit und warum befassen sich Gewerkschaften mit ihr?

Informelle Arbeit steht in diesem Beitrag für auf Erwerb gerichtete Tätigkeiten, die der Normalität der arbeitsvertragsrechtlichen, sozialrechtlichen, steuerrechtlichen oder gewerberechtlichen Gestaltung nicht entsprechen und die in ihrer tatsächlichen Wirklichkeit oft weder offiziell gemeldet noch dokumentiert sind. Wenn die informelle Arbeit die formellen Normen nicht erfüllt, dann handelt es sich oft um illegale Beschäftigung und Schwarzarbeit.

In einer Gesellschaft, in der Leistungen der sozialen Sicherung, der Bildung, der Gesundheit, der Kultur, der öffentlichen Sicherheit und andere Leistungen der Daseinsvorsorge über Steuern und Abgaben finanziert werden, besteht ein allgemeines Interesse, dass die Akteure der ökonomischen Prozesse ihren Beitrag zur Finanzierung der öffentlichen Infrastrukturen und der Dienste für die Allgemeinheit leisten. Daher kann an dem Blühen informeller Arbeit nur jemand Interesse haben, der auf soziale und öffentliche Dienste Dank seiner privaten materiellen Ressourcen kaum angewiesen ist. Die normative Regulierung von ökonomischen Prozessen ist ein hohes soziokulturelles Gut, das den Menschen ihre grundlegenden Rechte sichert.

Wenn Gewerkschaften sich kritisch mit informellen Erwerbsformen auseinandersetzen, dann richtet sich ihre Kritik gegen die Verhältnisse, die diese Erwerbsformen begünstigen und gegen die Auftraggeber, die aus diesen Verhältnissen ihre Profite erzielen. Den Menschen, die unter diesen Verhältnissen arbeiten, müssen Gewerkschaften ihre Unterstützung anbieten, damit sie künftig zu besseren und zugleich sozial gesicherten Bedingungen ihre Einkommen erzielen zu können. Zur Gruppe dieser Personen zählen auch diejenigen, die als Mini-Jobber gemeldet sind, aber wesentlich mehr arbeiten, ohne dass ihre Arbeitgeber Sozialversicherungsbeiträge und Lohnsteuern in der richtigen Höhe entrichten, dazu zählen Ein-Euro-Jobber, die rechtswidrig eingesetzt werden und formelle Beschäftigung verdrängen sowie Migranten ohne legalen Aufenthalt und ohne Arbeitserlaubnis.

Informell arbeitende Menschen befinden sich in der Arbeitswelt oft im untersten Level der Unsicherheit. Zwischen ihnen und den schrumpfenden Kernbelegschaften befindet sich die zahlenmäßig ebenfalls wachsende Zone der sozialen Unsicherheiten mit den prekär Beschäftigten. Die informell Arbeitenden sind überall, in jeder Stadt. Es sind überwiegend Frauen und oft sind es Migranten. Sie arbeiten in den Bistros und Küchen, sie reinigen die Büros, sie bauen und reparieren, sie nähen, sie pflegen Gärten, sie transportieren Personen und Güter, sie erstellen Produkte für den Kunstmarkt, sie behüten Kinder, sie arbeiten als Prostituierte. Aber sie tun es ohne Papiere, ohne Registrierung, ohne arbeits- und sozialrechtlichen Schutz.

„In den 50er und 60er Jahren betrug der Anteil der stabilen Arbeitsverhältnisse im Westen zwischen 80 und 90 Prozent, in den Ländern des Südens etwa 50 Prozent. Bezieht man diese Zahlen auf alle damaligen Arbeitsverhältnisse, so lebten ungefähr drei Viertel der Menschen in stabilen Arbeitsverhältnissen. Heute sind es im Westen noch 60 Prozent und im Süden ganze 20 Prozent. Insgesamt haben global also drei Viertel der Menschen weder einen sicheren Arbeitsplatz noch Zugang zu einem geregelten Einkommen und zu sozialen Rechten." (Amin 2006). Neben den geregelten Formen der Ökonomie wächst eine ungeregelte und damit informelle Ökonomie. Informelle Arbeit erfolgt außerhalb von Regelungen, die dem Schutz der Würde, des Lebens, der Gesundheit und der sozialen Sicherung der arbeitenden Menschen dient. Informelle Arbeit wird oft unter menschenunwürdigen Bedingungen geleistet. Informell Erwerbstätige tragen in der Regel erheblich größere Risiken als formell Erwerbstätige. Zu diesen Folgen gehören in unterschiedlichen Kombinationen und Dimensionen Unsicherheit, Schutzlosigkeit, Diskriminierung, Illegalität und Repression. Diese Risiken informeller Arbeit wählen Menschen ganz überwiegend nicht aus freien Stücken. Unter den informell Erwerbstätigen sind oft Frauen, Jugendliche, Ältere, Leistungsgeminderte oder Personen ohne ausreichende Qualifikation. Hinzu kommt neben den Migranten mit Papieren die Gruppe der Migranten ohne Papiere. Aber auch die Fähigkeiten von Hochschulabsolventen werden in informeller Arbeit verwertet. Etwa jeder fünfte Hochschulabsolvent macht nach dem Examen ein oder mehrere unbezahlte Praktika (Böckler-Stiftung 2007).

Die Risiken informeller Arbeit werden oft übernommen, weil es einen erheblichen

Mangel an besseren Alternativen gibt. Informell Erwerbstätige fanden auf dem regulären Arbeitsmarkt keine passenden Angebote, sie wurden aus den formellen Kernbelegschaften verdrängt oder nicht aufgenommen und haben selbst in anderen Zonen prekärer Beschäftigung keine Alternative gesehen oder arbeiten auch dort und kommen mit dem dort erzielbaren Einkommen nicht aus.

Das Recht auf Arbeit mit einem befriedigenden Einkommen ist ein universelles Menschenrecht. Die Regierungen haben die Verpflichtung, die Regulierung der Arbeitsmärkte so zu regulieren, dass alle Menschen ohne Diskriminierung eine Arbeit finden, die ihnen ein angemessenes und befriedigendes Einkommen mit sozialer Absicherung für sie und ihre Familien ermöglicht.

Mit der politisch beschleunigten Integration des Weltmarktes ist diese Herausforderung enorm stark gewachsen. Mit der Integration der osteuropäischen Länder, den Staaten der früheren UdSSR und der dynamischen Industrialisierung in Asien hat sich in den letzten Jahren das Potenzial der global verfügbaren Arbeitskräfte um fast zwei Milliarden Menschen verdoppelt. Gleichzeitig hat sich die Zahl der offiziell als erwerbslos gemeldeten Menschen auf einem leicht steigenden Niveau von etwa 200 Millionen Menschen verfestigt. Diese Entwicklung hat den Konkurrenzdruck auf den Arbeitsmärkten und die Mobilität der Arbeitskräfte erhöht.

Informelle Arbeit ist heute kein Randproblem und nimmt zu. Die Ausweitung informeller Arbeit ist ein globales gesellschaftliches Problem geworden, das zugleich von den bisher national regulierten Sozialstaaten zur Aufrechterhaltung des sozialen Friedens wirksame Maßnahmen verlangt. Die Politik der Bundesregierungen hat auf diese Herausforderungen in den letzten Jahren keine geeigneten Antworten gefunden. Doch warum blieben die Arbeitsmarkreformversuche ohne Erfolg? Die nun mehr als drei Jahrzehnte in Deutschland andauernde Massenarbeitslosigkeit ist nach wie vor der größte sozialpolitische Skandal in diesem Land. Der erstmalige Rückgang der gemeldeten Arbeitslosen im Jahr 2006 ist auf die konjunkturelle Entwicklung, nicht auf die versuchten Arbeitsmarktreformen zurückzuführen. Die bisherigen Arbeitsmarktreformversuche sind gescheitert. Auf absehbare Zukunft ist der Arbeitsmarkt in der Bundesrepublik noch durch Unterbeschäftigung gekennzeichnet. Das Defizit an Arbeitsplätzen liegt derzeit bei bis zu sieben Millionen.

Arbeitsmärkte sind in ihrer Entwicklung stark von den Güter- und Dienstleistungsmärkten abhängig. Der Arbeitsmarkt in Deutschland ist weiterhin vom starken Zuwachs der Arbeitsplätze im Dienstleistungssektor bestimmt. Der Politik gelang es jedoch nicht, diese Dynamik zugunsten gesellschaftlich sinnvoller Beschäftigung in den Bereichen Bildung, Gesundheit und Umweltschutz mit dem Ziel der Reduzierung der Arbeitslosigkeit zu verstärken. Nahezu alle arbeitsmarktpolitischen Maßnahmen der Bundesregierung sind angebotsorientiert und zielen auf Deregulierung, Flexibilisierung und Lohnsenkung. Maßnahmen wie die Erhöhung des Rentenalters auf 67 Jahre erhöhen das gesamtwirtschaftliche Arbeitsvolumen und haben auf die Nachfrage am Arbeitsmarkt keine positive Wirkung.

Die Bundesregierung reagierte mit den inzwischen unter dem Namen „Hartz- I bis IV" bekannten „Gesetzen für moderne Dienstleistungen am Arbeitsmarkt". Die Gewerkschaft ver.di hatte bereits bei Vorlage des Berichtes der Hartz-Kommission kritisiert, dass eine wirkungsvolle Bekämpfung der Arbeitslosigkeit mehr als nur die Modernisierung von Dienstleistungen am Arbeitsmarkt erfordert. Umso fataler ist nun die kontraproduktive Wirkung von sehr vielen Einzelmaßnahmen der Hartz-Gesetze. Zahlreiche Auswirkungen dieser Gesetze treffen nach wie vor auf heftige gewerkschaftliche Kritik und erfordern konstruktive Korrekturen.

Regelmäßig wird ohne jede empirische Grundlage ein genereller Missbrauchsverdacht geschürt und dessen Verhinderung zur arbeitsmarktpolitischen Leitidee erhoben. Auch die Verschärfung der Kontrollen konnte nicht widerlegen, dass sich der Anteil von rechtswidrigem Leistungsbezug bei Arbeitslosen in einen ökonomisch und haushaltspolitisch unbedeutsamen Promillebereich abspielt.

Nur zum Teil zählen zu den informell Arbeitenden auch Empfänger sozialer Leistungen, wie Arbeitslosengeld II, und solche, die diese Leistung ergänzend zu ihrer schlechtbezahlten prekären legalen Arbeit erhalten. Zum Teil werden Menschen sogar durch die Praxis der Arbeitagenturen zur Aufnahme informeller Arbeit gedrängt. Dies kann der Fall sein, wenn gegen Erwerbslose Sanktionen in Form von Sperrzeiten verhängt werden. Im Jahr 2006 wurden 526.911 Sperrzeit-Bescheide verhängt. Die sogenannten Arbeitsmarktreformen haben diese dynamische Steigerung von ehemals 91.000 Sperrzeiten im Jahr 2000 auf mehr als das fünffache herbeigeführt. Auch wenn viele dieser Bescheide unter Missachtung der Rechtslage erfolgten, so entstand doch oft für sehr viele Betroffene eine reale Notlage, die wiederum eine Aufnahnahme von informeller Arbeit begünstigte.

Die Reformen am Arbeitsmarkt haben zwar den Arbeitsmarkt flexibilisiert, sie haben aber nur in sehr geringem Umfang zur Überwindung der Arbeitslosigkeit beigetragen. Einige der mit großen Erwartungen auf den Weg gebrachten Instrumente (z. B. Person alserviceagenturen) haben nahezu völlig versagt.

Durch die gesetzliche Erleichterung der Arbeitnehmerüberlassung konnte dieser Sektor weiter stark wachsen. Doch immer mehr Leihbeschäftigte gehen nach dem Leiharbeitsverhältnis zurück in die Arbeitslosigkeit oder landen erneut in Leiharbeitsverhältnissen, deren Vergütungsniveau trotz tariflicher Regelungen etwa 30 Prozent unter dem der regulär beschäftigten Stammbelegschaft liegt.

Die Selektion der Arbeitssuchenden in Markt-, Betreuungs- und Beratungskunden verstärkt in der Praxis eine Bestenauslese. Den Schnelleren wird schneller geholfen, die Langsamen bleiben zurück. Schwer vermittelbare Arbeitslose haben heute schlechtere Chancen auf Vermittlung als je zuvor. Das betrifft fast ein Drittel aller neuen Arbeitslosen. Qualifizierungsmaßnahmen erhalten sie nicht.

Die Integrationsförderung der Arbeitsgemeinschaften und Kommunen bleibt deutlich hinter den Erwartungen zurück. Der Grundsatz des „Förderns" wurde nicht ausreichend umgesetzt, da Arbeitsgemeinschaften und zugelassene kommunale Träger (sog. Grundsicherungsstellen) nicht alle Möglichkeiten ausschöpften, um erwerbsfähige Hilfebedürftige in Arbeit zu integrieren oder sie diesem Ziel durch Integrationsfortschritte näher zu bringen. Im Durchschnitt warteten die Arbeitsuchenden drei Monate auf ein qualifiziertes Erstgespräch, in dem die beruflichen Stärken und Schwächen herausgearbeitet werden sollen. Eingliederungsvereinbarungen, zu deren Abschluss Grundsicherungsstellen und Hilfebedürftige verpflichtet sind, wurden durchschnittlich erst nach vier Monaten und in etwa der Hälfte der geprüften Fälle überhaupt nicht getroffen. Häufig unterließen es Grundsicherungsstellen, Vermittlungsvorschläge zu unterbreiten und den Ergebnissen von Bewerbungen nachzugehen. Dies galt auch für Arbeitsuchende unter 25 Jahre, obwohl die Bekämpfung der Jugendarbeitslosigkeit ein besonderes Ziel der Grundsicherungsstellen sein sollte.

Mini-Jobs, ein Tor zur informellen Arbeit

Nach den Erfahrungen der Finanzkontrolle Schwarzarbeit des Hauptzollamtes Berlin zählen zu der zahlenmäßig zweitgrößten Gruppe der Schwarzarbeiter/innen, diejenige, die als Mini-Jobber gemeldet sind, aber wesentlich mehr arbeiten, ohne dass ihre Arbeitgeber Sozialversicherungsbeiträge und Lohnsteuer in der richtigen Höhe entrichten. Der im SGB III postulierte Anspruch zur Gleichstellung der Geschlechter in der Arbeitsförderung ist nicht erfüllt. So steigt weiterhin der große Anteil von Frauen in prekärer Beschäftigung. Zwei Drittel der Minijobber sind Frauen. Durch die Einführung der Mini-Jobs (Hartz II), auf deren Basis Ende 2006 weit über sechs Millionen Beschäftigungsverhältnisse existierten, wurde prekäre Beschäftigung ohne ausreichende soziale Sicherung ausgeweitet. Minijobs verdrängen nachweisbar bessere Beschäftigungsverhältnisse, insbesondere im Handel. Es wechselten mehr Beschäftigte aus sozialversicherungspflichtiger Beschäftigung in einen Mini-Job als umgekehrt. Mini-Jobs haben kaum zur Beschäftigung von Arbeitslosen geführt und taugen nicht als Brücke in den ersten Arbeitsmarkt. Den Sozialversicherungen entgehen notwendige Einnahmen. Langfristig wird das auf Beiträgen basierende System der sozialen Sicherung ausgehöhlt. Mini-Jobs in Nebentätigkeiten sollten deshalb voll in das Steuer- und Abgabensystem einbezogen werden. Mini-Jobs diskriminieren Frauen. Nach wie vor sind mit einem Anteil weit über 60 Prozent deutlich mehr Frauen auf Minijob-Basis beschäftigt. Im Privathaushalt beträgt der Frauenanteil weit über 90 Prozent.

Hungerlöhne, ein Tor zur informellen Arbeit

Die Verkürzung der Bezugsdauer für Arbeitslosengeld I und der beschleunigte Abstieg auf ein Arbeitslosengeld II von 345 Euro hat die soziale Lage von vielen Menschen drastisch verschlechtert. Ein menschenwürdiges soziokulturelles Existenzminimum ist damit nicht gewährleistet. Durch die neuen Regeln zur Angemessenheit der Unterkunftskosten müssen Bezieher von Arbeitslosengeld II ihren Wohnraum wechseln und ihre vertraute Umgebung verlassen. Wer lange Zeiten der Arbeitslosigkeit aufweist, dessen Rentenanspruch schrumpft sehr. Gleichzeitig muss die Person in dieser Zeit fast alle Ersparnisse aufbrauchen, die sie bei seiner Minirente im Alter dringend bräuchte, um vernünftig leben zu können.

Mit den geänderten Zumutbarkeitsregeln nach HartzIV können sich die Unternehmer jetzt Arbeitslosengeld II Empfänger zuweisen lassen für Löhne, die noch 30 Prozent unter den ortsüblichen Lohn liegen. Schon heute gibt es über 130 Tarifverträge mit Stundenlöhnen unter 6 Euro brutto. In Thüringen z. B. liegt der Tarif im privaten Bewachungsgewerbe bei 4,35 Euro. Dann sind wir bald bei Löhnen um 3 Euro brutto pro Stunde.

Arbeitslosengeld II entwickelt sich über die Hungerlohn-Hintertür zum Kombilohn. Mehrer hunderttausend sozialversicherungspflichtig Beschäftigte erhalten ergänzend ALG-II-Leistungen, die aber auch aus Armut nicht herausführen. Etwa 1,3 Prozent aller Vollbeschäftigten beziehen ergänzendes Arbeitslosengeld II. Der Kreis der Berechtigten ist mehr als doppelt so groß. Große Probleme sind vor allem in Ostdeutschland sichtbar: Dort beziehen 3,3 Prozent der sozialversicherungspflichtig Beschäftigten zusätzlich ALG II. Bundesweit sind Ausländer und Ungelernte besonders betroffen. Insgesamt bekamen 906.000 Erwerbstätige ihr Arbeitseinkommen aufgestockt, fast doppelt so viele wie vor der Reform. Dazu zählen auch 395.000 Minijobber (8,3 Prozent der Minijobber, in Ostdeutschland sogar 19,9 Prozent). Dass Minijobs gefördert werden, ist sozialpolitisch kaum zu begründen. Minijobs tragen nicht dazu bei, Armut zu überwinden.

Die Einkommenssituation von 60 Prozent aller Personen, die in einem Haushalt mit einem Arbeitslosenhilfe-Empfänger lebten, verschlechtert sich durch Hartz IV. Ein Viertel verliert den Anspruch auf Unterstützung ganz. Durchschnittlich verringert sich das bedarfsgewichtete Haushaltseinkommen in der Verlierergruppe um etwa 20 Prozent. Hier schlägt sich etwa die verschärfte Anrechnung von Partnereinkommen nieder, die insbesondere arbeitslose Frauen trifft. Ältere Langzeitarbeitslose verlieren häufig durch die Abkopplung der Leistung vom früheren Erwerbseinkommen.

Selbständige working-poor, ein Tor zur informellen Arbeit

Der Anteil Selbständiger an den Erwerbstätigen in Deutschland beträgt über 10 Prozent und steigt deutlich. Die Entwicklung wird durch eine staatliche Förderpolitik („Ich-AG´s") befristet gefördert. Ein Zusammenhang zwischen steigender Selbständigkeit und abnehmender Arbeitslosigkeit ist nicht nachweisbar. Die Zahl der Selbständigen, die Arbeitsplätze schaffen, ist rückläufig, die „Solo-Selbständigen" werden mehr. Darunter sind viele working-poor-Selbständige, die unter sozialen Zwängen selbständig geworden sind. Viele der working-poor-Selbständigen sind nicht krankenversichert. Die Zahl der Menschen ohne jede Krankenversicherung hat sich in den letzen zehn Jahren auf 300.000 erhöht. In einer Nacht-und-Nebel-Aktion hat der Gesetzgeber im Mai 2006 die Voraussetzungen der erst am 1. Februar 2006 eingeführten freiwilligen Arbeitslosenversicherung verschärft und „Alt-Gründer" von der Versicherungsberechtigung ausgeschlossen. Wer vor dem 1. Januar 2004 in die Selbstständigkeit ging und den Antrag auf freiwillige Arbeitslosenversicherung nach dem 31. Mai 2006 stellt, hat keinen Zugang mehr.

Ein-Euro-Jobs, ein Tor zur informellen Arbeit

Inzwischen ist auch durch das Institut für Arbeitsmarkt- und Berufsforschung wissenschaftlich gesichert, dass Ein-Euro-Jobs sozialversicherungspflichtige Beschäftigungsverhältnisse verdrängen (IAB 2007). Ursprünglich sollten mit den befristeten Arbeitsgelegenheiten zur Eingliederung („Ein-Euro-Jobs") vor allem schwer vermittelbare Langzeitarbeitslose wieder an den Arbeitsmarkt herangeführt werden. Tatsächlich erfüllt dieses quantitativ wichtigste Instrument im Geltungsbereich des SGB II die angestrebten qualitativen Ansprüche nicht. Bei einem Viertel der geprüften Maßnahmen mit Ein-Euro-Jobs lagen nach Prüfungen des Bundesrechnungshofes

(2006). die Fördervoraussetzungen nicht vor, weil die zu erledigenden Tätigkeiten nicht im öffentlichen Interesse, nicht zusätzlich oder nicht wettbewerbsneutral waren. Bei weiteren 50 Prozent der geförderten Maßnahmen war die Förderfähigkeit zweifelhaft, weil die Grundsicherungsstellen keine Kenntnis über Art und Umfang der auszuübenden Tätigkeiten und Qualifizierungen hatten. Zum Abbau sozialversicherungspflichtiger Beschäftigung leisten Ein-Euro-Jobs den befürchteten Beitrag. Sie sind eine Form von prekärer Beschäftigung ohne arbeitsrechtlichen und ohne vollen sozialversicherungsrechtlichen Schutz und damit zugleich eine Variante von informeller Arbeit. Es erfolgt langfristig und meist indirekt eine Verdrängung von regulärer Beschäftigung. Der qualifikationsgemäße und bedarfsgerechte Einsatz von Fachkräften erfolgt nicht. Überqualifizierte Kräfte werden zu Hilfstätigkeiten herangezogen, unqualifizierte Kräfte ohne Qualifizierung werden mit anspruchsvollen Aufgaben betraut. Im Jahresdurchschnitt waren im Jahr 2006 293.900 Personen in einer Arbeitsgelegenheit beschäftigt, während es 2005 201.200 waren. Insgesamt traten im Jahresverlauf (2006) 756.200 Personen eine Arbeitsgelegenheit an (2005: 630.000 Personen).

Informelle Arbeit durch fortschrittliche Arbeitsmarktpolitik eindämmen

Regierungen führen eine scheinheilige Auseinandersetzung mit Erscheinungsformen von informeller Arbeit, wenn sie einerseits Schwarzarbeit und Kriminalität im informellen Sektor bekämpfen, andererseits aber der Informalisierung von Arbeit durch Liberalisierung, Privatisierung und Deregulierung Tür und Tor öffnen. Fehlregulierungen wie z. B. die „Mini-Jobs" oder die so genannten „Ein-Euro-Jobs" substituieren formelle und Normalarbeitsverhältnisse. Im Schatten der „Mini-Jobs" wachsen neue Räume für Schwarzarbeit. Ein Teil der geleisteten Arbeit wird als Mini-Job abgerechnet, ein anderer Teil schwarz. Gleichzeitig schwächt der Staat mit Mini-Jobs und Ein-Euro-Jobs durch den Verzicht auf Sozialabgaben und Steuern seine Leistungsfähigkeit und damit sein Potenzial zur Schaffung von Beschäftigung in gesellschaftlichen Bedarfsfeldern zu würdigen Bedingungen.

Der Schlüssel zur Vermeidung und Reduzierung informeller Arbeit ist eine Regulierung, die Arbeitslosigkeit, Armut und prekäre Beschäftigung zielgerichtet bekämpft. Wirtschaft-, Finanz-, Arbeitsmarkt- und Beschäftigungspolitik müssen aufeinander abgestimmt werden. Diese Abstimmungsprozesse bleiben allein auf der nationalen Ebene wenig wirksam. Erforderlich ist eine abgestimmte Koordinierung innerhalb der Europäischen Union. Dazu bedarf es der Entwicklung eines europäischen Sozialmodells, das den bestehenden Unterbietungswettkampf beendet und an seine Stelle ein faires Miteinander mit verbindlichen sozialen Standards setzt. Über internationale Institutionen, wie die OECD und die WTO, muss die Implementierung von Menschenrechten und Sozialstandards vorangetrieben werden.

Wir brauchen in Deutschland höhere qualitative Investitionen, mehr Qualifizierung und müssen die Nachfrage besonders in Richtung einer sozial-ökologischen Modernisierung stärken. Wir wollen insbesondere ein europaweit abgestimmtes Investitionsprogramm für Schulen, Kindergärten, Universitäten, für die Modernisierung der Energie- und Wasserversorgung sowie den öffentlichen Nahverkehr. Wir brauchen eine aktive Beschäftigungspolitik, die private und öffentliche Nachfrage und damit das Wachstum stärkt. An Stelle von verschärften Zumutbarkeitsregelungen und Niedriglöhnen wollen wir qualifizierte Arbeitsplätze mit angemessenen und befriedigenden Mindestlöhnen.

Wir brauchen eine Arbeitsmarktpolitik, die Menschen bei der Arbeitsplatzsuche stärker als bisher fördert. Arbeitsmarktpolitik muss einen wichtigen Beitrag zum Ausgleich von Angebot und Nachfrage auf dem Arbeitsmarkt, zur Verringerung der Dauer der Arbeitslosigkeit sowie zur Eingliederung von benachteiligten Personengruppen leisten und Vermittlungsfähigkeit von Arbeitslosen erhöhen.

Die Gewerkschaft ver.di hat in den vergangenen Jahren eindringlich vor den Folgen einer Politik gewarnt, die vor allem Druck auf Arbeitslose und Beschäftigte ausübt. ver.di hält weiterhin Änderungen an den „Hartz-Gesetzen" für unerlässlich. Die Lebensleistung und Beitragsleistung älterer Arbeitnehmerinnen und Arbeitnehmer muss im Falle der Arbeitslosigkeit weit stärker respektiert werden; dazu muss der Bezug von Arbeitslosengeld wieder verlängert werden. Die Bezugsdauer des Arbeitslosengeldes für Ältere ist zu verlängern, ohne Leistungen an anderer Stelle zu kürzen. Der DGB schlägt dazu vor, die Altergrenze für einen längeren Bezug des Arbeitslosengeldes von heute 55 auf 45 Jahre abzusenken. Die Länge der Bezugsdauer sollte dabei befristet an die Arbeitsmarktsituation Älterer gekoppelt werden. Auch sollte eine Bonus-Malus-Regelung für Unternehmen bei Einstellung/Entlassung von Älteren eingeführt werden.

Die überhastete Senkung des Beitragssatzes von 6,5 auf 4,2 Prozent zum 1. Januar 2007 ist vor dem Hintergrund der kritisierten den Leistungskürzungen und Leistungseinschränkungen unvertretbar. Arbeitslosengeld II muss auf mindestens 420 Euro erhöht werden. Beim Arbeitslosengeld II ist Älteren ein höherer Vermögensfreibetrag insbesondere für die Altersvorsorge einzuräumen.

Ein „ehrlicher zweiter Arbeitsmarkt" ist notwendig. Die Beschäftigung von älteren Langzeitarbeitslosen sowie gesundheitlich leistungsgeminderten Personen in sozialversicherungspflichtigen Tätigkeiten, die dem Allgemeinwohl zu Gute kommen, sollten gefördert werden. Die Unternehmen dürfen durch einen „ehrlichen zweiten Arbeitsmarkt" nicht aus ihrer Verantwortung entlassen werden. Öffentlich geförderte Beschäftigung kann und darf falsche betriebliche Personalpolitik nicht auffangen. Deshalb sollten durch ein „Fördern und Fordern" für Betriebe finanzielle Anreize für eine Vermeidung von Arbeitslosigkeit und gesundheitlichen Verschleiß und für mehr Qualifizierung von Beschäftigten gesetzt werden (Bonus-Malus-Konzept). Bisher auf die Sozialversicherung abgewälzte Kosten sollen stärker internalisiert werden. Der „ehrliche zweite Arbeitsmarkt" ermöglicht eine geförderte Beschäftigung über längere Zeit auch in Betrieben, die sich dem Wettbewerb stellen. Die Förderung soll hier einen Nachteilsausgleich bewirken nach dem Vorbild der Integrationsfirmen und sozialen Betriebe. Für marktferne Tätigkeiten im öffentlichen Interesse (Non-Profit-Bereich) sollen insbesondere Wohlfahrts- und Sozialverbände sowie Vereine als Arbeitgeber (Beschäftigungsträger) gewonnen werden. Hier geht es vor allem um Dienstleistungen zur Verbesserung der sozialen Infrastruktur, die sonst nicht angeboten würden. Die örtlichen Arbeitsmarktakteure legen Umfang und Einsatzfelder fest. Insbesondere bei so genannten Arbeitsgelegenheiten müssen verbindliche Mitbestimmungs- und Kontrollrechte von Gewerkschaften und Arbeitgebern in den Beiräten der Arbeitsagenturen, Kommunen und Arbeitsgemeinschaften sicherstellen, dass Missbräuche und Verdrängungseffekte auf dem ersten Arbeitsmarkt verhindert werden können.

Ein-Euro-Jobs sind in allen Bereichen der öffentlichen Daseinsvorsorge ungeeignet, sie sind nichts weiter als staatlich gefördertes Lohndumping. Insbesondere in allen pädagogischen Bereichen, in denen es wesentlich auf Kontinuität, hohe Qualifikation und Verlässlichkeit ankommt, sind „1-Euro-Jobs" abzulehnen. Arbeitslose mit zuvor langjähriger Beschäftigung sollten nicht in „1-Euro-Jobs" gezwungen werden. Auch für Jugendliche unter 25 Jahren sind „1-Euro-Jobs" in der Regel ein untaugliches Instrument. Im Vordergrund muss hier stehen, den Jugendlichen eine Integrations- und Qualifizierungsperspektive zu bieten.

Die bis Anfang 2006 befristete Verpflichtung der Arbeitgeber zur Erstattung des Arbeitslosengeldes für Ältere muss verlängert und ausgeweitet werden. Andernfalls werden die Betriebe ihre Belegschaften noch weit mehr auf Kosten der Arbeitslosenversicherung verjüngen können.

Lohndumping bei ALG II muss verhindert werden. Es bedarf einer Korrektur der Kriterien, die jede Arbeit bis zur Grenze der sittenwidrigen Entlohnung für zumutbar erklärt.

Die Anrechnung des Partnereinkommens muss reformiert werden: Es kann nicht sein, dass Frauen zunehmend in Abhängigkeit von ihrem Partner geraten. Außerdem muss auch bei nicht anspruchsberechtigten Arbeitslosen ein Anspruch auf Qualifizierung und eigenständige Sozialversicherung gegeben sein.

Der begonnene Monitoringprozess der Hartz-Gesetze muss konstruktiver werden. Die Politik ist aufgefordert, die Kritikpunkte der Gewerkschaften aufzugreifen und in politische Korrekturen umzusetzen.

Die Jugendarbeitslosigkeit wird durch Instrumente wie den Ausbildungspakt bestenfalls defensiv bekämpft. Die bestehenden Ersatzmaßnahmen für fehlende Ausbildungsplätze sind für viele Jugendliche der Eintritt in eine berufliche Sackgasse. Alle Bildungsanstrengungen müssen darauf gerichtet sein, jungen Menschen Wege zu nachhaltiger Qualifizierung zu ebnen.

Keine Chance der Schwarzarbeit

Informelle Arbeit hat in manchen Sektoren einen Umfang erreicht, der durch die Nichterbringung von Sozialversicherungsbeiträgen und Steuern die sozialen Sicherungssysteme und die öffentlichen Finanzen ganz erheblich schwächt. Die Ausstattung der Finanzkontrolle Schwarzarbeit der Zollämter muss verbessert werden. Bisher schwarz Beschäftigten muss der Ausstieg aus der Schwarzarbeit und die Geltendmachung von Ansprüchen gegen ihre Auftraggeber erleichtert werden. Weil Schwarzarbeit dazu führt, dass reguläre, sozialversicherungspflichtige und tariflich geschützte Arbeitsplätze ins Rutschen geraten und verdrängt werden, hat die Gewerkschaft ver.di im April 2006 mit Arbeitgeberverbänden im Speditions-, Transport- und Logistikgewerbe und den zuständigen Bundesministerien ein Bündnis gegen Schwarzarbeit und illegale Beschäftigung geschlossen. ver.di will damit ein Grundverständnis durchsetzen, wonach in der Branche über Qualität, Zuverlässigkeit und Innovation miteinander konkurriert wird und nicht über Schwarzarbeit, illegale Beschäftigung und Lohndumping. Die Gewerkschaft IG BAU unternimmt ähnliche Anstrengungen im Baugewerbe.

Unverzichtbare Schwerpunkte zur Reduzierung informeller Arbeit sind:

1. Mindestlöhne und soziale Sicherheit für alle reduzieren informelle Ökonomie. Mindestlöhne und soziale Sicherheit sind Menschenrechte und müssen vom Staat gewährleistet werden. Alle Menschen müssen die Möglichkeit haben, ohne Unsicherheit, Schutzlosigkeit, Illegalität und Repression arbeiten zu können. Wirtschafts- und Arbeitspolitik muss auf menschenwürdige Arbeit ausgerichtet werden. Diese um-

fasst neben dem Recht auf Arbeit ein auskömmliches Einkommen, den Schutz vor Zwang, Willkür und Diskriminierung, den Schutz der Gesundheit bei der Arbeit, die Gewährleistung der sozialen Sicherheit und der kollektiven Interessenvertretung, den Zugang zu Bildung, Ausbildung und Weiterbildung. Auch der Schritt in die Selbständigkeit muss gefördert und sozial abgesichert werden. Die Ausweitung und Gewährleistung von sozial abgesicherten Erwerbschancen in der formellen Ökonomie eröffnet Menschen den Ausweg aus sozialer Randständigkeit.

2. Die Legalisierung von Migration reduziert informelle Ökonomie. Das Problem der illegalen Zuwanderung wird durch Schließung der Grenzen und Durchsetzung repressiver Maßnahmen nicht gelöst. In der EU sind eine aktivere Sozialpolitik und ihre Durchsetzung notwendig, damit eine unfaire Konkurrenz zwischen Unternehmen und Mitgliedstaaten auf Kosten der Arbeitnehmerrechte verhindert werden kann. Jeder Mensch – mit reguläien Papieren oder nicht – muss als Mensch geachtet und respektiert werden. Migranten stehen dieselben grundlegenden Schutzrechte zu wie allen anderen Bürgerinnen und Bürgern auch, etwa menschenwürdige Arbeitsbedingungen, Vereinigungsfreiheit, Schutz vor Zwangsarbeit.
3. Nur ein aktiver leistungsstarker Sozialstaat kann die Schwachen schützen und ihre Entwicklung fördern. Die Steuerpolitik muss Steuerflucht, Steuerunterbietungswettbewerb und Steuerhinterhinterziehung stoppen. Politische Fehlentscheidungen, die bisher die Ausweitung von informeller und menschenunwürdiger Arbeit begünstigt haben, müssen aufgehoben werden. „Ein-Euro-Jobs" müssen in sozialversicherungspflichtige Arbeitsverhältnisse mit Tariflöhnen umgewandelt werden. Anreize zur Förderung prekärer Beschäftigung und Aushöhlung der sozialen Sicherungssysteme (z. B. durch „Mini-Jobs") müssen gestoppt werden. Die Gewährleistung der Menschenrechte und der Sozialstandards fördert die soziale Integration und verbessert zugleich die Leistungsfähigkeit von sozialen und staatlichen Systemen. Alle Schritte der öffentlichen Beschaffungs- und Auftragsvergabe müssen transparent erfolgen.

Eine sozial verantwortliche Unternehmenspolitik vermeidet informelle Arbeit. Unternehmen sollen transparente, kostenlose und vergleichbare Informationen veröffentlichen, die zeigen, wie sie in ihrem Wirken die Menschenrechte und die Sozialstandards entlang der Wertschöpfungskette respektieren. Öffentliche Aufträge dürfen nur an Unternehmen vergeben werden, wenn sie und ihre Zulieferer nachweislich die Menschenrechte sowie die sozialen und ökologischen Normen respektieren und ihre Berichtspflichten vollständig erfüllen. Die Verlagerung von Arbeit in die Zonen informeller Arbeit muss ausgeschlossen werden. Erbringer öffentlicher Aufträge und ihre Lieferanten sollen tarifliche Leistungen gewähren.

Literatur

Amin, S. (2006): Apartheid global. Der neue Imperialismus und der globale Süden, in: Blätter für deutsche und internationale Politik. Nr. 2/2006. S. 163-169

Böckler-Stiftung (2007): Generation Praktikum? (www.boeckler.de/pdf/fof_praktikum_2007.pdf)

Bundesrechnungshof (2006): Bemerkungen 2006 zur Haushalts- und Wirtschaftsführung des Bundes (http://www.bundesrechnungshof.de/veroeffentlichungen/bemerkungen-jahresberichte/bemerkungen-2006.pdf, 21.08.2007)

Hohendanner, C. (2007): Verdrängen Ein-Euro-Jobs sozialversicherungspflichtige Beschäftigung in den Betrieben? IAB Discussion Paper. Nr. 8/2007. Institut für Arbeitsmarkt- und Berufsforschung (IAB) (http://doku.iab.de/discussionpapers/2007/dp 0807.pdf, 21.08.2007)

ANHANG

Autorenverzeichnis

Dominik H. Enste, Dr. rer. pol.; Bankkaufmann; Studium VWL und Soziologie in Köln, Dublin, Fairfax, Virginia; Promotion an der Universität zu Köln (1996-2001); Vorstandsassistent bei Gerling (2001-2003); seit 2003 Referent und Projektleiter im Institut der deutschen Wirtschaft Köln für „Rechts- und Institutionenökonomik/ Wirtschaftsethik"; Lehrbeauftragter für Makroökonomik an der Universität zu Köln.

Holger Floeting, Dipl.-Geogr.; Studium der Geografie an der Freien Universität Berlin, der Stadt- und Regionalplanung und der Verkehrswissenschaften an der Technischen Universität Berlin. Seit 1991 wissenschaftlicher Angestellter und Projektleiter im Arbeitsbereich Wirtschaft und Finanzen des Deutschen Instituts für Urbanistik.

Dietrich Henckel, Prof. Dr.; ist seit 2004 Leiter des Fachgebiets Stadt- und Regionalökonomie am Institut für Stadt- und Regionalplanung der TU Berlin. Davor war er über 20 Jahre Projektleiter und Koordinator am Deutschen Institut für Urbanistik in Berlin. Hauptarbeitsgebiete: räumliche Folgen des wirtschaftlichen Strukturwandels, Zukunft der Arbeit, Raumzeitpolitik.

Carsten Keller, Dr. phil.; Studium der Soziologie, Philosophie und Musikwissenschaft in Marburg, Kassel und Münster. Ab 1999 war er wissenschaftlicher Mitarbeiter an der Humboldt-Universität zu Berlin (HU) und promovierte 2005 zum Thema „Soziale Exklusion in Plattenbausiedlungen". Er forschte anschließend an der Universität Bicocca in Mailand und ist seite 2006 Forscher am Centre Marc Bloch und Lehrbeauftragter an der HU.

Stephan Manning, Dr.; Promotion an der Freien Universität Berlin im Fach Betriebswirtschaftslehre. Er arbeitet zur Zeit als Research Associate an der Duke University, Fuqua School of Business. Seine Forschungsschwerpunkte sind Projekt- und Netzwerkorganisation, Offshoring/Outsourcing, Public Private Partnerships und Informelle Ökonomie.

Philippe Schmidt, Dipl.-Ing., MSc; wissenschaftlicher Mitarbeiter am Institut für Europäische Urbanistik der Bauhaus-Universität Weimar am Lehrstuhl Städtebau I und promoviert zu Beteiligungsstrategien in New Yorks Stadtplanung. 2001 Mitarbeit im Revitalisierungsprojekt „Willets Point" am New Yorker Amt für Wohnbau und Stadtentwicklung HPD, 2004 Visiting Scholar der Columbia Graduate School for Planning Architecture and Preservation und 2007 am Center on Organizational Innovation.

Faruk Şen, Prof. Dr.; studierte Betriebswirtschaftslehre an der Universität Münster und promovierte über die „Türkischen Arbeitnehmergesellschaften". Lehrtätigkeiten an den Universitäten Duisburg und Bonn. Seit Oktober 1985 leitet Şen das „Zentrum für Türkeistudien". Seit Juni 1990 ist er Professor an der Universität Essen. Şen´s Spezialbereiche sind u.a. türkische Wirtschaftspolitik, Islam in Europa, Türkei-EU-Beziehungen und Integration der Migranten in Europa. Şen ist in zahlreichen Kommissionen tätig, u.a. bei der UNO/ECOSOC.

Guido Spars, Prof. Dr. habil; leitet seit 2006 das Lehr- und Forschungsgebiet „Ökonomie des Planens und Bauens" am Fachbereich D der Bergischen Universität Wuppertal und ist dort stellvertretender Studiengangleiter des REM-CPM-Weiterbildungsstudienganges und Teil des Kompetenzzentrums Immobilienwirtschaft NRW. Aktuelle Forschungsprojekte werden in den Themenfeldern der Stadt- und Regionalökonomie und der Immobilienwirtschaft u.a. für das BMVBS, das BMWi, das BBR bearbeitet.

Andrea Wagner, cand.-ing.; Studentin der Stadt- und Regionalplanung. Als DAAD-Stipendiatin studierte sie ein Jahr an der City University New York. Sie arbeitet als Tutorin am Fachgebiet Stadt- und Regionalökonomie der TU Berlin und wirkte u. a. an dem Projekt „Informelle Ökonomie in der Stadt" mit.

Richard J White, Dr.; Lecturer in Economic Geography within the Faculty of Development and Society at Sheffield Hallam University. His research is focused on understanding the broad geographies of the informal economy, and informal volunteering in particular, within the Minority world.

Colin C Williams, Prof.; Professor of Public Policy and Director of the Centre for Regional Economic and Enterprise Development (CREED) in the School of Management at the University of Sheffield. His research is focused on measuring the extent and nature of the informal economy and developing policy solutions.

Uwe Wötzel, Ass. jur.; seit 2001 Referatsleiter im Bereich Politik und Planung der Bundesverwaltung der Vereinten Dienstleistungsgewerkschaft (ver.di). Zuvor bis 1987 Angestellter beim Land Niedersachsen, anschließend Rechtsschutzsekretär (bis 1993) und Referatsleiter im Ressort Wirtschaftspolitik der Deutschen Angestellten-Gewerkschaft (DAG).

Florian Wukovitsch, Mag. rer. soc. oec.; Studium in Wien und Sussex, danach Forschungs- und Lehrtätigkeit an der Wirtschaftsuniversität Wien und der Universität Wien sowie projektbezogene Mitarbeit in EU-Institutionen (Kommission, Rat). Seit 2006 wissenschaftlicher Mitarbeiter am Fachgebiet Stadt- und Regionalökonomie der TU Berlin. Themenschwerpunkte: Soziale Stadterneuerung, Europäische Stadtpolitik, Nachhaltige Raumentwicklung.

Derk Bienen

Die politische Ökonomie von Arbeitsmarktreformen in Argentinien

Frankfurt am Main, Berlin, Bern, Bruxelles, New York, Oxford, Wien, 2005.
XX, 316 S., 51 Abb., 48 Tab.
Göttinger Studien zur Entwicklungsökonomik.
Herausgegeben von Hermann Sautter. Bd. 16
ISBN 978-3-631-53992-7 · br. € 56.50*

Im Unterschied zu anderen Politikbereichen sind die lateinamerikanischen Arbeitsmärkte in den vergangenen 20 Jahren kaum reformiert worden. Eine Ausnahme stellt Argentinien dar: Dort stehen Arbeitsmarktreformen seit dem Beginn der 1990er Jahre auf der politischen Agenda – nicht weniger als fünf Reformen wurden bisher verabschiedet. Diese Arbeit bietet sowohl für den Erfolg als auch für das Scheitern von Reformen eine Erklärung, die auf den Kräfteverhältnissen der jeweiligen Interessengruppen basiert. Vor diesem Hintergrund stehen die folgenden Fragen im Mittelpunkt: Welche gesellschaftlichen Gruppen bedrohen den Erfolg von Arbeitsmarktreformen? Welche Faktoren erhöhen die Wahrscheinlichkeit, dass gesellschaftlicher Widerstand Reformen des Arbeitsmarktes verhindert? Und vor allem: Welche Reformmaßnahmen sind besonders schwer durchsetzbar?

Aus dem Inhalt: Ökonomische Begründung von Arbeitsmarktreformen · Die Rigidität des argentinischen Arbeitsmarktes im lateinamerikanischen Kontext · Ein politökonomisches Modell zur Analyse von Arbeitsmarktreformen · Die politökonomische Analyse der Arbeitsmarktreformen in Argentinien, 1983–2004

FSC
www.fsc.org
MIX
Papier | Fördert
gute Waldnutzung
FSC® C083411

Kolibri 360 GmbH
Ferdinand-Jühlke-Straße 7
99095 Erfurt, Deutschland
produktsicherheit@kolibri360.de

Druck:
CPI Druckdienstleistungen GmbH
im Auftrag der
Kolibri 360 GmbH
Ferdinand-Jühlke-Str. 7
99095 Erfurt